芝宝贝 zhibaby

始于2006年

成长 · 爱人 · 生活

育儿百科每天一页

周忠蜀 著

江苏凤凰科学技术出版社

前 言

　　如果说怀孕生产是一项复杂的工程，那么育儿更是一项艰巨的任务。经历了40周甜蜜与苦涩交织的漫长旅程后，新生命终于降生了，即将到来的是与以往完全不同的生活。

　　从宝宝呱呱坠地开始，就拉开了不断成长的序幕。他对世界的好奇和探索，讲出的第一个字，迈出的第一步，每天都是一个新的开始。能够陪伴与见证宝宝的成长，是父母最幸福的事。每位父母都希望为他创造最好的成长条件，给他最舒适的环境和最精心的呵护。

　　爱是一个漫长的过程。宝宝来到人世间是父母一生最大的课题，如何喂养、如何护理、如何锻炼、如何教育，都要随着宝宝的成长不断变化。为了解除这种担忧，更科学、更精心地呵护宝宝，《育儿百科每天一页》根据宝宝不同阶段身心发育的特点，为新手父母在养育的过程中提供了全方位的育儿知识，内容囊括了宝宝出生到3岁的养育护理，包含营养保健、早期教育、生长过程中的各种疾病防治等父母最关心的问题。

　　本书针对父母的迫切需求，结合我们多年的科学育儿和早期教育经验而编写，分别针对0~3岁宝宝的育儿要点、身心和智能发育状况，以及日常的照料护理和智能开发进行全面的介绍，以每天一页的形式、图文并茂的解说，让父母们每天了解一个知识点，在最短的时间内获得有效、实用的育儿信息。

　　希望年轻的父母能从本书中学到科学的育儿知识，掌握宝宝的身心发展规律，真正有效地培养宝宝，让他更快乐、更健康、更聪明地成长起来。

目录

第1个月
新生命，好开始

第2~3个月
跟上宝宝的成长步伐

第 4~5 个月

聪明宝宝能坐稳

第 6~7 个月

贴心辅食准备好

第 8~9 个月

宝宝都是冒险家

第 10~12 个月
迈出第一步啦

1岁1~2个月
稳步前行

1岁3~5个月
宝宝情绪不容忽视

1岁6~8个月
小小"模仿家"

1岁 9~12 个月

能说会唱小达人

2 岁 1~6 个月
跑跳自如，健康成长

2 岁 7~12 个月
学习游戏，良好性格

经历了十个月的盼望与期待

你可爱的粉嘟嘟的小脸映入我的眼帘

第一次听到你的哭声

仿佛来自天籁的声音

第一次抱你入怀

仿佛拥抱一个小天使

宝宝

让我和你一起成长

你学着做一个乖宝宝

我学着做一个好妈妈

······

新生命，好开始

跟妈妈说句悄悄话

　　历经千难万险，我终于从妈妈的肚子里出来了。在温暖的子宫里生活了10个月，现在还有点紧张不安，不过我相信，在爸爸妈妈的细心呵护下，我一定能健康成长。现在我只想在妈妈的怀里睡觉、喝奶，不要一直把我抱来抱去我，否则我会哭着抗议！

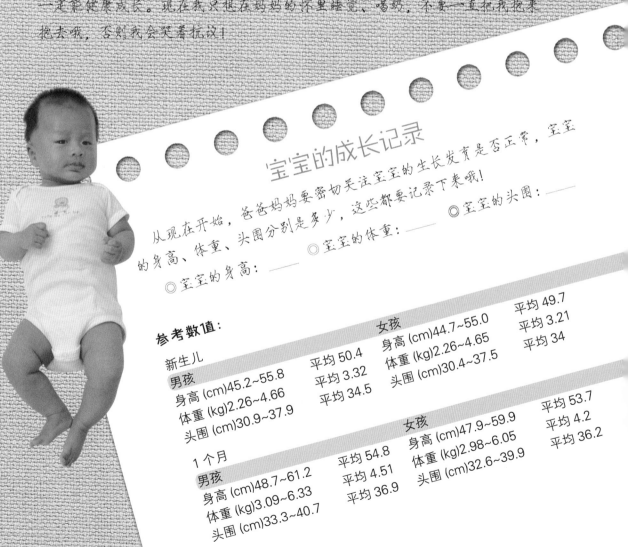

宝宝的成长记录

从现在开始，爸爸妈妈要密切关注宝宝的生长发育是否正常，宝宝的身高、体重、头围分别是多少，这些都要记录下来哦！

◎宝宝的身高：＿＿＿　　◎宝宝的体重：＿＿＿　　◎宝宝的头围：＿＿＿

参考数值：

新生儿

男孩
身高 (cm)45.2~55.8　　　平均 50.4
体重 (kg)2.26~4.66　　　平均 3.32
头围 (cm)30.9~37.9　　　平均 34.5

女孩
身高 (cm)44.7~55.0　　　平均 49.7
体重 (kg)2.26~4.65　　　平均 3.21
头围 (cm)30.4~37.5　　　平均 34

1 个月

男孩
身高 (cm)48.7~61.2　　　平均 54.8
体重 (kg)3.09~6.33　　　平均 4.51
头围 (cm)33.3~40.7　　　平均 36.9

女孩
身高 (cm)47.9~59.9　　　平均 53.7
体重 (kg)2.98~6.05　　　平均 4.2
头围 (cm)32.6~39.9　　　平均 36.2

第1天

为宝宝布置良好的生活空间

爸爸妈妈需要提前为宝宝布置一个良好的生活空间。宝宝的房间有哪些特殊要求呢?

阳光充足、空气流通的房间

宝宝的房间最关键的是要有足够的阳光照射,最好是坐北朝南的房间。如果没有充足的阳光照射,会影响宝宝的骨骼发育、钙的吸收。除了保证阳光充足外,天气不冷时可将窗户打开,让室内空气流通,新鲜的空气有助于宝宝的生长发育。

房间温度、湿度要适宜

房间温度最佳为22℃左右,相对湿度最佳为60%~65%,但这只是一个相对概念,不用刻意要求,室内冷了就给宝宝多盖一点,室内热了就少盖一点,就这么简单。因为室温、湿度不可能一直保持在恒定数值,也不存在常年生活在恒定温度之中的宝宝,而且适当让宝宝感受一下冷暖,对他的生长发育也有一定的好处,能增强他抵御自然变化的能力。另外,夏季使用空调时,室内和室外的温差不要超过4~5℃,以免宝宝出入室内时因温差过大而感冒。

布置温馨,确保安静

新生儿的生活节律和大一点的宝宝不同,他们大约90%的时间处于睡眠中,相对安静的环境有益于睡眠。另外,宝宝的居室可贴挂一些色彩鲜艳的画片,摆放一些玩具,这样可以刺激宝宝的视觉发育。值得注意的是,画片和玩具千万不要距离宝宝的眼睛太近;位置也应该经常更换,否则会影响宝宝的视力发育。

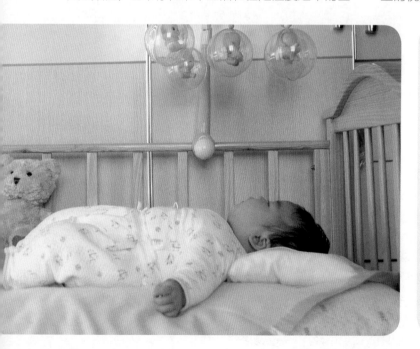

谁来带宝宝

无论由谁来带宝宝,都要让宝宝的生活有条不紊,以保证宝宝健康成长为目的。如果由妈妈亲自带宝宝,亲子关系会更稳定,可以对宝宝进行全方位的呵护和教育,为宝宝的成长和教育打下坚实的基础。

芝宝贝
母婴健康
公开课

选对衣服很重要

给宝宝选择衣服时，不需要一味追求品牌，只要安全舒适、有利于宝宝健康成长即可。具体来说，可以从以下几方面来综合考虑。

宽松舒适的衣服

刚出生的宝宝皮肤娇嫩，容易出汗，所以衣服应选用柔软、吸汗及透气性比较好的面料。衣裤的质地以浅色纯棉布或纯棉针织品为好。贴身衣服不应有"缝头"，以免擦伤宝宝娇嫩的皮肤。裤子的式样以开裆系带或开裆背带为佳，衣服不要带有松紧带，以免影响宝宝胸部的生长发育。

容易穿脱的衣服

选择容易穿脱的衣服，例如式样是和尚领、斜襟的衣服，可以在一边打结，并且胸围可以随着宝宝的生长而随意放松。此外，由于宝宝的脖颈短，吃奶时容易溢奶，这种上衣便于放小毛巾或围围嘴。

安全卫生的衣服

衣服应选择装饰少、袖子宽松的样式，同时应避免有金属纽扣或拉链的衣服，以免划伤宝宝。衣服系扣的地方选用粘带或系绳比较好。刚买回来的衣服，特别是内衣，一定要先用水清洗，再用开水浸烫后，在日光下晒干，然后存放在干燥的地方。注意不要放樟脑丸，以防引起宝宝皮肤过敏。最好选择易洗、易干、不易褪色的衣服。

连体衣最佳

连体衣既经济又实用，尤其是对新生儿更有诸多的好处：一是宝宝在衣服里面可以自由活动，对宝宝的生长发育有好处；二是换尿布也很方便；三是容易穿脱，而且不会翻卷起来；四是暖和又不太热。

宝宝如果出生在寒冷的冬天

芝宝贝
母婴健康
公开课

如果宝宝出生于寒冷的冬天，还应该为宝宝准备些毛衣、毛裤、棉衣、棉裤。毛衣应编织成开襟式、无领，因为套头衫不容易穿脱，而翻领毛衣可能伤到宝宝下颌皮肤。

量量宝宝的身高、体重、头围

测量身高、体重、头围是对宝宝生长发育监测的关键，头围大小是反映宝宝脑和颅骨发育程度的重要标志，宝宝的生长发育是否良好可以通过体重、头围的数值进行判断。

称重时将宝宝放于秤盘中央即可读取宝宝的毛体重，然后减去宝宝所穿衣物重量即可。一般来说，这种宝宝磅秤其最大称重量不超过15千克，适合给新生宝宝用。

给宝宝量头围

给宝宝测量头围需要准备一条软尺。测量的时候，让软尺前面经过宝宝的眉弓，后面经过枕骨粗隆最高处（即宝宝后脑勺最突出的一点）绕头一周所得的数据，即是宝宝头围的大小，这样测量的数值也最准确。测量时软尺应紧贴宝宝皮肤，注意软尺不要打折，如果宝宝头发较长应先将头发在软尺经过处向上下分开。

宝宝头部的发育与体重、身高增长速度相似，年龄越小，发育越快。

给宝宝量身高

让宝宝仰卧于量床或量板的底板中线上，头接触头板，脸朝正上方。测量者位于宝宝的右侧，左手握住宝宝的两膝并将两膝轻柔地按于量床或量板的底板上，使宝宝的两下肢并拢、伸直并紧贴量床或量板的底板；测量者右手移动足板，使其接触宝宝两脚的脚跟，再读取身长的刻度。

给宝宝称重

给宝宝称体重时应注意，在称重前最好让宝宝排去大小便，在空腹的情况下称重，同时应尽量脱去宝宝的衣物、尿布等。

宝宝体重偏离是怎么回事

宝宝体重偏离是指体重曲线出现低偏、平坦、下斜。体重低偏是指宝宝的体重增长值小于相应月龄应增长的最低值，前后两次体重值相减等于零为平坦，前后两次体重值相减等于负数为下斜。

芝宝贝
母婴健康
公开课

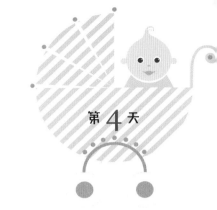

母乳健康你可知

母乳是宝宝的最佳食物，好处多多。新生儿出生后半年内只吃母乳，完全可以满足自身的营养需求，不需要再添加其他任何食物。

母乳喂养好处多

母乳可以提高宝宝的抗病能力。由于宝宝的胃解脂酶含量较低，消化功能比较弱，只能消化乳类，并且母乳中含有解脂酶，利于宝宝吸收。通过母乳直接喂哺的宝宝，还能减少微生物从口入的机会，从而减少病菌侵害宝宝健康的概率。此外，母乳中含有一种物质，可以让宝宝的脑细胞发育更完善。母乳喂养还有利于妈妈子宫收缩，加速子宫恢复，母子间的亲情也会通过母乳喂养而得到进一步的加深。

另外，母婴同室，不仅可以增进亲子感情，而且还是一个良好的刺激信号，可以有效地刺激泌乳系统，接触下丘脑的抑制，导致泌乳素增高，乳汁分泌自然。新妈妈对母乳喂养的重要性要有一个全面的认识。

早接触、早吸吮、早开奶

早接触是指宝宝出生后立刻与妈妈的肌肤相接触。

早吸吮指宝宝出生后尽快吸吮妈妈的乳房，实现早开奶。

早接触、早吸吮、早开奶是为了让宝宝的嘴和妈妈的乳房尽早充分接触，刺激妈妈分泌更多的乳汁。如果晚几天再开奶，妈妈的垂体可能不是那么敏感，会出现乳汁分泌不足的情况。

不要忽视初乳

妈妈产后乳房所分泌的黄色乳汁是初乳，初乳中含有丰富的优质蛋白质。宝宝吸入初乳后，这些蛋白质可以吸附在肠黏膜表面形成一层保护膜。初乳中的白细胞具有吞噬作用，宝宝出生后，自身缺乏免疫力，初乳能提供较丰富的抗体和免疫物质，起到天然的屏障保护作用，防止宝宝感染性疾病的发生。初乳还具有缓泻作用及溶蛋白的效用，有利于排除黏稠的胎便，可以有效防止新生儿发生胎便性肠梗阻。

迅速掌握正确的哺乳方法

为宝宝哺乳，不仅是妈妈的一种责任，更是一种精神享受。当妈妈看着怀中的宝宝贪婪地吸吮着自己的乳汁时，一种幸福感会油然而生。现在，我们就来学习一下正确的哺乳方法吧。

哺乳前的准备

在给宝宝哺乳前应该洗净双手，并用温水擦洗乳头。

奶涨的时候乳房绷得紧紧的，宝宝吸吮乳头会有些困难，可先将乳汁挤出来一些，使乳房柔软，再给宝宝吮吸。

哺乳时的姿势要正确

哺乳时妈妈和宝宝应当是腹部贴着腹部，宝宝的鼻子和妈妈的乳头相对，但不能靠得太近，以免乳房把宝宝的鼻子堵住，影响呼吸。宝宝的头和身体应保持在一条水平线上。

妈妈可以躺着哺喂宝宝，但要用枕头或靠垫支撑住后背和胳膊，头部要垫高一些。宝宝的头部、背部和臀部也要用枕头或靠垫支撑，宝宝的头部不能垫得太高，要与身体保持水平状态，稍侧向妈妈。

帮宝宝含吮乳头很关键

每次喂哺时，妈妈应先将乳头触及宝宝的嘴唇，诱发宝宝的觅食反射，当宝宝口张大、舌向下的一瞬间，即将宝宝靠向自己，使其能大口地把乳晕吸入口内。注意，需要含住大部分的乳晕，因为刺激乳晕才能使乳汁流出。如果只是紧紧吸吮乳头，会使乳头疼痛，而且由于吸吮到的乳汁少，宝宝可能会哭闹甚至拒绝吸吮。

如果宝宝的颌部肌肉做出缓慢而有力的动作，有节奏地向后做伸展运动直至耳部，说明宝宝的含吮姿势正确。

哺乳时妈妈的手势

妈妈给宝宝哺乳时，应将拇指和其余四指分别放在乳房上方、下方，托起整个乳房喂哺。要避免"剪刀式"夹托乳房，那样会反向推乳腺组织，不利于充分将乳汁挤压出来。

可能出现的"意外"情况

宝宝刚出生时，总会有这样或那样的特殊情况，大多数都属于正常的生理状况，家长不用着急。下面，我们就一起来了解几种宝宝的特殊情况吧！

女宝宝的特殊情况1——"新生儿假月经"

有的女宝宝在出生1周左右，阴道可能会流出少量血样黏液，大约持续2周，叫做"新生儿假月经"。这是正常的生理现象，不需要做任何处理。

如果出现这种情况，在给宝宝洗澡时，不要用盆浴，要淋浴或用流动水清洗外阴以免感染。如果妈妈发现宝宝的血性分泌物较多时，要及时到医院检查，排除患有凝血功能障碍或出血性疾病的可能。

刚出生的女宝宝在阴道口内还会有乳白色分泌物渗出，如同成年女性的白带。这是由于妈妈在怀孕时，母体雌激素、黄体酮通过胎盘进入胎儿体内，出生后宝宝阴道黏液及角化上皮脱落，成为"白带"。宝宝的这种"白带"一般不需要特殊处理，只要擦去分泌物就可以了。如果长时间不消失或"白带"性质有改变，就要到医院检查，排除患有阴道炎的可能。

女宝宝的特殊情况2——阴唇粘连

阴唇粘连指的是女宝宝的大阴唇、小阴唇之间发生粘连的现象。

预防女宝宝阴唇粘连，平时要注意保持外阴清洁，晚上睡觉前给宝宝清洗外阴，及时换尿布。如果宝宝有阴道炎要及时治疗。

如果发现宝宝阴唇粘连，妈妈可以把手洗干净后轻轻分开宝宝的阴唇，再涂上抗菌素软膏；如果不能分开，千万不要强行分，需要马上带宝宝去医院治疗。

男宝宝的特殊情况——"包皮过长"

如果懂得一些关于男宝宝包皮的相关常识，就会知道男宝宝的阴茎离青春期还有很长时间，他们本身还没有发育，所以阴茎没有发育，包皮就显得比较长。到了青春期以后，由于激素和内分泌的作用，使阴茎开始发育，并逐渐长大，包皮这时就显得退缩了，男性生殖器也就趋于正常。

第7天

给男女宝宝洗私处

一些父母可能不太重视宝宝的私处护理，其实给宝宝清洗私处也是一项重要的护理工作。在给宝宝清洁私处时要注意些什么呢？一起来学习吧。

给女宝宝清洁私处应注意

在给女宝宝清洗的时候，要将其双腿抬起，以便擦拭。擦拭的时候，从阴道后部朝肛门方向擦拭，以防细菌传播。

具体操作：

1. 用一块湿布或棉球，清洁生殖器及其周围的皮肤。千万不要把阴唇往后拉开清洁里面。

2. 握住双腿将其提起来，清洁臀部。

3. 如果尿布弄脏，可以用柔软的小毛巾蘸上清水来清洁新生儿臀部。每次都使用新的棉球，从大腿和臀部内侧向外擦拭。

给男宝宝清洗生殖器官应注意

清洗男宝宝生殖器最好使用清水。因此，在给新生儿洗澡，使用洗剂时，尽量避免生殖器长时间接触到洗剂。

如果想给宝宝洗得更干净，可以把包皮轻轻地向后拉，直到感到有阻力的时候为止，然后把包皮里面的污垢洗掉，并冲净。注意不要将包皮强行后拉，因为这样可能导致感染。

最好别给宝宝用爽身粉

很多新手爸妈在给宝宝洗完澡后，喜欢给宝宝的小屁股上多擦一些爽身粉，认为这样可以保护宝宝的皮肤。其实这样做适得其反，因为宝宝代谢快，出汗多，尿也频，过多爽身粉遇到汗水或尿液就会结成块状或颗粒状，摩擦宝宝娇嫩的皮肤，引起红肿甚至糜烂。

芝宝贝
母婴健康
公开课

男宝宝有包皮过长现象不会影响生殖器的发育

对于新生儿包皮的问题，不少爸爸妈妈会非常担心，担心宝宝生殖器的发育是否会受到影响，特别是面对一些不良医商有关小儿包皮手术的广告时，爸爸妈妈的担心就会加重。其实完全没有必要，这是男宝宝发育的一个正常的生理过程，爸爸妈妈不用过于紧张，可以多听取有经验的专业医生的建议。

宝宝该洗澡啦

　　健康的宝宝，只要条件许可，出生后第2天起就可以洗澡。不但能清洁皮肤，还可以加速血液循环，对宝宝的生长发育大有裨益。

洗澡前要做哪些准备工作

　　给宝宝洗澡前，要准备好清洁的浴盆、温水、擦身大浴巾、洗脸用的软毛巾、温和的宝宝香皂、宝宝洗发水、消过毒的棉花球或棉花棒、海绵、宝宝乳液、宝宝爽身粉、干净的尿布和衣服等。

洗澡的最佳时间

　　给宝宝洗澡的时间最好安排在晚上，并且在下一次喂奶前的半小时为宜。不宜在宝宝刚吃过奶后洗澡，因为刚吃过奶的宝宝容易睡觉，而且洗澡时宝宝很容易吐奶。

洗澡的最佳室温与水温

　　给宝宝洗澡前，要把房间的门窗关好，不要有"穿堂风"通过，保证室内温度在24~28℃，如果室内温度达不到，还要采取一些其他的措施以保证室温适宜。

　　给宝宝洗澡的水温最好在37~38℃。

洗澡顺序全指导

　　首先，将宝宝臀腰部夹在腋下，把宝宝的背部放在左前臂上，固定后，右手用小毛巾浸温开水，先擦洗宝宝双眼分泌物，自内眼角向外眼角擦洗，然后依次是耳后、颈、胸、背、双腋窝、双上肢及双手。新生儿的手掌抓得很紧，应轻轻掰开洗净。在给宝宝擦洗腹部时，尤其注意不要弄湿脐带。

　　然后，将宝宝倒过来，使头顶贴在妈妈的左胸前，用左手抓住宝宝的大腿，右手用浸水的小毛巾先洗会阴腹股沟及臀部（女宝宝一定要从前向后洗），最后洗下肢及双脚。整个洗澡过程要轻柔快速，一般5~10分钟为宜。

　　如果是爸爸妈妈两个人给宝宝洗澡就更方便了，可以一个人用手护住宝宝，另一个负责清洗。

　　妈妈可以通过给宝宝洗澡了解宝宝身体的全貌，如果有异常能及时发现。

　　洗完后，妈妈把事先准备好的浴巾在怀里展开，爸爸把宝宝头上、脸上的水擦干后，将宝宝从水里抱出来，放到妈妈展开的浴巾里包好。等宝宝身上的水分被吸干，适应了室内温度之后，就可以给宝宝穿衣服了。

第10天 尿布和纸尿裤的学问

尿布和纸尿裤是新生儿的必备用品，选用理想的纸尿裤与尿布，有利于宝宝的健康成长。因此在纸尿裤与尿布的选用上，家长要有所注意。

尿布好，还是纸尿裤好?

纸尿裤。有舒适的干爽网面，吸水性强、使用方便，使宝宝不再被尿湿的尿布浸着。宝宝不再因为尿布湿了不舒服而大声哭闹，也减少了尿布疹的发生。但因此也减少了妈妈与宝宝接触的机会。

尿布。给宝宝换尿布就像做游戏一样，宝宝正在哭闹时，妈妈一旦为他换尿布，摸摸宝宝的小屁股，宝宝会立刻停止哭闹，变得异常兴奋。宝宝希望得到妈妈的爱抚，这非常有利于宝宝智能的发育。但由于新生儿尿得频繁，每天要更换尿布的次数多，还要不断地烫洗，妈妈的劳动强度大。

理想的纸尿裤是怎样的

1. 吸收尿液力强且速度快。纸尿裤表层的材质要挑选干爽而不回渗的。

2. 透气性能好且不闷热。宝宝使用的纸尿裤如果透气性不好，很容易使宝宝患尿布疹。

3. 摸起来舒服。宝宝的肌肤触觉非常敏感，对不良刺激更加敏感，要为宝宝选择超薄、合体、柔软、材质好、触感好的纸尿裤。

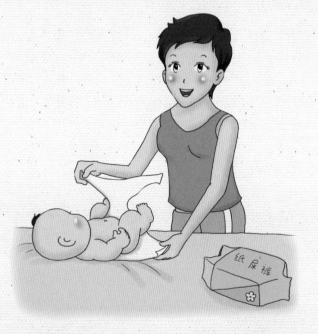

换纸尿裤时应注意

首先，要注意室温合适，以免宝宝着凉；其次，更换的速度不要太慢，要利索到位；最后，更换下的纸尿裤要叠好再丢掉，勿乱扔。

怎样洗涤尿布

先将尿布上的粪便用清水洗掉，再擦上中性肥皂，放置20~30分钟后，用开水烫泡，水冷却后稍加搓洗，粪便黄迹就很容易洗净，再用清水洗净，晒干备用。如果尿布上无粪便，只需要用清水洗2~3遍，然后用开水烫一遍，晒干备用。

听懂宝宝的哭声

宝宝一哭，妈妈就着急。新生儿啼哭不止，是什么原因呢？饿了？尿布湿了？鼻子不通畅？还是消化不好？哭是宝宝独特的语言，妈妈要学会听懂。

告诉你他的存在

大多数时候，宝宝的啼哭是一种健康的哭，他只是想告诉你他的存在。啼哭能使宝宝呼吸加深、肺活量增加、血液循环加快，从而促进机体的新陈代谢，对宝宝全身各系统的健康发展都有积极的促进作用。这时你不用为宝宝的哭声而感到担心。

肚子饿了

新生儿就像小动物一样，吃和睡是他最主要的事情。宝宝肚子饿时，哭声往往带有乞求感，由小变大，很有节奏，不急不缓。当你用手指触碰他的脸颊时，宝宝会立即转过头来，并有吸吮动作，这时你就应该准备喂奶了。

尿湿了

有时宝宝玩着玩着突然哭了，你以为他饿了，连忙给他喂奶，但是他并不愿意吃奶。你会若有所悟，是不是该换尿布了？打开尿布，果然是尿了。换好尿布他又快乐了。宝宝就是如此，稍有不适，他都会感觉到，并且用哭声表达出来。所以作为新手爸爸妈妈的你，一定要充分了解宝宝的这种表达方式，只要将他的不适处理掉，他就会成为乖宝宝。

生病了

如果你发现宝宝变成"泪宝宝"，动不动就哭，而且持续时间较长，同时伴有脸色苍白、神情惊恐等反常现象，就应立即带他去医院检查。

宝宝越哄越哭

芝宝贝
母婴健康
公开课

如果宝宝发育正常，吃喝拉撒样样也好，但有时会出现越哄越哭的现象，弄得妈妈不知道该怎么办才好。其实，这种哭多半是宝宝做了梦，或者想通过哭泣发泄一下，或者是想运动运动，这些都有可能。如果这时妈妈来哄，宝宝就会通过越来越厉害的哭啼表示抗议了：妈妈让我尽情哭一会儿吧，别打扰我了。

传递亲情的最佳方法——按摩

为宝宝按摩又称为新生儿抚触，好处多多，不仅能促进其免疫系统的发育，还能使新生儿的肌肉得到锻炼。妈妈可以通过按摩向宝宝表达爱意，使宝宝的交感神经兴奋起来，有利于他的健康成长。

按摩前的准备工作

为宝宝按摩前首先要备好婴儿抚触油或乳液；选择一个宝宝不困的时间；保证房间和自己的双手温暖，如夜晚宝宝洗完澡后；可以放一些宝宝喜欢的音乐或模拟心跳的录音，让宝宝完全放松；如果当下宝宝情绪不佳，就不宜开始按摩。

头部按摩法

用双手按摩宝宝的头顶部，轻轻画圈做圆周运动，但要避开囟门。接着按摩宝宝脸的侧面，并用拇指指尖从中心向外按摩宝宝的前额，轻轻从宝宝额部中央向两侧推，然后移向眉毛和双耳。这种按摩方式对安抚暴躁的宝宝特别管用。

肩颈按摩法

先从宝宝的颈部向下按摩，慢慢移至肩膀，由

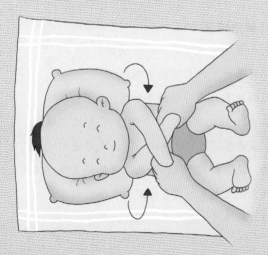

肩膀向外按摩。再用手指和拇指从宝宝的耳朵按摩到肩膀。

胸腹按摩法

轻轻沿着宝宝肋骨的走向向下按摩宝宝的胸部。在宝宝的腹部用手指划圈揉动，从肚脐向外做圆周运动，以顺时针方向逐渐向外扩大。

上肢按摩法

让宝宝仰面躺着，首先从宝宝的手腕按摩到肘，再从肘按摩到肩膀。然后，从双臂向下按摩。最后按摩宝宝的手腕、小手和手指，并用你的拇指和指尖按摩宝宝的每一根手指。

下肢按摩法

从宝宝大腿开始向下按摩，从大腿向脚踝方向轻轻抓捏宝宝的腿，并加入轻捏动作。轻轻摩擦宝宝的脚踝和脚，从脚跟到脚趾进行按摩，然后分别按摩宝宝的每根脚趾。

背部按摩法

按摩宝宝的后背时，要轻轻地把宝宝翻过来，用两个手掌从宝宝的腋下向臀部方向按摩，同时用拇指轻轻挤压宝宝的脊骨。按摩时应一直跟宝宝说话。

让眼睛转起来

新生儿的视力虽弱，但他能看到周围的东西，甚至能记住复杂的图形，喜欢看鲜艳有动感的东西。所以，家长这时要采取一些方法来锻炼宝宝的视觉能力。

对视法

宝宝在吃奶时，可能会突然停下来，静静地看着你，甚至忘记了吃奶，如果此时你也深情地注视着宝宝，并面带微笑，宝宝的眼睛会变得很明亮。这是最基础的视觉训练法，也是最常使用的方法。

对视不仅能锻炼宝宝的视觉能力，对加强亲子关系亦有很好的效果。

静态玩具法

在宝宝睡觉的床上方正中央，悬挂一些颜色鲜艳的小挂件，宝宝会很专注地看着那些小挂件。要注意小挂件悬挂的高度应为20～35厘米，因为此时宝宝还是个"近视眼"，如果挂得太高，宝宝就看不到了。当然也可以做几幅脸部黑白挂图，但要注意宝宝此时对熟悉的东西注视时间比较短，所以每隔3～4天应换一幅图。

动态玩具法

宝宝喜欢左顾右盼，极少注意面前的东西，你可以拿些玩具在宝宝眼前慢慢移动，让宝宝的眼睛去追视移动的玩具。

宝宝的眼睛和追视玩具的距离以15～20厘米为宜；训练追视玩具的时间不能过长，一般控制在每次1～2分钟，每天2～3次为宜。

除了用玩具训练宝宝学习追视外，还可以把自己的脸一会儿移向左，一会儿移向右，让宝宝追着你的脸看，这样不但可以训练宝宝左右转脸追视，还可以训练他仰起脸向上方的追视，而且也使宝宝的颈部得到了锻炼。

宝宝的正常状态

宝宝出生后大部分时间保持怎样的状态才是正常的？有些爸爸妈妈可能不太清楚，当宝宝出现了一些异常情况时也浑然未觉，这是很可怕的，所以得事先做一些了解。

安静睡眠状态

安静睡眠时，宝宝的脸部放松，眼闭合着；全身除偶然的惊跳和极轻微的嘴动外，没有自然的活动；呼吸均匀。妈妈在此时呼唤宝宝，很难唤醒。

活动睡眠状态

活动睡眠时，宝宝的眼睛通常闭合，偶尔短暂地睁一下，眼皮有时颤动；呼吸不均匀，时快时慢；手臂、腿和整个身体时有轻微的抽动；脸上经常出现微笑或怪相、皱眉等表情。

安静觉醒状态

安静觉醒时，宝宝的眼睛睁得很大，明亮发光，很安静，很少活动。此时，宝宝表现得很机敏，喜欢看东西、看人脸、听声音，甚至模仿大人的表情，这种状态多出现在吃过奶或换过尿布时。

瞌睡状态

瞌睡状态通常出现在刚睡醒后或入睡前，宝宝的眼睛半闭半睁，眼皮出现闪动，眼睛闭上前眼球可能出现向上滚动。有时出现微小、皱眉或噘起嘴唇等。目光变得呆滞，反应迟钝，对声音或图像表现茫然，常伴有惊跳。这是介于睡和醒之间的过渡状态，持续时间较短。

芝宝贝
母婴健康
公开课

宝宝不吃、不喝、不睁眼

宝宝安静地睡着，不吃、不喝、不睁眼，也不闹，妈妈似乎轻松了很多。但是，妈妈要知道这种情况很可能会影响宝宝的生长发育。

黄疸来了不要怕

很多宝宝在刚刚出生时都会出现黄疸，黄疸根据其症状可分成不同的类型，相应的也有不同的处理方法。

生理性黄疸

生理性黄疸是指宝宝出生后2~3天，出现皮肤、眼球黄染，4~6天达高峰，足月宝宝在2周内消退，早产儿在3~4周内消退。轻者黄疸可局限在面部、颈部和躯干，颜色呈浅黄色，重者可波及全身。除黄疸症状外，宝宝一般情况良好，吃奶、睡觉、大小便均正常。

若为生理性黄疸，2周内便可消失，爸爸妈妈无须太过担忧。

母乳性黄疸

母乳性黄疸也称为"缺乏"母乳的黄疸。一般发生在宝宝出生后4~7天，持续时间长，可达1~2个月，多发生在初产妇的宝宝。通常情况下，母乳性黄疸的最高值超过了生理性黄疸。而且大多出现的时间比较晚，一般在生理性黄疸之后才发生。

若宝宝为母乳性黄疸，可以停喂母乳2~3天试试看，黄疸可能会减轻些，过了这几天再喂母乳也没关系。妈妈还可以带宝宝去儿科检查一下微量胆红素，如果数值高则需要住院治疗。

病理性黄疸

如果黄疸出现过早，比如在宝宝出生后24小时以内皮肤出现黄疸，或者黄疸过重、消退时间延迟、黄疸退而重复出现，日益加重等，爸爸妈妈就要警惕病理性黄疸了，应该及时带宝宝去医院做进一步的检查和治疗。

鹅口疮，很常见

鹅口疮是新生儿出现概率较高的疾病之一，尤其是宝宝服用抗生素后更易出现。不过爸爸妈妈不用担心，鹅口疮不是严重的感染，一般经过药物治疗很快就会消除。

怎样判断宝宝患有鹅口疮

鹅口疮可以发生在口腔的任何部位，主要是舌、颊、软腭、口底等。

刚开始发病时，宝宝的口腔黏膜出现充血和发红。过1~2天，黏膜上会出现白色斑点并出现不易拭去的乳凝块物质，然后逐渐融合成片，甚至铺满整个口腔黏膜。最后，白色斑片的色泽转为微黄，还可能变成黄褐色。

如何处理鹅口疮

爸爸妈妈可以用清洁的手帕轻轻地擦拭掉宝宝口腔内的斑片，但是不要用力，否则会留下出血的创面，给宝宝造成更大的伤害。如果是母乳喂养，妈妈要格外注意乳头卫生以防宝宝感染；如果用奶嘴喂宝宝，就需要买一个特别软的奶嘴，每次用奶嘴前，还要用沸水对其消毒。对于鹅口疮轻症患儿，一般用药2~3天后病情就可好转，较重患儿病变可蔓延到食道或呼吸道，应遵医嘱服药治疗，严重呼吸困难者要及时去医院诊治。

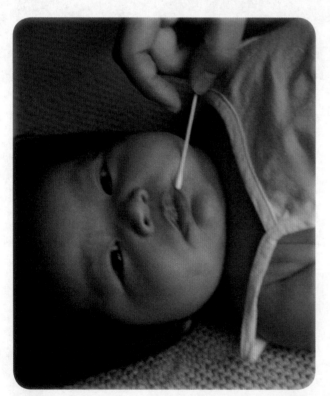

鹅口疮要注意预防

如果宝宝是母乳喂养，在每次喂奶前后，妈妈均应洗手、洗乳头。如果宝宝是人工喂养，应该对宝宝用过的奶嘴、奶瓶进行消毒。可用4%的苏打溶液浸泡这些用具，消毒半小时，然后清洗，煮沸消毒。

注意千万不要强行剥离白色斑片。宝宝出现鹅口疮后，口腔黏膜上可能出现白色斑片，这些斑片和口腔黏膜几乎连在一起，很难剥离，若强行剥离，宝宝的口腔黏膜必然会受损，使病情加重。

肺炎问题早发现

新生儿肺炎是新生儿期的一种常见疾病，患病原因也是多种多样，爸爸妈妈需要警惕。

新生儿肺炎的症状是怎样的

新生儿肺炎以全身症状为主，因新生儿咳嗽反射尚未完全，所以咳嗽多不明显，体温可正常升高或偏低，伴有反应差、不哭、吃奶减少、拒乳、呻吟、呕吐、呛奶、吐沫、呼吸浅促等症状，还有呼吸不规则甚至呼吸暂停（早产儿多见），且肺部呼吸音粗或减低，可以听不到干湿啰音。

妈妈在平时一定要多观察宝宝，出现以上情况要及时就医。

新生儿肺炎该如何护理

1. 保持室内空气清新，阳光充足，每日通风，避免对流风，室温保持在26℃左右，湿度保持在50%~60%为宜。

2. 保持呼吸道通畅。吸痰前轻拍宝宝背部，促使痰液排出。

3. 喂奶以少量多次为宜，多给宝宝喂水。

4. 观测宝宝体温、呼吸、脉搏等，这些可以在医生的帮助下来完成。还要密切关注宝宝的精神状态是否有异样。

怎样预防新生儿肺炎

1. 准妈妈在孕期和产前一定要定期检查，若准妈妈患过感染性疾病或胎儿发生过宫内窘迫，要警惕新生儿患肺炎的可能。

2. 新生儿居住的房间应清洁、干净、通风且日照良好。

3. 妈妈患感冒或服药时应暂停哺乳。

芝宝贝
母婴健康公开课

不要一直把宝宝裹在襁褓里

宝宝出生后，会在新生儿期表现出很复杂的运动能力，这主要是受到来自身体内生物钟的支配。过去人们习惯把新生儿，甚至两三个月的宝宝包在襁褓中，宝宝的胳膊和腿都被裹得紧紧的，认为这样宝宝的腿将来才不会变成O型腿，而且才会睡得踏实。虽然这样做宝宝会很安静，避免了肢体抖动和身体颤动，但却会极大地限制了宝宝运动能力的正常发育。

第24天　应对奶癣有妙招

奶癣又名婴儿湿疹，是一种常见的新生儿和婴儿过敏性皮肤病，宝宝患奶癣后该怎么办？一起来学习应对方法吧。

奶癣症状你可知

奶癣一般对称分布在宝宝的脸、眉毛之间和耳后，表现为很小的斑点状红疹，散布或密集在一起，有的还流黄水，干燥时则结成黄色痂。

出现奶癣的原因

奶癣发生的原因目前认为主要与宝宝皮肤过敏有关。有的宝宝具有先天性过敏体质，皮肤对致敏因子非常敏感。过敏因子的来源主要是食物，也就是母乳或者牛奶等；另外气温、空气湿度的骤变，肥皂与衣物刺激、摩擦等，也是宝宝湿疹发生的重要诱因。

出现奶癣应怎样护理

1、母乳喂养时，避免哺喂过量以保持宝宝的正常消化。妈妈忌食辛辣刺激性食物及海鲜等。如疑牛奶过敏，可将牛奶煮沸，再喂给宝宝。

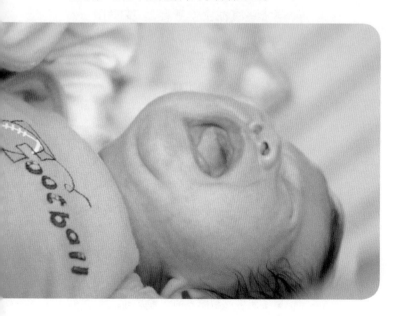

2、为了防止宝宝自己抓破皮肤发生感染，可用软布松松地包裹双手，注意勤观察防止线头缠绕手指。

3、宝宝宜穿宽松、吸汗、柔软的布料衣服。出现奶癣后，宝宝的局部身体可能出现红肿、糜烂，所以妈妈要注意保持宝宝的身体干燥，增加给宝宝换尿布的频率。注意保持患处干燥、清洁，睡觉时不宜盖得过多。

4、洗澡时水温要适宜，过高会加重病情，过低易引起感冒。

应对宝宝脐炎

正常情况下，宝宝出生后，接生员消毒断脐做好处理，疤痕正常脱落，宝宝的肚脐不会有什么问题，然而操作过程中若消毒不严格，则容易导致细菌感染，形成炎症。家长需要及时发现并处理。

新生儿脐炎的症状

新生儿脐炎是一种急性蜂窝组织炎。正常情况下，宝宝娩出后，接生人员经消毒断脐后，处理好断头处，再用消毒方纱包扎，脐带残端无血流通过，开始闭合变硬，3~10天后干瘪、脱落。若脐带残端消毒不严格，则可引起细菌感染，表现为脐部周围红肿，分泌物增多，并有臭味，可深及皮下组织形成脓肿，随病情进展进一步引起腹膜炎、肝脓肿和脓毒败血症等严重感染性疾病。

新生儿脐炎该如何护理

1. 轻者可将脐窝内脓性分泌物擦净，先用碘酒（2%）局部消毒，再用酒精（75%）脱碘，然后敷上干净纱布即可；重者局部感染严重，伴有发热、拒奶、精神弱等感染中毒症状的，应及时送往医院诊治。

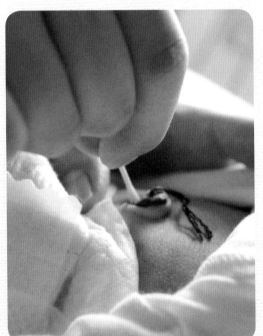

2. 当形成慢性肉芽肿时，可用1%的硝酸银棒烧灼，然后敷上抗生素软膏。

3. 每天多做脐部护理，清除脓性分泌物、保持局部清洁干燥，防止大小便污染。

怎样预防新生儿脐炎

1. 断脐时要严格执行无菌操作。

2. 接触新生儿前后要洗手，新生儿衣物要保持柔软、清洁、舒适。

3. 脐部保持干燥，及时更换尿湿的尿布或纸尿裤。

4. 每天用75%的酒精擦拭脐部。

烦人的尿布疹

尿布疹是新生儿常见的皮肤病之一，多发生在兜尿布的部位，由于潮湿的尿布长时间与宝宝的皮肤接触所造成，只要爸爸妈妈细心呵护宝宝，尿布疹是完全可以避免的。

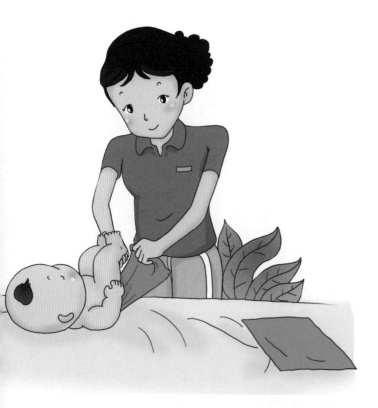

来制作尿布。切不可用深颜色的布料，这种布不易吸水而且容易掉色，由于粗糙还会擦破宝宝细嫩的皮肤。

尿布要勤换洗

一旦宝宝把尿布尿湿，应立刻更换干净的尿布。换下的尿布要用肥皂和开水烫洗，并在太阳下晒干后再用。绝不可把尿湿的尿布不经冲洗，直接晾干就再次使用。在每次给宝宝换尿布的同时，要坚持用温水给宝宝洗净屁股，尤其是对于腹泻的宝宝，更要注意保持其臀部干燥。不要用塑料或橡皮布包在尿布外面，以免不利于湿热散发，增加对宝宝皮肤的刺激。

患有尿布疹该怎么办

如果宝宝已经出现尿布疹，就不要再用肥皂给宝宝洗屁股。看到宝宝的臀部有渗出液时，应用温水蘸湿小毛巾，轻轻敷干宝宝的臀部，然后按医嘱用药。

警惕真菌性尿布疹

真菌性尿布疹多为白色念珠菌引起，常继发于尿布皮炎。真菌感染表现为：在尿布范围外的皮肤上出现散的像豆粒大小的红色皮疹，上有环形的皮肤脱屑，可化验出念珠菌。如果遇到这种情况，就要带宝宝去看医生。

保持臀部干燥

新生儿尿布疹是因没有经常保持臀部皮肤的清洁干燥而造成的。一旦出现尿布疹，在治疗的同时要对宝宝做好臀部的护理，这样才有利于尿布疹的尽快恢复。保持宝宝臀部干燥，发现尿布尿湿后及时更换。

合理选择尿布

宝宝尿布的布料要选用细软、吸水性强的纯棉布，最好用白色或浅色的旧床单、被里或棉衫

宝宝满月啦

　　我国有很多地方喜欢给宝宝庆祝满月，包括邀请亲朋好友办"满月酒"，给宝宝拍"满月照"等，是一件非常喜庆的事。但宝宝还非常弱小，这样的活动容易影响他的健康。

办"满月酒"不要影响妈妈和宝宝的休息

　　宝宝的免疫功能差，抵抗力弱，如果家中再集聚很多人，容易使室内空气污浊，使宝宝患上呼吸道疾病。如果宾客中有患者或处于潜伏期的患者，都会增加交叉感染的机会，对宝宝的健康极其不利。此外，由于妈妈刚分娩完，体力以及身体的抵抗力还不是很强，而这一天宾客较多，如果妈妈要一边应酬到来的客人，一边照顾宝宝，就会对自身的休息与健康造成一定的影响。

给宝宝拍"满月照"应注意

　　宝宝一到满月，有的爸爸妈妈就张罗着给宝宝拍满月照。刚满月的宝宝抵抗力比较弱，如果在寒冷的冬天拍"满月照"是不可取的，宝宝容易着凉。另外，给幼小的宝宝摆各种姿势，弄不好会伤了宝宝，爸爸妈妈千万要注意，别因小失大。

科学看待民间育儿习俗

芝宝贝
母婴健康
公开课

　　自古以来，中国人就有为宝宝办满月或办"百岁"（也称"百日"）的风俗。办满月庆典活动内容不外乎摆办酒宴、招待亲朋，收受贺礼，所送礼品与办生日聚会的礼品相似。有些地方风俗还会在办满月时，请人演些戏曲节目，以增加喜庆气氛。给宝宝庆祝满月是一件让人高兴的事情，但是要避免铺张浪费，一切从简。

　　民间育儿习俗中，要在新生儿出生后第12天过"小满月"，现在也有许多家庭给新生儿过"小满月"，这对母婴健康是不利的。由于宝宝才出生12天，对外界环境还很不适应，抵抗细菌、病毒侵入的能力还非常脆弱。因此，为了宝宝的健康着想，不宜办"小满月"。

这个世界对你而言是陌生的
所以你经常好奇地睁着眼睛
观察着
当然，更多时候
你在呼呼大睡
仿佛世间一切都与你无关
也许你也希望能快快长大
努力地囤积力量，强壮身体
明天的你会是什么样子
作为妈妈的我，也很好奇
……

第 2~3 个月

跟上宝宝的成长步伐

跟妈妈说句悄悄话

我满月了，有了很多新的变化，妈妈发现了吗？我喜欢妈妈抱着我，轻轻地抚摸我，那样我会特别有安全感，也喜欢听爸爸妈妈跟我说话的声音，虽然还不能和你们"聊天"，但我感受到你们满满的爱了。看到我的笑容了吗？那是爱的回应哦！

宝宝的成长记录

现在不仅要记录宝宝的身高、体重、头围了，这段时间会出现一些新的发育特征，你的宝宝是否有这些表现了呢？

◎宝宝的身高：　　　◎宝宝的体重：　　　◎宝宝的头围：

参考数值：

2 个月

男孩
身高 (cm)52.2~65.7　　　平均 58.7
体重 (kg)3.94~7.97　　　平均 5.68
头围 (cm)35.2~42.9　　　平均 38.9

女孩
身高 (cm)51.1~64.1　　　平均 57.4
体重 (kg)3.72~7.46　　　平均 5.21
头围 (cm)34.5~41.8　　　平均 38

3 个月

男孩
身高 (cm)55.3~69.0　　　平均 62
体重 (kg)4.69~9.37　　　平均 6.7
头围 (cm)36.7~44.6　　　平均 40.5

女孩
身高 (cm)54.2~67.5　　　平均 60.6
体重 (kg)4.40~8.71　　　平均 6.13
头围 (cm)36.0~43.4　　　平均 39.5

给宝宝打预防针，小心这些反应

预防接种就是将疫苗等生物制品接种到人体，使机体产生抵抗感染的有益的免疫反应，以达到预防相应疾病的目的。但是，各种生物制品对于人体来说，毕竟是一种异物，接种后机体在产生有益反应的同时，有时也会产生一些不良反应。

预防接种的一般反应

多数情况下，一些宝宝接种疫苗后会引起发热、注射局部红肿、疼痛或出现硬结等炎症反应，这些是正常的，是由疫苗本身的性质引起的（各种疫苗均可引起），多为一般性的，不会造成组织器官不可恢复的损伤。这类反应往往不需

要处理，2~3天可自行消失；对于反应较强的个体也可单纯对症治疗，如降温或局部热敷等。

预防接种的异常反应

极个别宝宝接种某种或某些疫苗后，可能发生与一般反应性质及表现均不相同的反应，如接种百白破疫苗后发生的无菌化脓，接种乙脑疫苗后出现皮疹、颜面部水肿等，这类反应我们称之为异常反应。出现这类反应要及时去医院诊治。

异常反应的发生与受种者体质有密切关系，过敏体质者或免疫缺陷者往往更容易发生。

因此，爸爸妈妈应正确认识接种的异常反应，一旦发生应尽早向接种单位报告，及早采取相应的治疗措施，以减小异常反应的危害。

一般情况下，宝宝会在出生的医院接受第一针乙肝疫苗和卡介苗注射。出院后，家长宜尽快与社区医院联系，建立预防接种档案，以后按照医生的安排合理接受预防接种。

预防接种还需要爸爸妈妈注意，如果宝宝感冒、发热，或有心、肾、肝和神经系统疾病及活动性结核病尚未治愈，或正服用类固醇皮质激素与免疫力低下的宝宝，以及上次注射疫苗有过敏史者，都应暂缓接种。

这些时候，妈妈不能喂宝宝

我们知道，母乳喂养是宝宝的最佳选择，但并非人人都能够进行母乳喂养，有时候原因来自母亲，有时候原因来自宝宝，我们应该了解并做出对策。

妈妈患什么病时不宜哺乳

1. 急性病：患急性传染病、乳房感染、乳房手术未愈等病证者，不宜给宝宝哺乳。但需每隔3~4小时挤奶一次，以免发生回奶。

2. 慢性病：如患活动性肺结核、迁延性和慢性肝炎、严重心脏病、肾脏病、严重贫血、其他职业病和精神病等疾患时，不宜给宝宝哺乳。

3. 乳头皲裂：当乳头皲裂时，可以挤奶后用小匙给宝宝哺喂。

4. 没有母乳或母乳分泌不足：有的妈妈因为营养不良、身体极其虚弱或分娩时失血过多，致使产后没有母乳或不能分泌足够的母乳来喂哺宝宝，这时就要采用人工喂养的方式来喂养宝宝。

宝宝患什么病时不宜吃母乳

1. 患有先天性疾病：如苯丙酮尿症就是其中的一种，是绝对不可以吃母乳的。这类患儿应避免苯丙氨酸饮食的摄入，而母乳和牛乳中都有此物，因此，患儿最好不要吃母乳。同时，还要经常检查宝宝血中苯丙氨酸的浓度。

2. 乳糖不耐受综合征：由于患儿体内缺乏乳糖酶，导致母乳中的乳糖不能被患儿很好地消化。如果吃母乳和配方奶，时间长了直接影响新生儿的生长发育，还可造成智力低下。

3. 母乳性黄疸：即因吃母乳而发生黄疸，需暂时停止母乳喂养，一般在48小时后就可恢复母乳喂养。若恢复后，黄疸又加重了，可再停喂1~2天。

不能母乳喂养该怎么办

即使宝宝无法吃到母乳，也不要担心，因为人工喂养长大的宝宝照样也很健康。人工喂养是指给宝宝喂牛奶、羊奶或其他代乳品。

第35~36天 奶粉、奶嘴、奶瓶要选对

配方奶粉中的营养成分更接近母乳，是除母乳之外最适合宝宝的食物，在奶粉的选择上要注意。人工喂养时，奶嘴、奶瓶等喂奶用具是必不可少的。那么，如何选择适合宝宝使用的奶嘴和奶瓶呢？

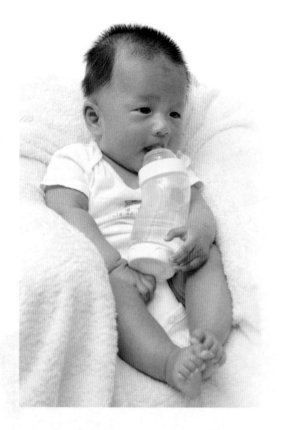

选择奶粉时应注意

1. 手感松软。袋装奶粉，可用手捏，如手感松软平滑，晃动时有流动感，则为合格产品；如手感凹凸不平，并有不规则大小的结块，则为变质产品。

2. 看营养列表上的营养成分是否均衡，是否接近母乳。

3. 生产日期和保质期。离产品保质期到期6个月内的适宜购买。包装上提示有适用年龄段，要选择适合自己宝宝的。

4. 认清品牌。选择信誉好的品牌，对宝宝的健康有保障。

5. 选择配方奶粉。配方奶粉是营养学家根据母乳的营养成分，重新调整搭配奶粉中酪蛋白与乳清蛋白、饱和脂肪酸与不饱和脂肪酸的比例，除去了部分矿物盐的含量，加入适量的营养素而制成，包含各种宝宝必需的维生素、乳糖、精炼植物油等物质。

选择奶嘴时应注意

选择奶嘴时，应根据宝宝的食量而定。通常奶嘴分为小圆孔、中圆孔、大圆孔和十字孔四种。小圆孔奶嘴适合刚出生的宝宝使用，中圆孔奶嘴适用于宝宝喝水和喝牛奶，而大圆孔和十字孔奶嘴一般用来喝果汁和米粉等流质食物。

奶嘴分为橡胶和硅胶两种质地。橡胶奶嘴的特点是有弹性，与妈妈乳头接近。硅胶奶嘴的特点是易吸吮，不易老化，耐热并且抗腐蚀。妈妈可根据不同情况来选择奶嘴。

选择奶瓶时应注意

奶瓶有125毫升及250毫升的。给宝宝选择的奶瓶最好是直式的，耐高温的。现在市场上出售的奶瓶分为玻璃和塑料两种材质的，推荐在家使用玻璃奶瓶，因为它可以蒸煮消毒，容易洗刷干净，也可以放入微波炉消毒或加热牛奶，而不致产生不利健康的化学元素。塑料奶瓶有携带便利、不易打碎的好处，可在外出时使用。

喂配方奶，也要讲方法

让宝宝健康快乐地成长，最重要的一点就是让宝宝吃好奶，所以家长学习给宝宝喂配方奶的步骤和方法，就显得尤为重要了。

调配配方奶

1. 准备调配配方奶的工具，包括调配奶粉所需要用的奶瓶、奶嘴、杯子，以及塑料刀、配方奶粉罐中有刻度的勺子、漏斗、水壶等。

2. 准备60℃左右的温开水，倒入经过消毒的奶瓶中。

3. 用带刻度的勺子取精确分量的配方奶粉，使所盛奶粉的表面与勺子齐平。奶粉过多会使调配出的奶过稠，轻则导致宝宝腹泻、便秘或肥胖，重则损伤肾脏；而奶粉过少就会使奶太稀，会使宝宝的体重增长缓慢，影响生长发育。

4. 将奶粉倒入温开水中，盖上奶瓶的瓶盖，充分晃动瓶身，直到奶粉全部溶解。

5. 在为宝宝调配配方奶时候，请按照配方奶的调配说明来进行。

喂奶步骤

1. 调好配方奶后，就要着手给宝宝喂奶了，爱抚是喂奶的第一步。喂奶前，爸爸或妈妈要先将宝宝轻柔地抱起，解开或掀起上衣，使宝宝贴近自己，让宝宝和爸爸或妈妈充分享受肌肤之亲。要望着宝宝的眼睛，在用奶瓶喂宝宝之前，轻柔地和宝宝说话、微笑，这些都有助于增进宝宝和爸爸妈妈之间的感情。

2. 喂奶时，要让宝宝在爸爸或妈妈的怀抱里稍微倾斜。如果宝宝平躺着，会造成宝宝吞咽困难，甚至可能被呛着。在给宝宝喂奶时，要注意保持奶瓶倾斜，让奶嘴中充满奶液，这样宝宝就不会吸入空气了。

3. 当宝宝吃完奶以后，要将宝宝抱起，让宝宝的头靠在自己的肩部，用手轻轻地拍拍宝宝的背部，帮助宝宝排出在吃奶过程中吸入胃里的气体，以防止宝宝胀气和溢奶。

宝宝打嗝了要会拍

无论母乳喂养的宝宝还是配方奶喂养的宝宝，拍嗝都很重要，尤其对于吃配方奶的宝宝，他们容易吸入更多的空气，所以妈妈要学会给宝宝拍嗝。

宝宝打嗝的原因

打嗝属于正常的生理现象、宝宝打嗝的症状，是由横膈膜肌肉突然的强力收缩，同时伴随不自主地关闭声门而发出"嗝"的典型声音。

宝宝遇风寒，吸入了冷风，喝了放凉的配方奶或挤出的母乳影响了脾胃功能都会引起打嗝。

拍嗝的3种姿势

趴式： 让宝宝趴在妈妈的肩膀上，妈妈用一只手托好宝宝的小屁股，另一只手轻轻地拍宝宝的背部。对大多数宝宝来说，趴在妈妈的肩膀上拍嗝是最有效的方式。

俯卧式： 就是让宝宝俯卧在妈妈的两腿上，妈妈用一只手将宝宝扶好，用另一只手轻轻地拍宝宝的背部。

坐式： 让宝宝坐在妈妈的大腿上，妈妈用一只手撑住宝宝的胸部或是扶住宝宝的腋窝，让宝宝的头部稍稍前倾，用另一只手轻轻地拍宝宝的背部。

打嗝严重怎么办

如果宝宝打嗝到无法抑制的程度，吐奶也很多，而且咳嗽或者看起来很烦躁，就应该带宝宝去医院了。

避免宝宝打嗝的办法

不要在宝宝过度饥饿的状态下给宝宝喂奶，也不要在宝宝大哭大笑之后立即给宝宝喂奶。这时宝宝的肚子里积存了大量的空气，易使宝宝的肚子发胀，不仅影响宝宝食欲，而且容易引起打嗝。

另外注意给宝宝保暖，并且要适当喝一些热水，也可以起到预防打嗝的作用。

芝宝贝
母婴健康
公开课

戴帽子、穿裤子、穿袜子有讲究

由于宝宝正处于不断生长发育的阶段，身体各个器官、系统发育还很不成熟，体温调节功能也是如此，所以有必要穿袜子、戴帽子以及穿裤子。

穿袜子

为了避免宝宝着凉，或在蹬踩过程中损伤小脚，以及避免尘土细菌的侵扰，有必要给宝宝穿上合适的袜子。给宝宝选择袜子时，最好选择透气性能好的纯棉袜。给宝宝穿袜子之前，要注意事先将袜子里边的小线头剪掉，以免缠住宝宝的脚趾头。另外，应注意袜子的款式是否符合宝宝的脚形，尺寸大小要合适，因为尺寸大了不利于宝宝脚部的活动，尺寸小了又会影响宝宝脚部的正常发育。

戴帽子

由于宝宝头部的血管比较浅，没有皮下脂肪的保护，散发热量也就比较多，因此要注意宝宝头部的保暖，这对减少全身热量的散发是有帮助的。所以在比较寒冷的春、秋和冬季给宝宝戴上合适的帽子，是非常有必要的。而在炎热的夏季，戴上透气性比较好的帽子，这样可以避免宝宝头部遭到日光的照射，使宝宝感到凉爽舒适，还可防止中暑、生痱子等。

穿裤子

给宝宝穿的裤子不宜太厚，太厚容易使宝宝活动起来感到吃力，而且活动受限，进而使宝宝情绪不好、变得急躁。

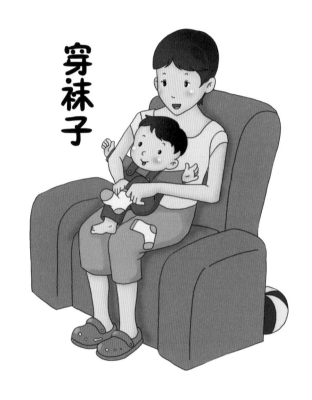

穿袜子

为什么不宜给宝宝戴手套

芝宝贝
母婴健康
公开课

用手抓东西是宝宝的本能，也是宝宝初步感受事物的最基本的动作。如果整天把宝宝的手用手套套着，宝宝就不能有意识地锻炼，导致运动能力发展迟滞，影响智力发育。有的爸爸妈妈虽然没有给宝宝戴上手套，但给宝宝穿袖子很长的衣服，这虽避免了发生手指缺血的危险，但也同样会影响宝宝手的运动能力。

剪剪宝宝的小指甲

过了满月的宝宝生命力旺盛，不仅新陈代谢加快，手也非常喜欢到处乱抓，如果指甲很长，容易将自己的小脸抓破。另外，宝宝们都喜欢把手放进嘴里，指甲长了容易藏污纳垢，细菌入口也会影响宝宝的健康。所以要及时给宝宝修剪指甲。

给宝宝剪指甲需注意

给宝宝剪指甲时一定要小心谨慎，要抓住宝宝的小手，避免宝宝乱动而弄伤宝宝；也不要使剪刀紧贴到指甲尖处，不可剪得太深，以防剪到指甲下的嫩肉；剪好后检查一下指甲边缘处有无方角或尖刺，如果有，应修剪成圆弧形。

当然也要注意，尽量不要在宝宝情绪不佳时强行剪指甲，以免宝宝对剪指甲产生反感或抵触情绪。

观察宝宝的指甲是否健康

芝宝贝
母婴健康
公开课

正常情况下，宝宝出生后的指甲呈粉红色，外观光滑亮泽，半月痕颜色稍淡，甲廓上没有倒刺。压住指甲的末端，甲板呈白色，放开后立刻恢复粉红色。如果宝宝的指甲出现以下异状，家长就要注意了。

指甲甲板上出现白斑点和絮状的白块，多是由于受到挤压、碰撞，如果指甲根部甲母质细胞受到损伤所致，一般不用处理。如果指甲甲板上出现小凹窝，质地变薄变脆或增厚粗糙，失去光泽，则很有可能是疾病的早期表现，需要到正规医院检查。

什么时候剪指甲最好

修剪指甲最好在宝宝不乱动的时候，可选择在喂奶过程中或是等宝宝熟睡时。宝宝的指甲长得特别快，每周剪1次较好。

指甲剪的选择

宝宝的指甲细小薄嫩，应使用婴儿专用的小剪刀或指甲剪，宜选用圆钝头的剪刀。

"病从口起"，要小心护理

由于宝宝机体抵抗力较弱，唾液分泌也较少，这一时期宝宝口腔内的细菌极易生长繁殖。因此，做好宝宝口腔的护理是非常必要的，爸爸妈妈要学会护理宝宝口腔的方法。

要养成护理习惯

平时，爸爸妈妈要养成护理宝宝口腔的习惯，比如定时给宝宝喂一些温开水，可以用来清洁口腔中的分泌物，以保持口腔洁净。如果经以上处理，宝宝的口腔中仍有脏物或分泌物，不必着急，应让宝宝侧卧，用1块小毛巾或围嘴围在宝宝颌下，爸爸或妈妈洗净手后，用棉签蘸上少许淡盐水或温开水，按照先口腔内两颊部、齿龈外面，后齿龈内面及舌头的顺序对宝宝的口腔进行清洗。由于宝宝的口腔黏膜极其柔嫩、唾液少、易损伤且易导致感染，因此在清洗时注意动作一定要轻。

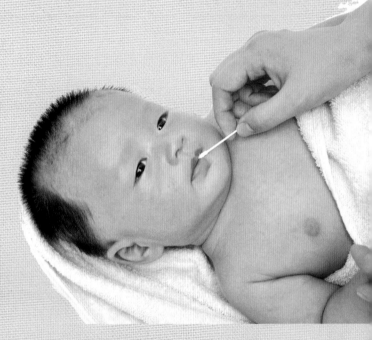

平时还要每日早晚用干净纱布或手帕蘸温开水清洁宝宝牙龈，即使宝宝的乳牙没有长出也要坚持。这样做可以保持宝宝口腔内的清洁，为乳牙的萌出提供一个良好的生长环境。给宝宝口腔护理清洗后，要用小毛巾将宝宝的嘴角擦干净。如果宝宝口唇干裂，可涂一点植物油；如果宝宝出现口腔溃疡，可涂金霉素鱼肝油，或根据需要遵医嘱涂其他药物。

清洁口腔时需注意

需要注意的是，给宝宝擦洗口腔用的物品要清洁卫生，消毒后才能使用，用棉签擦洗一个部位后要更换另一根棉签。在给宝宝清洗口腔时不要蘸过多的液体，防止宝宝将液体吸入呼吸道造成窒息。

入口物品要保证清洁卫生

口腔护理也要防范于未然，宝宝经常入口的奶嘴、手指、妈妈的乳头等一定要保持干净。

你会抱宝宝吗

宝宝出生后，不仅需要食物、温暖和睡眠等，还需要安抚、亲近与拥抱，爸爸妈妈经常把宝宝抱在怀中，会增进与宝宝亲密的关系，而用正确的姿势抱宝宝就显得很重要了。

横抱宝宝的方法

2个月内的宝宝颈部肌肉相当柔软，不能支撑头部，无法抬头，所以怀抱宝宝时，应尽量采用横抱的方式，这样宝宝会更舒服。应该用手臂和手掌托住宝宝的背部与颈部，限制其活动而使头部保持垂直状态，其他部位（如手脚）可让其自然活动。

普通抱姿

等宝宝可以独立支撑头部时，就可以用普通抱姿抱宝宝了，如竖抱（让宝宝坐在臂弯里，妈妈一只手托住宝宝的臀部和大腿，另一只手轻轻扶住宝宝的头部，让宝宝的头部轻贴着你的胸部）、摇篮抱（让宝宝躺在妈妈的臂弯里，一只手托着宝宝的臀部和大腿，另一只手的手臂轻托宝宝的头部），还可以将宝宝面朝下地抱着，让宝宝的下巴及面颊靠着妈妈的前臂。

抱带如何使用

在使用抱带时，应在腰部扣紧抱带，以感觉到合适为宜，把宝宝直着抱起，让他靠着你的肩膀，你的另一只手放在宝宝的头后，这样宝宝的身体就由你的胸腹部支撑。用手向上拉起抱带的兜袋，让宝宝的腿穿过兜袋的洞，然后用另一只手把抱带的肩带拉到你的肩膀上，另一只手要一直承受着宝宝身体的重量。最后你慢慢地坐直，宝宝的重量就逐渐落到抱带上了。

姿势错误危害大

有的爸爸妈妈为了图轻松方便，会单手竖抱宝宝，这样是非常危险的，宝宝的头部重量全都压在颈椎上，有些损伤当时不易发现，但可能影响宝宝将来的生长发育。

洗洗小手、洗洗脸

宝宝新陈代谢旺盛，容易出汗，随着一天天长大，手也开始喜欢到处乱抓，有时还会把手放到嘴里。因此，这个月开始宝宝需要经常洗脸、洗手，以保证卫生。

备好宝宝的专用清洁工具

为这一时期的宝宝洗脸、洗手时，一定要准备专用的小毛巾和脸盆。而且在使用前一定要用开水烫一下，以起到消毒的作用。给宝宝洗脸、洗手的水温不要太高，和宝宝的体温相近就可以了。

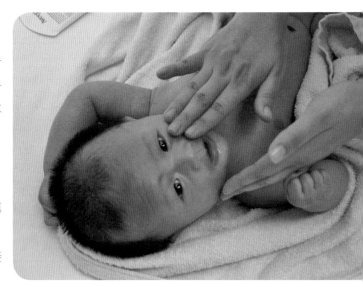

洗脸、洗手时的注意事项

1. 给宝宝洗脸、洗手时，一般顺序是先洗脸，再洗手。

2. 爸爸或妈妈可用左臂把宝宝抱在怀里，或直接让宝宝平卧在床上，右手用洗脸毛巾蘸水轻轻擦洗，也可两人协助，一个人抱住宝宝，另一个人给宝宝洗。

3. 洗脸时注意不要把水弄进宝宝的耳朵或眼睛里，洗完后要用洗脸毛巾轻轻蘸去宝宝脸上的水，不能用力擦。

4. 由于宝宝喜欢握紧拳头，因此洗手时爸爸或妈妈要先把宝宝的手轻轻掰开，手心手背都要洗到，洗干净后再用毛巾擦干。

5. 此时的宝宝洗脸时不需用香皂，洗手时可以适当用一些宝宝香皂。洗脸毛巾最好放到太阳下晒干，可以借太阳光来消毒。

6. 此时宝宝的皮下血管非常丰富，而且皮肤细嫩，所以在给宝宝洗脸、洗手时，动作一定要轻柔，否则容易使宝宝的皮肤受到损伤甚至引起发炎。

给宝宝清理鼻涕

如果宝宝鼻塞或流鼻涕了，需要及时清理，可用温热的毛巾在宝宝的鼻子上进行热敷，这时黏稠的分泌物容易水化而流出来，敷上3分钟左右再清理即可。

芝宝贝
母婴健康
公开课

容易发热的宝宝

由于宝宝体温调节功能不完善，保暖、出汗、散热功能都较差，当生病、环境温度改变或水分不足时，都可能引起发热。宝宝发热时，爸爸妈妈要引起足够的重视。

正确认识宝宝发热

发热是人体防御疾病和适应内外环境温度异常的一种本能的自卫反应。因此，发热并不一定是坏事。遇到宝宝发热时，要先弄清楚发热的原因，不要急于用退热药降温。看看室温是否过高，宝宝穿的衣服是否过多、过厚，这些都是暂时性的体温升高，所以爸爸妈妈不必担心，采取相对应措施即可使宝宝体温恢复正常。

如果宝宝发热过高，在39℃以上时，需要注意不可一次将体温降得过低，因为这样容易引起虚脱。

持续发热怎么办

如果宝宝持续发热，要有针对性地采取相应的措施为宝宝降温，使病情从根本上得到改善。需要在医生的指导下服用或注射退烧药。

与此同时，可以采用物理降温方法，使用浸湿的毛巾或浓度为75%的酒精擦拭宝宝的身体，会有明显的降温效果。

持续发热还可能引起一些并发症，比如淋巴腺化脓、中耳炎、肺炎等，出现发热以外的异常情况，如哭闹得特别厉害、下巴有肿块、耳朵里有分泌物、宝宝呼吸急促等，就要及时去医院诊断治疗。

宝宝发热时，爸爸妈妈要满足宝宝身体对各种营养素的需求。此时宝宝往往食欲不好，所以要少量多次地喂食一些清淡的食物。

此外，要注意室内通风，使空气保持新鲜，还可以在地上撒些水，保持室内的湿度。宝宝出汗后，要在注意保暖的情况下勤换内衣，多晒被褥，使宝宝平安度过发热期，顺利恢复健康。

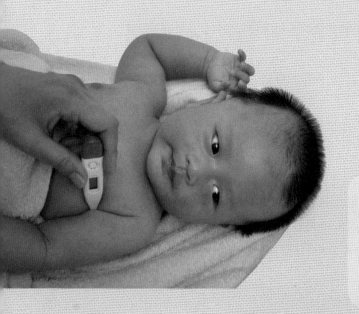

一次性发热

有的宝宝出现发热现象是由于体内水分不足引起的，及时喂奶后体温就降下来了，这并不是什么疾病，而是宝宝的正常生理现象，这称为一次性发热。

芝宝贝
母婴健康
公开课

呕吐了，赶快处理

如果宝宝在喂奶时或刚刚喂奶后呕吐出少量的奶汁，这是完全正常的，但如果呕吐很频繁，持续时间较长，爸爸妈妈就要密切注意了。

应对宝宝呕吐的正确做法

1. 宝宝呕吐时，要把宝宝的脸移向旁边，让身体侧躺，这时呕吐物很可能从鼻孔流出，必须立即用嘴或吸管将其吸出。

2. 观察宝宝的呕吐状况，是否有咳嗽或其他症状，并观察呕吐的次数，及呕吐物是否含有胆汁，如有则呕吐物呈绿色。如果宝宝在呕吐的同时还伴有其他疾病的体征，或者连续把所吃的奶全部吐出，就需要及时去医院就诊。

3. 在呕吐尚未停止前，不可给宝宝喂任何食物。

4. 呕吐停止后，可给宝宝喂少量的水，确定不再呕吐后，才可逐渐增加饮食。如果呕吐时给宝宝喂水，反而会诱发呕吐，造成脱水症。如果是人工喂养的宝宝，24小时内需停止人工喂奶，要不时地给宝宝补充水分或葡萄糖溶液。平时喂给宝宝食用的奶粉要加以稀释，并设法给宝宝喝足够的水，防止宝宝脱水。

5. 如果发现宝宝憋气、不能呼吸或者脸色变暗时，表示呕吐物可能已经进入气管了，要马上使其俯卧在你的膝盖或者硬质床上，用力拍打其背部四五次，使其咳出。然后尽快将宝宝送往医院检查，让医生再进一步处理。

预防呕吐有好方法

爸爸妈妈平时要注意给宝宝保暖，这一时期的宝宝由于机体发育不成熟，不怕热只怕冷。如果宝宝是人工喂养，所用的喂养工具要进行及时消毒，给宝宝吃的所有食物，要保证新鲜。

另外在配制较多的配方奶时，要把多余的配方奶迅速冷却并贮存在冰箱里，但不宜存放时间过长，一般要在24小时内喂给宝宝吃完，如果没喂完也不宜再给宝宝吃了。

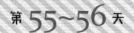

第55~56天　便秘尤其要重视

2个月大的宝宝极易发生便秘。宝宝的大便次数减少，大便异常干硬，甚至拉不出来，以致引起宝宝排便时哭闹不止。爸爸妈妈要认真对待宝宝的便秘情况，呵护宝宝健康。

宝宝为什么会便秘

导致宝宝便秘的原因很多，最常见的是缺水，特别是人工喂养的宝宝，因为牛奶中钙的含量较高，容易导致宝宝"上火"，如果水分补充不足，就会引起便秘。此外，宝宝便秘还可能是消化道畸形或其他病变引起的，也与生活习惯和喂养方法有关。

宝宝便秘了该如何护理

1. 宝宝便秘时，原则上不要用泻药，便秘严重时要请儿科医生诊治。

2. 要以改善饮食习惯、训练宝宝按时排便习惯和加强宝宝体格锻炼为主。

3. 应注意多给宝宝喂些水，特别是在天气炎热的情况下，更要不时地给宝宝喂水；也可在牛奶中加些许白糖，白糖可软化大便；还可以给宝宝适当喂些菜水、果汁等。

4. 如果宝宝便秘比较厉害，粪便积聚时间过长而不能自行排出时，可试着用小肥皂条轻轻插入宝宝的肛门刺激排便，或者用宝宝开塞露注入肛门刺激排便，这样可以帮助宝宝顺利通便。不过这两种方法要尽量少用，否则容易让宝宝产生依赖，影响自身排便功能。

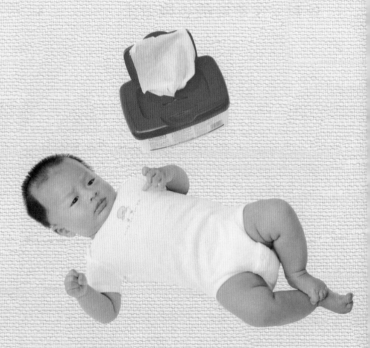

平时应注意预防宝宝便秘

平时应尽量训练宝宝按时排便，以免大便干燥不易排出，从而引起习惯性便秘，3个月以上的宝宝可以有意识地锻炼坐盆或用排便小椅，还可定时为宝宝做腹部肌肉按摩，以促进宝宝胃肠蠕动，利于宝宝排便。同时还要增加宝宝的体育锻炼，不仅可增强体质，还可增进胃肠活动能力。

注意预防缺铁性贫血

营养性缺铁性贫血对宝宝的体格生长、智能发育均有不利影响，必须积极防治。

宝宝出现缺铁性贫血的原因

缺铁性贫血又称宝宝细胞贫血，病因是宝宝缺乏重要的造血物质——铁元素。

宝宝在婴幼儿时期很容易出现营养性缺铁性贫血，这是因为宝宝体内储存的铁，只能满足4个月生长发育的需要。也就是说，宝宝从母体带来的铁元素，到3~4个月时就已经基本消耗掉了。同时，到4~6个月时，宝宝的体重、身高增长迅速，对铁的需求量也高，如果没有及时给宝宝补充铁，宝宝就容易发生缺铁性贫血。

缺铁性贫血的表现

缺铁性贫血对宝宝身体的危害是很大的，大多轻度贫血的症状、体征不太明显，待有明显症状时，多已属中度贫血，主要表现为上唇、口腔黏膜及指甲苍白；肝脾淋巴结轻度肿大；食欲减退、烦躁不安、注意力不集中、智力减退；明显贫血时心率增快、心脏扩大，常常有合并感染等。化验检查时，血液中红细胞变小，血色素降低，血清铁蛋白降低。

如何预防缺铁性贫血

1. 坚持母乳喂养。母乳含铁量与牛乳相同，但其吸收率高，可达50%，而牛乳只10%，母乳喂养的宝宝缺铁性贫血者较人工喂养的少。

2. 定期给宝宝检查血红蛋白。宝宝在出生后的6个月时，需检查1次；1岁时需检查1次；以后每年检查1次，以便及时发现症状。

生理性贫血无须太担心

这一时期，有些细心的爸爸妈妈会发现，宝宝的面色比之前苍白了些，甚至发黄，去医院检查会显示血色素偏低。但医生会告诉你，这属于一种生理性贫血，是这一时期的宝宝容易出现的生理现象，不需要治疗。

芝宝贝
**母婴健康
公开课**

这样大的宝宝需小心佝偻病

由维生素D缺乏引起的佝偻病，是婴幼儿时期常见的多发病。佝偻病会严重影响宝宝的生长发育和身心健康，需要引起爸爸妈妈的重视，要做到早发现，早治疗。

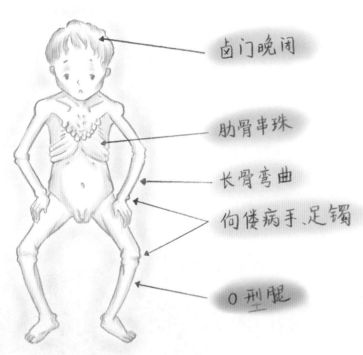

卤门晚闭

肋骨串珠

长骨弯曲

佝偻病手足镯

O型腿

宝宝患佝偻病的表现

宝宝佝偻病的临床表现一般为多汗、夜间睡眠不安、哭闹、容易出现枕秃。

佝偻病的主要表现为骨骼畸形，宝宝的手腕、脚踝、关节肿胀，肋骨与肋软骨接合处会肿胀，看起来呈串珠状，称肋骨串珠。严重时可有方颅、鸡胸、下肢畸形等症状，到宝宝1岁开始走路时，由于下肢骨较软，在重力作用下，还会出现O型腿或X型腿，脊柱、骨盆也会发生侧弯或变形。

如何预防佝偻病

晒太阳是预防宝宝佝偻病最有效、最经济的方法。因为宝宝的皮肤中含有7-脱氢胆固醇，受到阳光中紫外线照射会转为维生素D，因此经常带宝宝进行"日光浴"，对佝偻病的防治能起到很重要的作用。

宝宝晒太阳时需要注意，要让宝宝的皮肤直接暴露在日光下才能有效。母乳中的维生素D很容易被宝宝身体吸收。因此，如果宝宝是母乳喂养，再加上适当晒太阳，就可不必另外补充维生素D了。

如果宝宝是人工喂养或混合喂养，要注意营养搭配合理，并可以在宝宝出生后2周，适当给宝宝添加鱼肝油和钙剂，以加强宝宝的营养均衡。

哪些宝宝更容易患佝偻病

芝宝贝
母婴健康
公开课

1. 早产儿和出生体重较轻（低于2.5千克）的宝宝。

2. 孕期缺钙的妈妈所生的宝宝。

3. 哺乳期缺钙的妈妈所哺育的宝宝。

4. 晒太阳少的宝宝，主要由缺乏维生素D引起。

5. 生长发育太快的宝宝。

6. 吃奶少的宝宝。

护理宝宝的"心灵之窗"

眼睛是心灵的窗户，爱护眼睛得从婴儿时做起。宝宝的眼睛明亮清澈又格外敏感，爸爸妈妈在护理时尤其要小心。

"倒睫"该如何护理

睫毛改变了生长方向，朝向眼球生长，刺在角膜和结膜表面，这种情况叫做倒睫。"倒睫"是宝宝常见的眼部疾病，当宝宝患有"倒睫"时，若情形不严重，可给宝宝点些抗生素眼药膏；若情形较重，比如整排睫毛倒睫，且有眼睑内翻的情形，则可考虑手术矫治，但是也要等到2周岁以后再做手术。

预防宝宝"倒睫"，需要注意宝宝眼部卫生，不要让宝宝用手揉眼睛，积极防治沙眼，睑缘炎，预防眼外伤等。

泪眼宝宝如何护理

一旦发现宝宝经常无故流眼泪，应及时带宝宝到医院就诊，因为宝宝流眼泪的情况，并不一定是单纯的泪道阻塞造成的，具体的原因应该请医生来确定。爸爸妈妈也可以采取保守治疗，在家里为宝宝做一些眼部按摩，但一定要咨询专业医生之后方可操作。
比如用食指指腹按在宝宝的鼻根及眼睛内眦中央的部位，往眼睛的方向轻轻地挤压。按压时要有一定的力度，通过按压把宝宝鼻泪管的膜冲开。

眼屎太多怎么办

当宝宝患感冒、肺炎等疾病或"上火"时，眼屎分泌常常会增多，这是因为鼻泪管阻塞，眼泪流不出鼻腔，细菌感染所致。

针对宝宝眼屎分泌过多这一情况，可遵医嘱，使用抗生素眼药水点眼，如同时伴有其他眼部症状，最好请医生诊治。爸爸妈妈不要用手或不洁的毛巾等物给宝宝擦拭眼睛，可用消毒棉蘸凉开水为宝宝擦拭眼屎。另外，要多给宝宝喂水，也可给宝宝喝些蔬菜汁、果汁等清淡的食物。此外，要保持宝宝所处室内湿度适宜。

宝宝的耳屎该清理啦

"耳屎"在医学上称为耵聍，是一种黄褐色的固体小块。耳屎过多会造成宝宝外耳道堵塞，进而影响宝宝的听力。爸爸妈妈要掌握一定的方法，来帮助宝宝去除过多的耳屎。

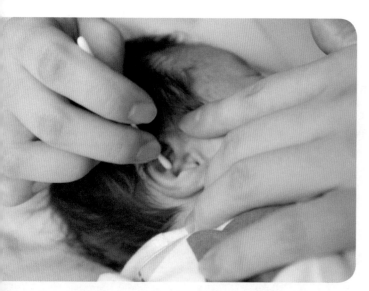

清洁耳屎要小心

1. 对于耳屎不多的宝宝，一般不需要处理，如果妈妈确实担心，也可以用棉签在宝宝外耳道入口处轻轻清理一下即可。如果耳屎不坚实，就用棉签慢慢地将其卷出来。

2. 如果耳屎较多，可以用3%的小苏打溶液，每2~3个小时滴1滴入宝宝耳内，一天3~4次，1~2天后待耳屎变软后，再慢慢地将其取出。注意进行时一定要固定好宝宝头部，勿使其乱动。平时可以每星期用涂有金霉素眼药膏的小棉签，在宝宝的外耳道卷一下，一则可以帮助杀菌，二则能湿润外耳道的皮肤，从而使耳屎自然脱落，不会形成大块。如果宝宝的耳屎结成硬块，造成外耳道阻塞，就应带宝宝去医院请五官科医生处理，切勿在家强行给宝宝挖耳屎，以防出现意外。

3. 耳朵有自洁功能，正常情况下，由于宝宝吃东西，使下颌关节运动，渐渐地，耳屎会自己流到外耳来，到时用棉签或软纱布沾点水清理掉即可。

为什么不能用挖耳勺

宝宝的外耳道皮肤十分娇嫩，鼓膜薄、弹性差、血液循环差，千万不要用挖耳勺，以免挖耳屎不当引起外耳道的损伤和感染。如果宝宝好动或挖耳屎时感觉不舒服稍作挣扎，挖耳器具还可能伤及孩子的鼓膜或听小骨，影响宝宝的听力。

总是流口水真愁人

宝宝常常流口水是这一时期的特征之一，流口水也分生理性、病理性两种，因而对宝宝流口水现象，爸爸妈妈要分清原因区别对待。

生理性流口水是怎么回事

宝宝在刚开始出牙时，由于出牙对三叉神经的刺激，引起唾液分泌量的增加，但由于此时的宝宝还没有吞咽大量唾液的习惯，以及宝宝的口腔又小又浅，因而唾液就流到口腔外面来，形成所谓的"生理性流口水"。

这种现象随着宝宝月龄的增长会自然消失，爸爸妈妈不必担心。只需要给宝宝随时擦洗，并给宝宝换干净绵软的围嘴就可以了。如果宝宝口水流得特别多，妈妈要注意保护好宝宝口腔周围的皮肤，经常清洗干净，并保持脸部、颈部干爽。

病理性流口水是怎么回事

如果宝宝因口腔发炎而引起牙龈炎、疱疹性龈口炎等病证，也容易流口水，宝宝往往还伴有烦躁、拒食、发热等全身症状，后者还常常有与疱疹患者的接触史。所以，遇到这种突然性口水增多时，应及时带宝宝到医院检查和治疗。

给宝宝选个好围嘴很重要

为了保护宝宝的颈部和胸部不被唾液弄湿，可以给宝宝戴个围嘴。这样不仅可以让宝宝感觉舒适，还可以减少换衣服的次数。围嘴可以到宝宝用品商店去买，也可以用吸水性强的棉布、薄绒布或毛巾布自己制作。

需要注意的是，不要为了省事而选用塑料及橡胶材质制成的围嘴，这种围嘴会伤害到宝宝的下巴和周围皮肤。宝宝的围嘴要勤换洗，换下的围嘴每次清洗后要用开水烫一下，并在太阳下晒干备用。

第 67~68 天

给宝宝理个发吧

不知不觉中发现，宝宝的头发长长了、变黑了，宝宝需要理发了，让我们来共同学习如何给宝宝理发吧！

不要强行理发

给3个月大的宝宝理发不是一件容易的事。因为宝宝的颅骨较软，头皮柔嫩，理发时宝宝也不懂得配合，稍有不慎就可能弄伤宝宝的头皮。这对宝宝来说是很严重的。

宝宝的头发比较柔软，所以不宜用剃头刀，而应该使用剪刀，当然使用宝宝专用的理发器会更安全些。在整个理发的过程中，要不断与宝宝进行交流，鼓励宝宝，分散宝宝的注意力，以达到和宝宝相互配合的目的。

给宝宝理发时动作要轻柔，宝宝如果在理发过程中哭闹，不要再强行给他理发，否则会使宝宝产生心理阴影，以后更抗拒理发。最好是在宝宝睡眠时给他理发，等宝宝懂事后，可以逐渐让宝宝接受理发。

不要给宝宝剃光头

有些家长喜欢给宝宝剃光头，以为这样宝宝的头发会长得又黑又密，这是没有科学依据的，也是不可取的。

头发是宝宝头部的一层保护屏障，给宝宝剃光头不但容易损伤皮肤，还有可能破坏毛囊，反而会使宝宝的头发长得不好。而宝宝的头发长得快与慢、多与少与剃不剃光头是没有关系的，而是与宝宝的营养状况及遗传因素有关。

理好之后再洗发

给宝宝理发一定要干发理，理完之后再洗。宝宝胎发本来就很软，如果洗完发之后理，头发会更软，增加了理发难度。如果宝宝头上有头垢，最好先用宝宝油涂在头部，24小时后待头垢软化，用宝宝洗发露清除头垢，然后再理发。这是为了防止在理发过程中，将头垢带下来引起疼痛。如果家长掌握不好理发的手法，可以找专业人士来给宝宝理发。

穿太多宝宝会感觉热

我国有句古话，叫做"要叫小儿安，七分饱来三分寒"。但是现在不少妈妈，总怕宝宝着凉，经常给宝宝穿得太多太厚，殊不知这样会使宝宝适应自然环境的能力大大减弱，导致体质下降，抵抗力降低。

为什么宝宝不宜穿厚

新生儿时期,宝宝还没有形成应付外界环境的能力，所以保暖是非常重要的。但到了第3个月，宝宝的饮食渐渐多了，运动量也逐渐加大，体内所产生的热量也多了，新陈代谢比新生儿期旺盛了许多。对于这个时期的宝宝来说，运动是发育必不可少的，运动发育可以带动宝宝全身各方面的发育，尤其是大脑的发育。

所以，宝宝不宜穿得太厚，否则不利于宝宝运动。而且穿得少会让宝宝活动起来不易出汗，当运动停下来时也就不易着凉，从而降低了因着凉而造成的感冒、腹泻等疾病的概率。所以，从这个月起，就要养成给宝宝穿薄衣服的习惯。

穿衣的薄厚准则

由于衣服的布料不一样，不同的季节也有很大差别，所以到底什么是"不厚"也不能一概而论。但是，你可以参考这样一个大致标准，那就是比妈妈穿的少一件。

同时，在宝宝的日常护理中，最重要的是根据具体情况及时给宝宝增减衣服。比如，当傍晚气温急剧下降，或阴天下雨时，就应给宝宝换上一件比白天和平时稍厚的衣服；如果宝宝热得出了汗，就应该适当脱掉一些衣服。

宝宝可以进行"日光浴"吗

宝宝可以进行"日光浴"。"日光浴"可促进宝宝的血液循环，阳光中的紫外线照射皮肤，还可以促使皮肤合成维生素D，有利于钙质吸收，预防和治疗佝偻病。"日光浴"对机体的作用比"空气浴"强，不过，进行"日光浴"时必须注意宝宝的反应，如果宝宝反应不佳，就应当停止。

芝宝贝
母婴健康
公开课

带宝宝外出需谨慎

这一时期的宝宝眼睛已经能够看清东西了，好奇的小家伙对眼前的世界充满了了解的欲望。因此，只要天气晴好，妈妈就应该带宝宝到户外多活动一会儿。

带宝宝外出好处多多

让宝宝接触大自然，看看大自然的花草树木、小猫、小狗、小鸟等，特别是让宝宝多接触一些同龄的小朋友，宝宝会非常高兴的。而且还能通过空气的刺激锻炼皮肤，增强宝宝的抗病能力。

户外的活动时间

户外活动的时间要以宝宝头部的直立情况而定。开始时每次户外活动2~3分钟，逐渐增加到

每次0.5~1小时，每天可以安排1~2次。夏天可以安排在上午10点前和下午4点以后进行，冬季可以安排在上午9点以后到下午5点以前，最好时间固定，以养成习惯。

衣服要穿得适当

在带着宝宝进行户外活动时，宝宝的衣服要穿得适当。不要穿得太少，以免着凉；也不要穿得太厚，否则不利于宝宝活动，也会减弱户外活动的效果。

别给宝宝在户外蒙纱巾

户外有风时就不要带宝宝出去，给宝宝脸上蒙着纱巾出去更不可取。因为纱布会被宝宝的口水弄湿，刮在纱布上的灰尘、细菌会被宝宝吃进嘴里。如果粘到宝宝的眼睫毛上，宝宝揉眼睛时，极易进入眼内，引发眼病。

带宝宝外出时的注意事项

抱着宝宝外出时，要时刻注意保护宝宝的颈部和头部。竖着抱宝宝时，要注意宝宝脖子的挺立程度，如果宝宝的脖子能够挺立20分钟左右，那么外出的时间最好控制在10~15分钟较为适宜。抱宝宝外出时，不要去商店买东西，也不要带宝宝去电影院等人多的地方，以免感染疾病。

宝宝总爱流眼泪是怎么回事

如果宝宝没有哭，却经常流眼泪，像个泪眼宝宝，是什么原因呢？爸爸妈妈不要担心，先来了解一下引起宝宝流眼泪的原因。

流眼泪的原因

当宝宝有了眼泪以后，如果泪液不能通过泪道引流系统而正常排到鼻腔或者是口腔，宝宝就容易出现流泪的症状或者倒睫、泪液流通途径不畅等原因也会造成宝宝流眼泪。此外，也有可能因为宝宝鼻泪管的泪道比较狭窄，在妈妈怀孕时，泪道里面就有炎症等，这些原因都可能造成宝宝泪道阻塞，从而导致宝宝流眼泪。

泪眼宝宝的治疗

一旦发现宝宝经常流眼泪，应及时带宝宝到医院就诊，因为宝宝流眼泪的情况，未必是单纯的泪道阻塞造成的，具体的原因应该请医生来确定。爸爸妈妈也可以采取保守治疗，在家里为宝宝做一些眼部按摩。但一定要咨询专业医生之后方可操作。比如用食指指腹按在宝宝的鼻根及眼睛的内眦中央的部位，往眼睛的方向轻轻地挤压。还有一种手法也是在这个位置往下按压，按压时要有一定的力度，通过按压能缓解病情。

同时也可按医生的嘱咐给宝宝用眼药水点眼，并观察流泪情况是否好转，如不见效应要及时带宝宝就医。

泪道探通

进行泪道探通，首先要给宝宝进行泪道冲洗，冲洗以后，确定宝宝确实患有泪道不通，然后用泪道扩充器，顺着泪小点进去，经过泪管，再到泪总管，接着再往里面通过泪囊，最后要走到鼻泪管，如果说把这几个阻塞的部位全部探通了，宝宝的泪道就通了。

芝宝贝
母婴健康
公开课

第75~76天 "咿咿呀呀" 真好玩

此时，宝宝已经能发出较多的声音了，并能清晰地发出一些元音。爸爸妈妈可以利用这个机会培养宝宝的发音，在宝宝情绪愉快时多与宝宝说笑。

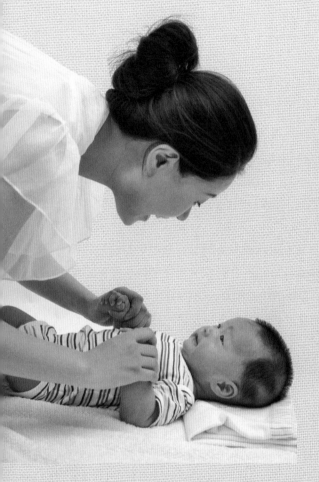

宝宝的语言越来越丰富

现在的宝宝，嘴里发出的不再只是简单的几个元音了。

当宝宝发现了有趣的事物时，会脸上笑着，双手拍打着，嘴里"咕噜咕噜"地故意发出很大的声音。宝宝还可以经常变换音区，有时用紧闭的嘴唇挤压气流，发出"乌""弗""丝"等音，有时嘴唇一张一合地发出"啊""噗"的声音。宝宝不高兴的时候会发"m""p""b"等语音；高兴时会发"j""k"等语音。总之，宝宝开始用语音来表达自己的感情了。

宝宝似乎很爱听自己发出的声音，常常练习着声带、嘴唇和舌头之间的配合。当父母也附和着宝宝的发音时，宝宝更来劲儿了，发出的声音更大了，音符也更丰富了。

语言能力的训练方法

训练宝宝语言能力的首要一点，就是要创造良好的语言氛围，养成经常与宝宝说话的习惯，让宝宝有"自言自语"或与爸爸妈妈"咿咿呀呀交谈"的机会。

在宝宝情绪好的时候，爸爸妈妈可用愉快的口气和表情，你一言、我一语地和宝宝说话，逗引宝宝主动发声，逐渐诱导宝宝出声搭话，使宝宝学会怎样通过嗓子、舌头和嘴的合作发出声音。这样可为日后宝宝具备优秀的语言能力，做准备练习。

语言训练不可忽视

语言是开发宝宝智力的重要工具，在婴儿语言发生和发展的过程中，家长的引导非常重要。在宝宝学习语言的过程中，都要经过咿呀学语的阶段，然后由父母参与引导，强化宝宝的语言，使宝宝从没有意义的咿咿呀呀过渡到说话。

训练宝宝的抓握力

宝宝手指的活动可以促进大脑发育，所以需要爸爸妈妈给予引导训练，锻炼宝宝的精细动作能力。

握力训练

平时，爸爸妈妈可以有意识地把宝宝的小手放到自己的脸上摩擦，或吻宝宝的小手，这个时候宝宝最快乐。爸爸妈妈也可以在宝宝的手里放一些小玩具，让宝宝自己触摸，或者妈妈拿着宝宝的手去触摸一些物体，宝宝都会为摸到不同质地的物体而感到兴奋。经过这样的触觉刺激，宝宝的手很快就会自己张开，并努力去抓身边的东西。

抓手指法

在训练宝宝的握力时，爸爸或妈妈可以把自己的大拇指或食指放在宝宝的手心里，让宝宝自己抓握。等感觉到宝宝有一定的握力后，再把手指从宝宝的手心向外拉，看宝宝是否还能去抓。

拉线法

虽然此时的宝宝还不会自己拉线，但可以给宝宝买一些一拉线就会动或发出响声的玩具。开始训练的时候，可以把线放到宝宝手里帮宝宝拉，玩具的活动或响声会刺激宝宝的兴趣。经过多次训练，宝宝就会自己玩耍了。

抓悬挂物法

在宝宝小床的上方，悬挂一些小的软玩具，先晃动悬挂玩具引起宝宝的注意，然后拉着宝宝的手帮他抓，慢慢地逗引宝宝自己伸手去抓。还可以用手把拴绳的玩具有意塞到宝宝手里，然后趁宝宝没有抓牢的时候，突然把玩具提起来，以此刺激宝宝的抓握兴趣。

训练抓握能力非常有必要

婴儿不仅能用眼睛、耳朵感知世界，同时也能用手认识世界。宝宝在摆弄、抓握物品和玩具时，加强了触觉和视觉的联系，不仅可以促进大脑的发育，对于更有效地认识物体也大有益处。

宝宝被动操学起来

体育锻炼可以帮助宝宝健康、快速地生长发育，被动操是此时适宜宝宝的体育锻炼。现在，爸爸妈妈就来带宝宝一起做被动操吧！

被动操的训练方法

1. 坐立运动：把宝宝双臂拉向胸前，两手距离与肩同宽，使其坐立起来。在拉引宝宝时，不要太用力。

2. 举腿运动：让宝宝俯卧，爸爸或妈妈双手握住宝宝两条小腿，让其两腿向上抬起。以后随着宝宝月龄增大，还可以让宝宝两手支撑抬起头部。

3. 弯腰运动：爸爸或妈妈同宝宝方向一致直立，爸爸或妈妈左手扶住宝宝两膝，右手扶住宝宝腹部，在宝宝前方放一玩具，使宝宝弯腰前倾，去捡起玩具成直立状态。

4. 托腰运动：让宝宝仰卧，爸爸或妈妈左手托住宝宝腰部，右手抓住宝宝脚踝部。托起宝宝腰部，使宝宝腹部挺起，成桥形。托起时头不要离开床面，并使宝宝自己用力。

5. 扩胸运动：让宝宝仰卧，爸爸或妈妈将双手拇指放在宝宝掌心轻握宝宝手腕，宝宝握住爸爸或妈妈的拇指，宝宝双臂放在体侧。接着两臂左右分开平展，再向胸前交叉，依次循环。

6. 双屈腿运动：宝宝仰卧，两腿伸直，爸爸或妈妈两手握住宝宝的脚腕。先将两腿屈至腹部，然后重新伸直，重复动作。注意宝宝屈腿时两膝不分开，屈腿时可稍稍用力，使宝宝的腿对腹部有压力，有助于肠道蠕动。

宝宝做被动操有何作用

宝宝在1岁前，由于运动功能发育较慢，不能独立进行活动，身体总是处于一种姿势。为促进宝宝的身体发育，此时应由爸爸妈妈帮助宝宝做被动操。

宝宝通过做被动操，可促进肌肉和骨骼的发育，锻炼四肢肌肉、关节，锻炼腰肌以及脊柱的矫形，改善血液循环，还可促进神经系统的发育，使宝宝精神活泼、动作协调。为爬行、站立和行走做准备。

宝宝知道白天黑夜吗

在帮助宝宝养成良好的睡眠习惯中，教会宝宝分辨昼夜是非常重要的一环。

为什么需要分清昼夜

随着宝宝月龄的增长，宝宝睡觉的规律也逐渐发生了变化。比如白天醒着和活动的时间逐渐增长，睡眠时间就相应缩短。如果睡眠不足，宝宝会变得烦躁易怒，其成长发育也会受到影响。所以，要想让宝宝睡的时间稍长一些，以使宝宝保持旺盛的精力，就要从现在开始，帮助宝宝培养科学的睡眠习惯。爸爸妈妈要帮助宝宝分清昼夜，让宝宝在白天玩，晚上睡好觉。

教宝宝分清白天和黑夜

要教会宝宝分辨昼夜，可以让宝宝白天和晚上分别在不同的房间中睡觉。宝宝白天的时候，即使是在打盹或小睡的时候，房间都要保持正常的亮度和声响；晚上睡觉的时候，就要把灯关掉，并保持房间里的安静。利用条件反射的原理，使宝宝懂得白天是玩耍的时间，而夜间才是睡觉的时间。随着宝宝记忆力的逐渐增强，他就会自己分辨昼夜，进而有规律地玩耍、睡觉了。

睡眠规律很重要

爸爸妈妈要做好宝宝睡前必修课。由于宝宝对爸爸妈妈的依恋，很可能到了睡觉时间也不愿意和你分开。如果长期不能按时睡觉，将会打破宝宝的睡眠规律。

为了鼓励宝宝夜里睡长觉，最好和爸爸妈妈的作息时间相一致，爸爸妈妈每晚都要对宝宝进行同样的程序。在喂完最后一次奶或辅食后，要给宝宝暖暖地洗个澡，抱着他玩一小会儿，但不要过多嬉闹，然后把宝宝放到小床上，把灯关得暗一些，再安静地陪宝宝坐一会儿，看宝宝睡着后就可轻轻地走出房间了。

宝宝睡吧，明天再玩

小小玩具仔细挑

宝宝快满3个月了，可以为他准备以下几种类型的玩具。

抓握玩具

可以给宝宝准备一些各种质地、各种色彩，便于抓握的小玩具。比如摇铃、小皮球、金属小圆盒、不倒翁、小方块积木、小勺、吹塑或橡皮动物、绒球或毛线球等。

兴趣玩具

一些颜色鲜艳、图案丰富、容易抓握、能发出不同声响的玩具，如拨浪鼓、摇铃、小闹钟、八音盒、可捏响的塑料玩具、未使用过的颜色鲜艳的小袜子等。

其他玩具

一些手感柔软、造型朴实、体积较大的毛绒玩具，可放在宝宝手边或床上。让宝宝认识不同质地的玩具，并告诉宝宝摸这些玩具时的感觉。也可选用一些大的彩圈、手镯、脚环、软布球和木块，可击打、可发声的塑料玩具，五颜六色的图画卡片等。

宝宝的玩具要卫生

宝宝的玩具要勤洗，因为这个时候的宝宝，能够自己抓玩具了，只要是能拿到手里的，宝宝就可能往嘴里送。因此，对宝宝的玩具一定要注意清洁。另外，对于吹的玩具，如大人吹过后，一定要洗干净吹嘴后再让宝宝玩，这样比较卫生。

腹胀了，不舒服

宝宝的肚子圆圆滚滚的，有时是正常现象，有时却代表宝宝有不适。爸爸妈妈要辨别好，对腹胀的宝宝做出正确的护理。

宝宝为什么会腹胀

有时，宝宝的肚子看起来鼓鼓胀胀的，正常情况下是因为宝宝的腹壁肌肉尚未发育成熟，却要容纳同样多的内脏器官造成的，只要宝宝的肚子不硬就没事。

除此之外，宝宝腹胀多因为吃奶、喝水的方式不好，或者因啼哭的时间过长，吞咽了过多的空气而造成的。如果宝宝有腹胀现象，但饮食、排便都规律，且没有呕吐的现象，肚子摸起来软软的，活动力良好，排气正常，体重正常增加，那么这一类的腹胀大多属于功能性腹胀，无须特别治疗。

如果宝宝生病了，如肠炎或便秘，也容易导致胃肠蠕动和消化吸收功能变差，进而产生腹胀，甚至影响食欲，这就需要去医院诊治了。宝宝腹胀还有可能是消化不良所造成的。

宝宝腹胀的应对方法

1. 如果宝宝腹胀严重，以致影响呼吸，就不能让宝宝平卧，须立即就医诊治。
2. 在给宝宝喂奶的时候要养成正确的喂奶方法，不要让宝宝在吃奶时咽下过多的空气。
3. 可以在宝宝肚脐周围做顺时针按摩，每天坚持3次，帮助宝宝胃肠蠕动，促进消化吸收。
4. 也可以给宝宝吃点宝宝健脾散。

宝宝腹胀，妈妈也能提前预防

如果宝宝是母乳喂养，那么，妈妈在饮食上要注意少摄入容易引起腹胀的食物，如白薯、豆类等食物。如果宝宝是人工喂养，同样要少喂或不喂易引起腹胀的食物。

芝宝贝
母婴健康
公开课

突然不喜欢喝奶了

宝宝快到第4个月时，身体生长的速度开始减慢，而且吃奶量也逐渐下降，吃奶的样子也不像以前那样香甜。因此，妈妈就担心宝宝是不是生病了，是否宝宝在厌食或者还有什么其他的原因呢？

不吃奶！

宝宝的体能可以抗饿了

3个月左右的宝宝，与前几个月的宝宝相比，生长速度变慢，但是身体器官的发育却逐渐成熟了，胃容量也随之增大了，所以体内有了一些储存的食物。宝宝不像之前那样经常感到饿，吃奶量也就逐渐减少了。

宝宝关注的东西更多了

宝宝逐渐长大了，对周围事物的好奇越来越大，任何东西都能引起宝宝的关注。在吃奶的时候，就表现为宝宝的眼睛会不时地看看妈妈，或看看头顶悬吊的气球，有时还边吃边玩自己的小脚丫。甚至耳边稍有一点响动，宝宝就会松开奶头，扭过头去寻找，妈妈需要三番五次地把奶头塞进宝宝的口中才行。这样就造成宝宝吃吃停停的现象。

现阶段宝宝应该喝多少奶才正常

在吃奶量上，要按需喂养，既不使宝宝饿着，又要防止宝宝超量。宝宝快到第4个月时，每天的奶量不应超过1000毫升，即如果按宝宝一天喝5次奶算，每次应该喝180毫升；如果宝宝每天喝6次，每次就应该喝150毫升比较合理。

不爱吃母乳，却爱吃配方奶

有的妈妈可能会因为母乳不够宝宝吃而加喂配方奶。自此，宝宝就变得不喜欢吃母乳了，这是怎么回事呢？是宝宝与妈妈生疏了吗？其实不然，只是宝宝认为，配方奶不但甜，而且奶嘴大，吃着痛快，妈妈的乳汁虽然也好吃，但是吃着费劲，这通常是宝宝转变的原因。

芝宝贝
母婴健康
公开课

该教宝宝翻身啦

　　翻身是宝宝学习移动身体的第一步，代表着宝宝的骨骼、神经、肌肉发育更加成熟。宝宝会翻身后，才能进一步学会坐稳、爬行、走路，对日后动作发展的顺畅度和学习动作的自信心也有积极的促进作用。

练习时间

　　选择2次喂奶中间，宝宝处于情绪好的状态下进行最好。宝宝不会因为刚吃完奶想睡而烦躁哭闹，可以更好地配合爸爸妈妈。

转身法

　　先让宝宝仰卧，然后妈妈或爸爸分别站在宝宝两侧，用色彩鲜艳或有声响的玩具逗引宝宝，训练宝宝从仰卧翻至侧卧位。如果宝宝自己翻身还有困难，也可以在宝宝平躺的情况下，妈妈用一只手撑着宝宝的肩膀，慢慢将他的肩膀抬高帮宝宝做翻身的动作。在宝宝的身体转到一半时，就让宝宝恢复平躺的姿势。这样左右交替地训练几次，宝宝就可以进一步练习真正的翻身了。

背部刺激法

　　训练时，爸爸或妈妈可以先让宝宝仰卧在硬板床上，注意不要给宝宝穿太厚的衣服，以免影响宝宝的动作。再把宝宝的左腿放在右腿上，以你的左手握宝宝的左手，用你的右手指轻轻刺激宝宝的背部，使宝宝自己向右翻身，直至翻到侧卧位时为止。

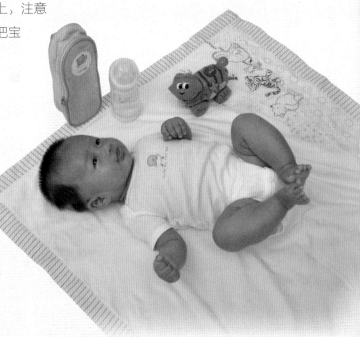

玩具逗引法

　　在宝宝的身体一侧放一个色彩鲜艳的玩具，逗引宝宝翻身去取。如果宝宝还不能自己翻身，爸爸或妈妈也可以握住宝宝的另一侧手臂，轻轻地把宝宝的身体拉向玩具一侧给予帮助。每次数分钟，让宝宝逐渐学会自己翻身。宝宝学会从仰卧翻身为俯卧后，再从俯卧翻成仰卧就很容易了。

时间飞快过去

转眼你已经四个月大了

跟你说话

你会咿咿呀呀地回应

拿小玩具逗你

你会拍拍打打地追逐

每一次成功地翻滚

你都会得意偷笑

就像一个淘气的小精灵

每天和你在一起

妈妈的童心似乎也被激发出来了

……

第 4~5 个月

聪明宝宝能坐稳

跟妈妈说句悄悄话

在爸爸妈妈的细心呵护下，我一天天健康成长。现在的我不仅能哭能笑、能坐稳，手脚也越发"痒痒"啦，我喜欢滚来滚去、拍拍打打、抓东西，对身边的一切都很感兴趣，爸爸妈妈千万不要"扼杀"我的好奇心哦。

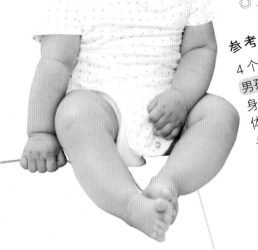

宝宝的成长记录

宝宝长得很快，现在每周体重能增加150~180克，身高每月能长2.5厘米左右，在发育特征方面也有了更多新的表现。

◎宝宝的身高：_____ ◎宝宝的体重：_____ ◎宝宝的头围：_____

参考数值：

4个月

男孩
身高 (cm)57.9~71.7　　　平均 64.6
体重 (kg)5.25~10.39　　　平均 7.45
头围 (cm)38.0~45.9　　　平均 41.7

女孩
身高 (cm)56.7~70.0　　　平均 63.1
体重 (kg)4.93~9.66　　　平均 6.83
头围 (cm)37.2~44.6　　　平均 40.7

5个月

男孩
身高 (cm)59.9~73.9　　　平均 66.7
体重 (kg)5.66~11.15　　　平均 8
头围 (cm)39.0~46.9　　　平均 42.7

女孩
身高 (cm)58.6~72.1　　　平均 65.2
体重 (kg)5.33~10.38　　　平均 7.36
头围 (cm)38.1~45.7　　　平均 41.6

抬头、蹬脚，练练大动作

对宝宝进行大动作训练，不仅可以锻炼宝宝的肌肉力量，而且对宝宝的生长发育也很有帮助。

颈部支撑力和转头的训练

经过之前的竖抱训练之后，宝宝颈部的支撑力增强了很多，已经可以把头支撑较长时间了。

爸爸或妈妈可以手持色彩鲜艳的玩具，放在距离宝宝眼睛30厘米左右的地方，慢慢地将玩具移到右边，再慢慢地移到左边，训练宝宝转头，最终让宝宝完成转头180度。

这样做不仅锻炼了宝宝颈部的支撑力，而且锻炼了宝宝颈部转动的灵活性，让宝宝可以轻易做扭头动作。

俯卧抬头的训练

先让宝宝俯卧在床上，可以拿一些色彩鲜艳或有声响的玩具，在前面逗引宝宝，宝宝看到色彩鲜艳的玩具或听到响声，就会努力抬起头来。等宝宝的头部稳定并能自如地向两侧张望时，就可以把玩具从宝宝的眼前慢慢移动，先移到右边，再慢慢地移到左边，让宝宝的头随着移动的玩具转。

俯卧抬头比爸爸妈妈竖抱着扭头的训练难度更大一些，对宝宝颈部力量的增强也更大。

蹬脚训练

先用一个能够一碰就响的玩具触动宝宝的脚底，引起宝宝的注意和刺激脚部的感觉。当宝宝的脚碰到玩具时，玩具的响声将会引起宝宝的兴趣，宝宝会主动蹬脚。这时，爸爸或妈妈要配合宝宝移动玩具的位置，让宝宝每次蹬脚都能碰到玩具，以增强宝宝的自信心，这样可锻炼宝宝的腿部力量。

训练宝宝坐的能力

训练时，先让宝宝仰卧在平整的床上，爸爸或妈妈握住宝宝的双手手腕，也可用双手夹住宝宝的腋下，面对着宝宝，边拉坐，边逗笑，使宝宝处于快乐的气氛中。如一边喊着口令"一、二，宝宝坐起来"，一边轻轻拉着宝宝坐起来。

抓抓、拿拿，练练精细小动作

爸爸妈妈可以继续锻炼宝宝的精细动作能力。下面这些方法都能达到这一效果，还能让宝宝在其中增进与爸爸妈妈的交流。

宝宝手的活动能力更加自如

到了4个月时，宝宝的握持反射逐渐消失，两只小手可以自由地合拢和张开。宝宝可以将双手放在一起，互相玩弄；还会经常旁若无人地将自己的小手吮吸得津津有味，甚至将整个拳头伸进嘴里。有时宝宝又用小手来回蹭自己的头脸，或许是痒痒了。当宝宝看见一件玩具时，会高兴地伸出手去拿，当抓住玩具时，还会把玩具拿到眼前来看，对看得见的东西表现出很浓厚的兴趣。手拿得到的东西不管是什么，都想摸一摸、啃一啃。握物时，不再显得笨拙，而是大拇指和其他四指对握，抓得比较牢。

让宝宝够取玩具

在宝宝面前悬吊玩具，让宝宝伸手够取。宝宝碰到玩具时，玩具会晃动着躲开，宝宝经过反复够取，终于可以两手抱住玩具。这样可以锻炼宝宝手部的灵活能力及眼和手的协调能力。

让宝宝抓握玩具

在宝宝面前的桌子上、床上摆上玩具，让宝宝自己去抓握。这样可以锻炼宝宝手部的灵活能力及眼和手的协调能力。

也可以由爸爸抱着宝宝靠在身前，妈妈在前方1米位置用玩具吸引宝宝的注意力，爸爸抱着宝宝慢慢接近玩具，让玩具进入宝宝的抓握距离，如果宝宝没有伸手，可以引导他用手去抓握玩具。

> **怎样做平衡游戏**
>
> 到了四五个月，宝宝的脖子渐渐稳固了，可以进行这种简单的平衡游戏。即爸爸或妈妈扶住宝宝的手肘及肩膀，将躺着的宝宝扶起来，一边哼唱着歌谣，一边把宝宝拉起来，让宝宝的身体悬空。通过这种游戏可以训练宝宝的平衡感。

芝宝贝
母婴健康
公开课

妈妈要牢记的用药原则

由于宝宝此时期的器官发育还不成熟，其功能也不完善，对药物的反应也不尽一样。因此，在宝宝生病时，合理地用药至关重要。

抗生素

安眠药

镇痛药

用药要及时、正确和谨慎

中医认为，宝宝有"脏腑娇嫩、形气未充、发病容易、传变迅速"的特点，指宝宝处于不断生长发育的过程中，脏腑功能不像成人那样成熟，因此很容易发病，并且病情变化快。但在早期被发现并合理治疗，宝宝往往能转危为安。不过，正因为宝宝"脏腑娇嫩、形气未充"，用药更须谨慎，如用药不当，可能会损伤宝宝的脏腑功能，进一步加重病情。

现代医学认为，宝宝体格和器官功能处于不断发育过程中，血脑屏障、肝肾功能以及某些酶系统尚未成熟，用药不当可导致严重不良反应或中毒。比如链霉素剂量过大，可导致听神经和前庭神经不可逆性损害，造成耳聋。

在症候消失后即停止用药

宝宝身体柔弱，对药物的反应较成人灵敏，用药时要根据宝宝的个体特点与疾病的轻重区别对待。俗话说"是药三分毒"，任何药物都是有毒副作用的，中药也不例外。有些过去常用的一些中药中含朱砂，其成分为硫化汞，长期服用对宝宝健康不利。所以在宝宝生病时，要按时按量给宝宝服用药物，在症候消失后应立即停止用药。

宝宝用药的几种剂型

1. 糖浆剂。糖浆中的糖和芳香剂能掩盖某些药物的苦、咸等不适味道，易于让宝宝接受。

2. 干糖浆剂。颗粒剂型，味甜、粒小、易溶化，而且方便保存，不容易变质。

3. 咀嚼片剂。因加入糖和果味香料而香甜可口，便于嚼服，适用于周岁以上的宝宝服用。

4. 冲剂。它是药物与适宜的辅料制成的干燥颗粒状制剂，一般不含糖。

5. 口服液。由药物、糖浆或蜂蜜和适量防腐剂配成的水溶液，是最常用的宝宝药剂之一。

宝宝喜欢的摇篮曲，妈妈知道吗

现在，很多宝宝由于在没出生时就接受过音乐胎教，所以出生后对音乐有着特殊的情感和感受。适时对宝宝进行早期音乐启蒙教育，对宝宝的智力发展会起到独特的作用。

宝宝喜欢什么样的摇篮曲

大多数的宝宝都能在妈妈优美、动听的摇篮曲中安然入睡。但是，也有部分宝宝却在妈妈的摇篮曲中难以安然入睡。那么，这是什么原因造成的，宝宝又喜欢什么样的摇篮曲呢？一般来讲，宝宝比较喜欢那些曲调优美、歌词简单、通俗易懂的摇篮曲。妈妈在选择歌曲时要考虑是否符合宝宝喜好的特点，还要注意声调轻柔、充满感情、唱音准确，这样能给宝宝一种舒服的感觉。同时，妈妈选择的曲子要相对固定。固定的曲子唱的时间长了，歌词节奏会在宝宝脑中形成一种信号，只要一听到这首曲子就自然而然地入睡了。

如果妈妈随意变换摇篮曲，或是毫无目的地哼唱，宝宝的情绪必然也会随歌曲的变化而变化，所以不易安然入睡。

要在合适的时间给宝宝听音乐

有时由于妈妈对摇篮曲的时间或场合选择不当，比如，当宝宝正在游戏或处于亢奋的状态时，或者宝宝睡觉时身边常有人说话、走动或环境过于喧闹，而妈妈一厢情愿地非要哄宝宝睡觉时，即便妈妈哼唱的摇篮曲再优美悦耳，宝宝也是难以安稳入睡的。

训练宝宝对音乐的记忆

现在的宝宝特别喜欢儿歌那欢快的节奏和有韵律的声音，在音乐记忆训练中，最有效的方法就是让宝宝反复听一首儿歌，如果有条件的话，可用画有相应形象的实物与儿歌相配合。

芝宝贝
母婴健康
公开课

春夏秋冬的不同护理

宝宝还非常小，对外界适应能力不强，宝宝的需求也随着季节在变化，在护理时应当因地制宜、因时而变，春夏秋冬四季当有不同的护理重点。

夏季防蚊、减食

1. 防蚊。夏季蚊蝇多，晚上要把宝宝放到蚊帐里，白天也不要带宝宝到树木花草繁茂的地方玩耍。如果宝宝被叮咬了，千万不要涂抹风油精、花露水，那会影响宝宝健康。可以蘸点肥皂水涂在宝宝被叮咬的地方。

2. 减食。夏季宝宝的食量有所减少，这是正常的，妈妈不要强求宝宝按以前的量来进食，以免影响和破坏宝宝的消化功能。

秋季预防腹泻

秋季早晚较凉，所以妈妈带宝宝出去最好选择在午前和午后，预防秋季腹泻。秋季是宝宝腹泻的高发季节，一定要注意防寒保暖，以及食物卫生问题。

冬季别穿太多

大多数宝宝冬天穿得偏多，这是不可取的。宝宝的特点是既怕冷，又怕热。而且现在的冬天一般不会太冷，如果给宝宝穿得过多，势必使宝宝燥热难耐，活动受限，不爱吃奶，睡觉不安。另外，这样大的宝宝正是翻身的时候，如果穿得过多，宝宝就会因为衣服的阻力迟迟翻不过身来。

春季补水、补钙

1. 补水。春天一般比较干燥，妈妈要勤给宝宝喂水和蔬菜汁。

2. 补钙。春季宝宝到户外接受充足的阳光，尽管会产生较多的骨化醇，对宝宝有利，但有时也可能出现低血钙症状，如睡眠不安、易惊，甚至手足抽搐。所以要给宝宝多补钙。

爸爸妈妈需要注意，春季万物复苏，病原菌也开始繁殖，人多的地方最容易产生病毒细菌。因此，要尽量少带宝宝去公共场所。

妈妈要上班了，怎么哺乳呢

妈妈休完三四个月的产假之后，就要上班了，宝宝吃不上母乳该怎么办呢？妈妈总是希望宝宝能长时间吃到母乳，这时就需要想些办法了。

断奶还是继续哺乳

上班族妈妈休完产假再回到工作岗位后，很多人就此给宝宝断奶了。这样其实很可惜。其实上班族妈妈还是可以继续喂宝宝母乳的，只要事先把母乳挤出来冷冻或冷藏，然后由保姆或家人取出来加热后喂给宝宝就可以了。等到妈妈下班后，仍然可以亲自喂养宝宝。

让宝宝提前做好准备

妈妈应该在上班前1~2周就开始做准备，这样可以给宝宝一个适应过程，避免对母婴产生不利影响。在正常喂养后，挤出部分乳汁，让宝宝学会用奶瓶吃奶，每天1~2次。同时教会将接替妈妈照料宝宝的家人或保姆，渐渐用奶瓶喂养宝宝。

挤母乳，让宝宝继续享受妈妈的爱

上班族妈妈挤出母乳来喂养宝宝确实是一个好办法。

妈妈上班时，为保持乳汁分泌，以免胀奶、漏奶，在工作的间歇应坚持每3个小时挤奶一次。平时什么时候喂宝宝，最好就在什么时候挤。

将挤出的奶存放在消过毒的杯子中，加盖后放冰箱中保存。下班后将存放的奶带回家，再存入冰箱，留给宝宝第二天吃。用挤出的母乳喂宝宝时，可取出适量母乳放在清洁的杯子里，在杯外用热水复温后即可喂宝宝。如有剩余，应倒掉。

妈妈下班后，应继续给宝宝哺乳。这样做即有利于妈妈分泌足够的乳汁，也保证了宝宝营养的摄入。只要妈妈有信心，掌握适当的方法，坚持哺乳，母乳喂养可坚持到宝宝1岁。

如果奶水量很充足，最好多挤几次。不要等到乳房肿胀的时候挤，因为乳房一胀就会影响以后乳汁的分泌量。

科学挤奶才安全

这一时期大多数妈妈都要上班了，学会挤奶不仅可以使妈妈缓解奶胀的痛苦，还可以使宝宝继续享用母乳。

这样有助于乳汁顺利地挤出。然后，妈妈用拇指与食指在乳晕上下方挤压乳房，同时往后施压，要注意节奏，并在乳晕周围反复转动挤压，以使每根乳腺管内乳汁均可被挤出。

需要注意的是，当一侧乳房挤出一些奶后，可回到另一侧的乳房继续挤奶，并重复整个过程，直到没有乳汁流出为止。

用吸奶器吸奶

妈妈在用吸奶器吸奶前，要注意事先洗手，并给吸奶器消毒。由于在使用吸奶器吸奶时可能会有疼痛感，可先用温水擦拭乳房，使乳房变软，并且加以按摩，这样能缓减疼痛。

然后，妈妈把吸奶器的漏斗放在乳晕上，使其与乳房之间处于严密封闭的状态，使漏斗对乳房产生压迫的作用，就像宝宝的两颊压迫它们一样。最后，妈妈用手拉开外筒，把乳汁从乳房中吸出来。

用手挤奶

妈妈用一只手托住乳房，另一只手由上至下按摩乳房，一边按摩一边移动手掌，使整个乳房四周包括乳房的底部都被按摩到，这样有助于乳汁通过乳腺管。

按摩时，妈妈还可以用手朝着乳晕的方向，用手指尖往下按摩，注意不要压迫到乳房组织。用两个拇指及其他手指配合轻压乳晕后的部位，

吸奶器挤奶更舒适

用吸奶器吸奶，可以使妈妈感觉更舒适，并且不会造成妈妈乳头的损害，同时吸奶器还可以模拟宝宝的吸吮对妈妈产生喷乳反射，促进妈妈乳汁的分泌。但是，妈妈每次挤奶都要注意吸奶器以及储奶容器的清洁，需要在每次使用前后都进行清洗并消毒。

芝宝贝
母婴健康
公开课

养育宝宝勿攀比

　　爸爸妈妈的攀比心态会以不同的形式对宝宝产生影响，严重的甚至还会影响到宝宝心理的健康成长。

妨碍宝宝自我价值感的形成

　　有的父母对宝宝的期待值非常高，总是渴望宝宝十全十美，这类父母会更多地看到宝宝的缺点，而较少看到他的优点，进而妨碍宝宝自我价值感的形成，让他变得自卑。

剥夺宝宝愉悦的心理体验

　　不少父母不懂得宝宝心智成长的特点，总喜欢以成人的眼光来权衡宝宝的行动，结果就会给宝宝提出一些不切实际的要求。比如，宝宝在某些阶段会有一些特殊的心理需求，像好动、不听话、爱哭闹等，这些都是婴幼儿期很常见的行为，假如给宝宝施加压力，宝宝就无法从这些活动中获得愉快的心理体验，进而厌倦这些活动。

无意间给宝宝不良的心理暗示

　　不少父母总是当着别人的面，很苦恼地描述宝宝的"缺点"，给他贴上一些不好的标签，如"好哭""反应慢"等，父母贴标签的出发点有时候是好的，比如为了让宝宝明白这样做不好，也有的时候，父母贴标签只是为了化解自己的为难，说给他人听。

　　然而在这种心理暗示的作用下，宝宝会感受到父母对自己的态度，并让自己的行动更符合父母给他贴上的标签。长此以往，对宝宝的健康成长不利。

小小指甲看健康

宝宝的指甲正常是粉红色的，很光滑，有韧性，甲半月颜色稍淡。如果宝宝的指甲出现异常，往往是疾病的外在表现。

指甲的构成

指甲也叫甲板，前端是甲尖，后部在皮下的组织叫甲根或者甲基。甲根下的组织叫甲母，覆盖甲板周围的皮肤叫甲廓，甲廓前边半月形的淡色区域就是甲半月。

颜色异常

甲板上出现白色斑点，多见于正常儿童，多为一时性损伤。真菌感染多伴有黄甲和形态改变。如果甲半月呈红色，多属心脏病，贫血时呈淡红色。

异常形态

甲板出现横沟可能是患了麻疹、猩红热等热性疾病，代谢性疾病也会出现这种情况。

甲板出现竖沟多见于甲质受损及皮肤扁平苔藓。

甲板变薄变脆有纵向突出的棱，指甲容易撕裂、分层，这是一种营养不良的表现，也可见于扁平苔藓等皮肤病。

甲板出现凹窝，可发生在银屑病、湿疹等患儿身上。

纵向破裂可见于甲状腺功能低下、脑垂体前叶功能异常的患儿。

硬度异常

甲板增厚，越到指尖越厚，既可由先天因素造成，也可因后天刺激引起。

宝宝的胎毛基本脱落

四五个月的宝宝，正是胎毛脱落时期，后脑勺部位因为经常触碰枕头，所以胎毛脱落最明显，前半部和左右两边还有点胎毛。宝宝只有胎毛脱尽后，才会有不同质感的新头发生成。

芝宝贝
母婴健康
公开课

小耳朵毛病大

这一时期，已经可以看清楚宝宝耳朵里面的状况了。如果发现宝宝的耳垢不是很干爽，而是异物呈米黄色并粘在耳朵上，有的爸爸妈妈就会担心宝宝是否患了中耳炎。其实，还有可能是耳垢湿软，中耳炎和耳垢湿软都是宝宝常见的耳部疾病。

患中耳炎了怎么办

患中耳炎时，宝宝的耳道外口处会因流出的分泌物而湿润，但两侧耳朵同时流出分泌物的情况很少见。并且，流出分泌物之前宝宝多少会有一点儿发热现象。当出现夜里痛得不能入睡等现象时，爸爸妈妈就要带宝宝去看医生了。

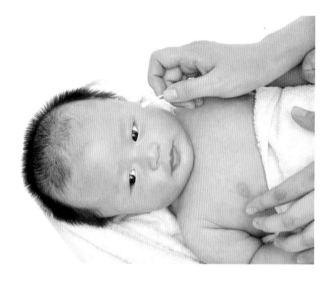

那么，如何预防中耳炎呢？一般来说，中耳炎的出现多由感冒引起，宝宝患呼吸道疾病后，致病菌非常容易通过咽鼓管进入中耳，引起中耳炎。所以预防感冒是非常重要的，平时也要注意让宝宝的鼻腔保持通畅，晚间可在宝宝的卧室内使用喷雾加湿器。除了预防感冒外，还要注意尽量让宝宝少含奶嘴，科学研究发现，频繁的吸吮动作容易使病菌从鼻腔后端进入咽鼓管，从而诱发中耳炎。

耳垢湿软怎么办

耳垢湿软是因为宝宝耳孔内的脂肪腺分泌异常，不是疾病。一般来说，肌肤白嫩的宝宝比较多见这种情况。宝宝的耳垢特别软时，有时会自己流出来，可用脱脂棉小心地擦干宝宝耳道口处。但千万不可用带尖的东西去掏宝宝的耳朵，以免碰伤耳朵引起外耳炎。一般有耳垢湿软的宝宝长大以后也仍然如此，只是分泌的量会有所减少而已。

诗歌：找妈妈

妈妈问我，出生前都在做什么

我说，我在找妈妈

我想找到一个好妈妈

我发现了你

想成为你的孩子

不知道我是否有这份运气

我期盼着

没有想到

第二天，我就在你的肚子里了

真好

这些情况告诉你，要补充维生素了

正处于生长发育阶段的宝宝需要各种营养，也容易缺失营养，维生素缺乏症就是常见的一种营养缺失。爸爸妈妈在给宝宝及时补充维生素的同时，也要随时注意宝宝是否有下面这些表现。

维生素A缺乏症的表现

主要表现有角膜干燥症、角膜软化症、夜盲症及全身皮肤干燥脱屑等。

维生素C缺乏症的表现

缺乏维生素C会引起宝宝齿周肿胀、出血，手脚关节肿痛，宝宝的脚会麻痹，无法活动(假性瘫痪)等。

B族维生素缺乏症的表现

B族维生素的种类相当多，缺乏维生素B_1不仅会引起脚气病，还会出现吐奶、腹泻、声音沙哑、心脏肥大、神情淡漠、嗜睡等现象；缺乏维生素B_2会引起口角炎、皮炎；缺乏维生素B_6会发生痉挛；缺乏维生素B_{12}则会引起贫血。

维生素D缺乏症的表现

维生素D缺乏症是婴幼儿时期常见病证。缺乏维生素D会影响宝宝骨端软骨发育与钙质沉淀，阻止正常骨骼的形成。佝偻病大都出现在4个月至2岁的宝宝，初期症状较轻，只是精神欠佳，容易患感冒，头部容易出汗。晚期主要是骨骼产生变化，用手指轻压颞骨可感觉颅骨内陷，也称颅骨软化。

选择适当的时候给宝宝喂辅食

芝宝贝
母婴健康
公开课

给宝宝吃辅食不可操之过急。有的妈妈认为宝宝4个月大了，该添加辅食了，因为辅食的营养更丰富、全面。其实不然，我们提倡母乳喂养宝宝至少到半岁，母乳的营养完全可以满足宝宝这一阶段的需求，而且现阶段宝宝钟爱乳类食物，强行喂宝宝吃辅食可能会让他产生抵触情绪，给将来喂辅食带来不利影响。

使用杯子喂宝宝

现在，宝宝的小嘴已经可以接受乳头和奶嘴以外的东西了，爸爸妈妈或许已经用小勺子给宝宝喂过水了，那么现在开始学着给宝宝用杯子吧。

选择质量安全的杯子

宝宝用的杯子要选质量安全、打不破、轻便的。不要选择塑料杯、纸杯，因为这类杯子含有化学成分且消毒不达标。最好到婴幼儿专卖店购买，那里的产品比较有保证。

选择宝宝喜欢的杯子

选宝宝喜欢的杯子，宝宝的学习兴趣就大，学得就快。

使用杯子时，把宝宝抱在怀里，要让宝宝既舒服，又有安全感，同时要用防水的围兜盖住宝宝胸部，以免淋湿衣服。

选择适合的饮料

可在杯中装母乳或婴儿配方奶，或稀释的果汁。有些宝宝接受杯中的果汁，却不喝杯子里的牛奶；有些宝宝则完全相反。喂时可先把杯子拿到宝宝的嘴边，倒一些进入宝宝的嘴里，然后拿开杯子，让宝宝有时间咽下口中的液体。这样一口一口喂，直到宝宝摇头、推开杯子为止。

鼓励宝宝拿杯子

用杯子喂宝宝时，宝宝肯定会和妈妈抢抓杯子，似乎在说"我自己也能来"，这时候妈妈不用怕宝宝会打翻杯子，就让他试试，这是宝宝学会使用杯子的必经过程。

如果宝宝不接受杯子喂水、喂奶也不要紧，等过一段时间重新换一个杯子试试。

蛋白质过敏真着急

有些宝宝在吃含有蛋白质的食物后，会出现腹泻、消化不良等症状，那是因为宝宝可能对蛋白质过敏。下面我们就来学习一下，蛋白质过敏及其预防的一些知识吧！

什么是蛋白质过敏

蛋白质过敏症是因为蛋白质含有苯丙氨酸的成分，有人先天缺乏苯丙氨羟化酶，无法将蛋白质成分正常转化，从而被免疫系统当成入侵病原，免疫系统便产生抗体，机体释放出过敏介质。宝宝蛋白质过敏后，轻者表现为皮肤上的湿疹（红肿）、荨麻疹，严重的可以引起局部或全身的反应，如恶心、呕吐、腹痛、腹泻、鼻咽、哮喘，甚至休克。宝宝的蛋白质过敏多发生在出生后 3~4 个月内，这段时间爸爸妈妈需要密切注意。如果宝宝真的对蛋白质过敏，也不要过于忧虑，据统计，大约有20%的宝宝都对蛋白质过敏，因此只要掌握应对方法就可以了。

如何应对蛋白质过敏

在饮食上，要避免给宝宝喝牛奶、吃鸡蛋。但由于蛋白质是宝宝生长发育必需的营养素，所以必须有一定的摄入，可以尝试用豆制代乳品代替牛奶或配方奶粉，也可以在平时的乳类中加入少量提取自豆类的蛋白质粉。

需要警惕的是，有极少数宝宝对大豆蛋白也过敏，需从少量开始尝试。在宝宝2岁左右的时候，蛋白质过敏的情况就会有所好转，到时可以针对宝宝的情况再给予添加。

过敏有很多种，症状也不尽相同，但是对过敏宝宝，可以使用如下共通的方法来预防和治疗：

1. 远离过敏原。护理过敏宝宝最重要的一点就是远离过敏原。爸爸妈妈发现宝宝对蛋白质过敏后，就应注意发病时宝宝的饮食情况，避免再次接触那些食品。

2. 加强宝宝的身体锻炼。加强锻炼可以提高宝宝的免疫力，另外注意带宝宝锻炼的时候，不要让他吸入寒冷的空气，以免刺激咽喉部，从而引发过敏。

3. 保持室内卫生。爸爸妈妈一定要经常擦洗家具。如果宝宝对灰尘和螨虫过敏，在擦洗的时候最好使用湿毛巾，以免灰尘扬起，引发宝宝过敏。

4. 让宝宝保持愉快、放松的心情。过敏会让宝宝感觉很难受，如果家长此时表现得过于紧张、担心，就会加深宝宝的恐惧，甚至使病情加重。

别让风疹"伤害你"

风疹是宝宝常见的一种较轻的病毒性传染病，多发生在冬春季节。风疹的传染性没有麻疹强，但可引起较大范围的流行。所以，在有风疹出现的区域，爸爸妈妈应避免自己的宝宝被传染。

宝宝得了风疹有何表现

风疹因疹子细小如沙，又被称为"风痧"。临床表现为四期：首先是潜伏期，一般为14~21天；之后是前驱期，表现为感冒症状，如头痛、咳嗽、流涕、呕吐或结膜炎等，体温通常在38~39℃，持续1~2天者最多；继而是出疹期，在发热1~2天后宝宝会出现皮疹，先出现在面部、颈部，一天内迅速波及躯干和四肢，有轻微瘙痒，常有耳后、枕部淋巴结肿大；最后是恢复期，风疹多在4~5天后消退，可见麸糠样脱屑。风疹感染后可获得终生免疫。

注意预防和养护

宝宝可通过接种风疹减毒活疫苗，可单独接种或与麻疹、腮腺炎疫苗联合接种。若未患过风疹的宝宝与患有风疹的宝宝接触，最好3周内不要去公共场所。宝宝得了风疹没有特别有效的治疗方法，主要是对症处理和加强护理。在饮食上选择清淡、易消化的半流食，多喝温开水等。还应注意休息，保持皮肤和口腔的清洁卫生。

注意让患儿多休息，如果皮肤瘙痒，可予炉甘石洗剂外用；咽痛者，可用淡盐水或复方硼砂溶液漱口。

此外，还应经常开窗通风，保持居室空气新鲜。为宝宝勤换洗被褥、衣服、玩具等，并要进行消毒。

风疹的传染性

引发风疹的病原体是麻疹病毒，麻疹病毒为RNA病毒，存在于患儿的鼻咽分泌物、血液和尿液中。风疹患儿是唯一的传染源，传播途径是呼吸道飞沫传染。因此，同室居住且接触密切者很容易感染。

芝宝贝
母婴健康
公开课

婴儿车的使用

随着宝宝活动能力和手的抓握能力增强，家长可以让宝宝坐婴儿车了。与此同时，也要注意婴儿车使用的安全问题。

使用婴儿车的好处

宝宝到了四五个月，活动能力逐渐增强，手也喜欢到处抓摸东西。如果扶着宝宝站立，宝宝还会上下蹦跳。就是这样一个既好动，又不能自由活动的小宝宝，如果没有专人照料，非常容易发生意外。

这时，如果给宝宝使用婴儿车，不仅可以满足宝宝好动的需要，使宝宝的活动能力得到锻炼，同时也比较安全。

婴儿车的式样比较多，经过调整可以适应宝宝的各种姿势，宝宝可以在婴儿车里靠着坐、半卧，也可以平躺，使用起来非常方便。外出时，可以让宝宝靠坐或躺在婴儿车里，推着去晒太阳，呼吸新鲜空气。

婴儿车使用注意事项

把宝宝放在婴儿车里，再给宝宝一些玩具让他自己玩耍，爸爸妈妈就不需要寸步不离地守在宝宝身旁，可以去做些其他事了。需要提醒的是，一定要让宝宝在你的视线范围内。

使用婴儿车时，时间不能太长，否则会造成宝宝的肌肉负荷过重而影响发育。另外，让宝宝长时间单独坐在婴儿车里，缺少与爸爸妈妈的交流，进而会影响宝宝的心理发育。

另外，在户外上下台阶的时候，为了避免宝宝颠簸，尽量要请人帮忙。一个人抓住婴儿车宝宝脚方向的支撑栏杆，另一个人抓住婴儿车的手柄，两边保持水平，然后两人一起轻轻地抬起婴儿车，这样就可以上下台阶了。

保姆也得做个健康检查

很多爸爸妈妈因工作或其他原因不能亲自照看宝宝，于是要请保姆来照顾宝宝。在保姆上岗前，应请其出示必要的体检证明，或让她做必要的健康检查。

血常规检查

血常规是最基础的一项健康检查，通过检查血液中的各种细胞、各种成分的含量是否正常，可以对身体是否健康进行初步判断。

胸透检查

应让保姆做胸透检查，看有没有肺结核。近年来，肺结核有增加的趋势，如保姆患有肺结核，结核菌可通过呼吸道传染给宝宝。

肝功能检查

应让保姆做肝功能检查，看是否患有肝炎。乙型肝炎表面抗原携带者也是乙肝的重要传染源，故也不可做保姆。此外，还要给保姆化验血，做澳抗试验，澳抗阳性者不能看护宝宝，如是乙肝病毒携带者，会通过与宝宝密切的生活接触传染给宝宝。

其他传染性疾病

滴虫性阴道炎由阴道滴虫引起。滴虫既可寄生在女性阴道内，又可寄生在男性泌尿生殖器内，而且，滴虫在外界生活力很强，可通过浴池、毛巾、洗漱用具等传播。至于患有化脓性皮肤病、麻风病、精神病等，众所周知更不适宜做保姆工作。还要给保姆做便细菌培养试验，查清是否患有伤寒病或者是否为伤寒病的健康带菌者。若看护期间保姆患上细菌性痢疾，必须马上停止看护宝宝的工作，及时治疗，待病愈后，连续做3次便培养皆为阴性后，才可重新看护宝宝。

经常换人照顾宝宝可不好

宝宝的思想品质、性格、行为习惯的形成，都离不开爸爸妈妈提供的良好条件和环境，以及较为稳定的养育者。

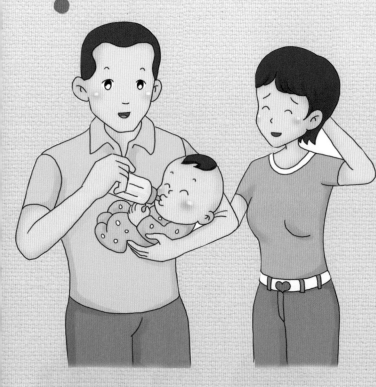

亲自抚育宝宝最好

由爸爸妈妈亲自抚育宝宝的好处是其他人抚养所无法替代的。这样不仅有利于宝宝健康快乐地成长，而且有利于爸爸妈妈与宝宝建立良好的亲子关系。研究发现，宝宝在2岁前，有固定的养育者陪伴，并经常有情感互动的，其成长后的社交能力、认知能力最好。宝宝的社交敏感期，是语言和情感发展的关键时期，错过后是无法弥补的。这个时期内，最好由妈妈来陪伴宝宝，多和宝宝交流，这对语言的发展是非常重要的。

年轻的爸爸妈妈一定要明确，自己才是教育宝宝的真正主角，千万不要以工作忙为借口，忽视或放弃对宝宝培养和教育的责任。

不能亲自带也别总换人

如果实在无奈，爸爸妈妈都需要上班，可以请一位合适的亲戚或保姆等来带宝宝，爸爸妈妈每天下班以后，依然要与宝宝保持亲密的联系。

选择一位亲戚或保姆就好，不要总是更换。宝宝需要一个固定的依恋者，有的家庭为了所谓的"公平起见"，双方亲属轮换着带孩子，这样会造成依恋不稳定。比如今天让奶奶带，明天让外婆带，后天都没时间了又让保姆带，这样是非常不可取的。更别寄养在别人家或者是放在老家让爷爷奶奶长期带，这样容易影响将来的性格发展。

经常与宝宝互动

如果方便，爸爸妈妈白天要经常抽时间与宝宝通话，让宝宝听到爸爸妈妈亲切的话语，以加深宝宝对爸爸妈妈的印象。

爸爸带宝宝好处多多

在对宝宝的养育实践中，爸爸到底处于什么样的地位？应该起到什么样的作用？怎样才能做一个称职的好爸爸呢？

爸爸带的宝宝智商高

研究发现，由爸爸带大的宝宝，智商会更高些，他们在学校会取得更好的成绩，到社会上也更容易成功。因为，爸爸对宝宝数理逻辑能力的发展具有较大影响。此外，教育专家们一致认为，爸爸在教育宝宝方面有更强的目的性。他们一般会有计划地培养宝宝某些方面的品质，注意发展宝宝某些方面的才能，而妈妈恰恰缺少这些意识。此外，在开发智力、传播知识方面，爸爸的知识面相对要比妈妈广博，能让宝宝的眼界更开阔。

爸爸更能教育宝宝自立

在培养宝宝日常的生活习惯方面，爸爸更能教育宝宝自立、自理，勇敢地面对一切，自己的事情自己做。比如爸爸采取的教育方式，一般是鼓励宝宝自己动手动脑去做事情、处理问题。而妈妈通常比较喜欢出手帮助，甚至代替宝宝去做本该他独立完成的事。

父爱不可缺少

科学家发现，随单亲母亲长大的女孩，成年后往往拒绝做母亲或妻子，婚姻生活满意度也不如同龄人。缺乏父爱的男孩子在性格方面更容易出现"女性化"倾向。因此，父亲的陪伴对孩子的性别认同以及婚恋关系有影响。对女孩子来说，她需要通过父亲来认识男人是什么样子，未来两性关系发展时不容易被欺骗、欺负；男孩子更需要从父亲身上学习什么才是男人，帮助他将来维持稳定的婚姻与家庭关系。

让宝宝睡得久一些

4~5个月的宝宝，情绪基本上是由生理本能支配的。大部分睡眠不足的宝宝可能烦躁易怒，睡眠不足也会严重影响到宝宝的生长发育，所以让宝宝有一个充足的睡眠是非常重要的。

睡眠时间的安排

宝宝能够睡得久一些，选择睡眠时间是非常重要的。一般来说，最好不要安排在宝宝吃奶前，因为宝宝的肚子空了就很容易醒；也不要安排在给宝宝换尿布前，因为宝宝的小屁股湿了也会影响他的睡眠；更不要在有客人来访时让宝宝睡觉，否则谈笑声也可能影响宝宝，除非宝宝的卧室与客厅是隔离的。

舒适的睡处

最好是独立的卧室，较好的卧具是小床、摇篮。如果以上的卧具边缘没有护栏，最好找两个枕头放置在宝宝左右，以免宝宝睡觉时翻身发生危险。

此外，卧室的温度和湿度要适中，还要根据季节适当给宝宝盖好被子。控制好2次睡眠的间隔时间。让宝宝2次睡眠之前清醒的时间尽量延长一些。如果控制得好，宝宝每次睡眠就可以维持3~5小时不醒。

洗澡助睡眠

每晚临睡前，给宝宝洗个温水澡，换上睡衣。把宝宝放到床上，身边放一些宝宝觉得舒服和安全的绒布玩具，再把光线等调得暗一些。妈妈躺在宝宝身边，给宝宝哼个摇篮曲，或讲个故事，大多数宝宝可能故事还没听完就睡着了。这时妈妈不要急于走开，待宝宝熟睡后，方可轻轻地走出房间。

睡眠姿势哪样好

芝宝贝
母婴健康
公开课

3个月以前的宝宝睡眠姿势基本都是仰卧，因为宝宝还不会翻身。4个月左右时，宝宝能把身体侧过来了，这就意味着宝宝的睡眠姿势不再是单一的了。一般来说睡姿不用强求，宝宝感觉舒适就可以，时间长了爸爸妈妈帮忙变换一下就行。

宝宝开始长牙啦

牙齿的健康从某种程度上来说决定着身体健康。虽然宝宝的乳牙还要换成恒牙，但乳牙的保健不仅对这个时期的宝宝来说是非常重要的，而且还可以使宝宝养成口腔保健的好习惯。

出牙的顺序

宝宝的牙齿长出规律，一般是下颌牙齿略早于上颌牙齿，而且是成双成对地萌出，即左右两侧同名的牙齿同时长出。

各颗牙齿长出的先后基本上和牙胚发育的先后是一致的，牙胚发育早的牙齿萌出的也早。但是，尖牙例外，尖牙的牙胚发育较第一乳磨牙的牙胚早，而萌出却比第一乳磨牙晚。

一般情况下，宝宝乳牙长出的顺序：
下中切牙→上中切牙→上侧切牙→下侧切牙→下颌第一乳磨牙→上颌第一乳磨牙→下尖牙→上尖牙→下颌第二乳磨牙→上颌第二乳磨牙。

促使宝宝牙齿健康萌出

为使宝宝的牙齿健康萌出和出齐，在乳牙萌出阶段，妈妈要给宝宝适当吃点较硬的食物，以渐渐加大咀嚼刺激，促进颌骨和咀嚼肌肉的发育。

宝宝出牙时会痛吗

芝宝贝
母婴健康
公开课

疼痛和不舒服，是出牙过程中不可避免的，而发炎是柔软牙床纤维对付出牙的唯一办法，尤其是长第一颗牙及臼齿时最不舒服。

当齿尖愈来愈逼近牙床顶端，发炎的情形愈严重，不断的疼痛使宝宝变得烦躁易怒。长牙的宝宝在喂奶时，常变得烦躁不定，急于吸奶，而一旦开始吸奶又会牙床疼痛，于是拒绝进食。

第131~132天 综合感官训练

5个月大的宝宝已经可以进行全方位的综合感官训练了。爸爸妈妈可以用一些声音或者简单的小道具来吸引宝宝的注意。

视线转移法

要在过去视听训练基础上，用声音或动作吸引宝宝的视线，并让视线随之转移。或者在宝宝注视某个玩具时，迅速把玩具移开，使宝宝的视线随之移动，也可以用滚动的球从桌子一侧滚到另一侧，让宝宝观看。

此外，还可以在窗前或利用户外锻炼的机会，让宝宝观察来往的行人或汽车等移动物体。

声响感知法

训练时，妈妈或爸爸可用松紧带把色彩鲜艳的玩具吊在床栏上，把另一头拴在宝宝任意一个手腕或脚踝上，然后妈妈或爸爸触动松紧带使玩具发出响声。开始时，宝宝会手脚一起动或使出全身的力气摇动松紧带，使玩具发出响声，经过若干次训练之后, 宝宝就知道只要动哪一只手或哪一只脚就能使玩具发出响声。

芝宝贝
母婴健康
公开课

音乐感受能力的训练

训练宝宝对音乐的感受能力时，妈妈或爸爸可以让宝宝听一些轻松柔和、舒缓高雅的音乐，或者模仿小猫、小狗、小鸟的叫声，或让宝宝听大自然中风吹树叶、雨打芭蕉的声音，引起宝宝的兴趣。也可以有步骤地让宝宝欣赏音乐或反复听某一乐曲，增强宝宝对音乐的记忆力和感受力。

但是，对宝宝音乐感受能力的训练时间不能太长，每天安排10~20分钟即可，否则会引起宝宝的听觉疲劳，甚至让他对音乐感到厌烦。此外，还要注意听音乐时音量不要太大，节奏也不要太强烈。

聪明宝宝爱说话

　　这个月的宝宝已经开始学会发出一些单音节。爸爸妈妈在训练宝宝的语言能力时，可以适当增加些提高理解能力的训练。

呼名训练

　　呼名训练对宝宝的语言能力训练大有好处，不仅可以使宝宝注意力集中，而且会增强宝宝对爸爸妈妈的发音记忆力。

　　根据有关胎教的实验研究表明，有一组孕妈妈在妊娠的第7个月时，就为宝宝取好了名字，而且每次都用同一个名字呼唤腹中的宝宝。那么，这组孕妈妈在孕期只要经过1个月左右的呼名训练，在宝宝出生3个月后，就会在听到爸爸妈妈喊自己的名字时本能地回头。而另一组没有经过呼名训练，或者所叫的名字不固定的宝宝，大多数要在5~7个月时才会听到爸爸妈妈喊自己的名字时有回头的反应。

　　在进行语言能力训练前，首先要让宝宝听懂爸爸妈妈叫他的名字。在叫宝宝的名字时，爸爸妈妈要注意对宝宝的称呼应统一。

模仿发音

　　模仿发音是学习语言最好的方式，对于第5个月宝宝的语言能力训练来说更是如此。语言能力训练的第一步是模仿发音。

　　训练时，爸爸或妈妈要用愉快的语气与表情发出"mama""baba"等重复的音节，还要和宝宝保持面对面的训练，使宝宝注视爸爸或妈妈的口型。同时，每发一个重复音节，就应该停顿一下，给宝宝一个反应和模仿的时间。

教宝宝简单的辅音

　　在宝宝学会发出单音的基础上，可以教宝宝发各种简单的辅音，如"mama、baba、gougou、wawa"等。接下来就可以进行听音指认的游戏，让宝宝听到"妈妈""爸爸"这些词汇时，不但眼睛看着爸爸妈妈，还要教宝宝用手分别指认。这种做法使宝宝在这个月能够发出四五个辅音，而且还能初步理解这些辅音的基本含义。

宝宝长头疮别担心

一到夏季，气候闷热潮湿，很多宝宝的头上长起了脓疮，需要引起爸爸妈妈的特别注意。

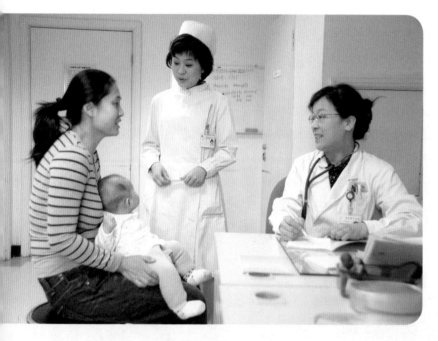

宝宝长头疮有何表现

头疮症状差别很大，有的宝宝只长出三四个，而严重的宝宝则满头都是，密密麻麻的。如果到了这种严重的程度，宝宝可能会出现38℃左右的发热症状。而且脓疮稍微碰一下就很痛。睡觉的宝宝每次翻身时，只要碰到脓疮就会被痛醒，并且大哭不止。

长头疮的原因

长头疮的原因有两种：一种是从其他孩子身上传染来的；另一种是挠破了痱子后，引起化脓菌感染造成的。

引发头疮的病原体是金黄色葡萄球菌、溶血性链球菌或其他葡萄球菌。传染途径为人与人的直接接触，或接触患者使用过的污染物，如玩具、卧具等。此外，免疫功能低下、皮肤外伤、皮肤不洁净或患有皮肤疾病等也可为发病诱因。

预防和治疗的方法

为避免这种现象的发生，在发现宝宝开始起痱子时，就要经常给宝宝剪指甲、勤换枕巾以保持清洁。另外，如发现有脓疮生成，哪怕只有1个，也要尽早进行治疗。早期治疗时，青霉素是非常有效的。

一般在宝宝就诊时，要具体看脓疮的状况来决定去外科还是去儿科，如果脓疮已经化脓，且已变软，就必须去外科将其切开。脓疮痊愈以后，在宝宝的耳后、脑后部仍然会留有几个淋巴结肿块，这些肿块极少化脓。如果摸着不痛，就不要去管它，肿块会慢慢变小、消失的。

该给宝宝换衣服啦

当宝宝长到第5个月时，明显高了，也胖了，运动量也大了很多，系带子的婴儿服经常给宝宝拽得七扭八歪。这时妈妈要知道，该给宝宝换衣服了。

适宜的款式

这时宝宝的小脖子依然还很短，穿衣服也不会配合，所以穿套头衫还为时尚早。给宝宝穿连体的肥大的"爬行服"，或者开襟的暗扣衫是最适合的，可以方便宝宝活动。

还是纯棉最好

衣服的面料最好是纯棉平纹或纯棉针织的。棉织物透气性能好，柔软、吸汗、廉价。

丝、毛、麻虽然也是天然织物，但贴在皮肤上，舒适性不如纯棉。而且由于丝和毛织物都含有天然蛋白成分，对有些有过敏体质或者患了婴儿湿疹的宝宝是不适宜的。

不同季节该怎样穿

在夏天，可以给宝宝穿比较方便的背心短裤，到了秋末或冬季，就要准备外套、毛衣和棉衣了。一般准备2~3件外套或毛衣，2~3件棉衣、棉裤就可以了。

为了给宝宝穿脱方便，毛衣要选开襟衫，袖子也不要太瘦。对于过敏体质的宝宝，毛衣最好用腈纶线编织，虽然保暖性能稍差，但不会引起过敏刺激，而且柔软、易洗涤，价格也便宜。

要准备围嘴吗

芝宝贝
母婴健康
公开课

从第5个月起，宝宝就要长牙了。由于宝宝的唾液分泌增多且口腔较浅，闭唇和吞咽动作还不协调，宝宝还不能把分泌的唾液及时咽下，所以会流很多口水。这时，为了保护宝宝的颈部不被弄湿，可以给宝宝戴个围嘴。这样不仅可以让宝宝感觉舒适，而且能减少换衣服的次数，为妈妈省去不少麻烦。

扎围嘴

和宝宝一起做游戏吧

对于这个月龄的宝宝来说，游戏既能培养宝宝的良好情绪，同时又能锻炼宝宝的体能。下面的游戏可供爸爸妈妈参考。

玩具引导游戏

当妈妈或爸爸把玩具放在宝宝的旁边时，他就会伸手去抓并放在嘴里，按照自己的方式自得其乐。在此基础上，妈妈或爸爸还可以在离宝宝一段距离的地方开动小汽车等会动的玩具。当宝宝看到运动着的玩具时，一定会产生伸手去拿的欲望，进而学会爬行。

球类游戏

做滚球游戏时，可以让宝宝趴着，先让宝宝触摸一下有铃铛的球，然后把球放在宝宝的手边滚动。接着，再从稍远的地方将球滚向宝宝，甚至从宝宝身边滚过。滚动的球就会引导宝宝移动整个身体去追寻。

或者妈妈先抓住宝宝的脚，让宝宝的脚被动踢球，当宝宝看到自己的脚把球碰出去然后又弹回来的时候，会表现出很兴奋的样子。经过这样多次练习，当再把球放在宝宝的脚边时，宝宝就会自己踢球了。

撕纸游戏

游戏时，先选择一些色彩鲜艳且干净的纸，然后让宝宝撕。开始时可以任意让宝宝撕，什么形状都无所谓，纸张可以由薄到厚，由小到大。这样不仅可以锻炼宝宝的手部灵活性，还能作为一种视觉体验，加强宝宝对简单图形的记忆储存。

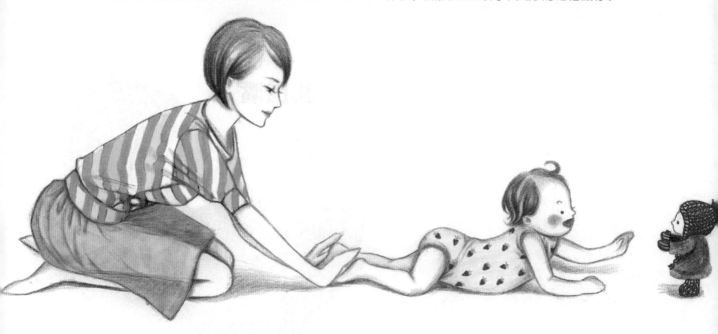

生活自理能力从婴儿期就要开始哦

对于5个月大的宝宝，爸爸妈妈要教宝宝学会吃半固体、固体食物，并且还可以适当地锻炼宝宝独自玩耍的能力了，训练宝宝的生活自理能力。

宝宝学会咀嚼、吞咽训练

对于5个月大的宝宝来说，教他自理能力可以从最简单的开始。

会吸吮是宝宝的本能，但宝宝出牙后要学会咬一小块食物，嚼碎后并吞咽下去，就需要后天的训练和培养了。

由于这时的宝宝还不会咀嚼和吞咽食物，所以当爸爸妈妈用小勺给宝宝喂半固体食物时，几乎所有的宝宝都会用舌头将食物顶出来或吐出来，甚至在吞咽时有哽咽现象。但只要经过一个阶段训练，宝宝就可以逐步克服上面所说的现象，形成与吞咽的协同动作有关的条件反射。

在进行咀嚼、吞咽训练时，由于宝宝有着个性差异，所以有的宝宝只经过数次试喂即可适应，而有的宝宝则需要1~2个月才能学会。所以，在让宝宝学习咀嚼和吞咽时，爸爸妈妈一定要有足够的耐心。

宝宝独自玩耍

宝宝在逐渐长大，爸爸妈妈不但要锻炼宝宝的身体，而且不能忽视对宝宝精神上的训练。最好试着锻炼宝宝独自玩耍的能力，以免宝宝对爸爸妈妈的依赖性过强。同时，在宝宝独自玩耍时，不得不面对一些需要他自己完成的事情，这就在无形中锻炼了他"自己的事情自己做"的心态。

在宝宝醒着的时候，情绪好时，爸爸妈妈可以把宝宝放在床上、地板上的垫子上，给宝宝摆上一些不会造成危险的玩具，让宝宝自己自由地玩耍。训练时，所选择物体要逐渐从大到小，距离要逐渐从近到远。

情绪、社交能力也要练

这时的宝宝还没有形成所谓的"害羞情结"，所以大多数宝宝的性格都很外向。爸爸妈妈要利用这个大好的时机锻炼宝宝的情绪和社交能力。

"逗逗飞"游戏

让宝宝仰卧或靠坐在妈妈怀中，妈妈握着宝宝的小手，一边将宝宝两手的食指指尖相触，一边面向宝宝一字一字地念"逗，逗，飞——""逗，逗，飞——"，同时把宝宝两手的食指指尖分离。由于这个游戏表情活泼、语调夸张，可以使宝宝充分获得神经末梢的感觉刺激，达到情绪愉悦的效果。

给宝宝与他人交往的机会

这个月龄的宝宝喜欢接近熟悉的人，并能分出家人和陌生人，但对家人之外的其他人，也会以微笑或张开胳膊等各种不同的方式表示友好。所以，爸爸妈妈要抓住这个大好时机，经常抱宝宝到邻居家去串门或到街上去散步，让宝宝多接触人，尤其要多和其他小朋友玩，为宝宝提供与他人交往的环境，并利用与他人交往的时机教宝宝一些社交礼仪，如挥手道别、道谢等。

不要冷落了宝宝

此时的宝宝已经有了比较复杂的情感。所以，爸爸妈妈千万不要认为这时的宝宝什么也不懂，而冷落了宝宝。宝宝虽然不会说话，但已初步能够听懂家长的话。经常和宝宝说话，不仅不会使宝宝感到寂寞，而且可以为宝宝正式开口说话打下很好的基础，促进宝宝的早期智力开发。

"藏猫猫"游戏

爸爸妈妈可以常与宝宝玩"藏猫猫"的游戏。在被宝宝找到时，发出"喵"等声音来逗宝宝，几乎所有宝宝都喜欢这个游戏。

洗澡要注意安全

现在宝宝已经非常好动了，洗澡的时候经常手舞足蹈地把水溅得到处都是，妈妈一定要看护好宝宝，注意安全。

洗澡要注意安全

给宝宝洗澡第一要注意的应该是安全问题。

在给宝宝洗澡前，除了注意浴盆里水不要装得太多，并检查一下水温是否合适之外，还要做些必要的用品准备，比如海绵或毛巾、宝宝浴液、洗发精、尿布和干净衣服等，还应特别准备一个防滑的浴盆垫和防止洗发精流进宝宝眼睛里的护脸罩。

洗澡的危险预防措施

为了避免在给宝宝洗澡时出现意外，最好采取以下预防措施，即把所有要用的东西都放在浴盆旁边，并把防滑垫放在浴盆里。

洗澡时，家长也要坐个小凳子并扶着宝宝，以免时间长了支持不住。要先把护脸罩给宝宝戴上，因为这个月的宝宝还太小，哪怕是最柔和的洗发精也会对宝宝的眼睛产生刺激。再加上此时的宝宝还不懂得自我防护，当水流或洗发水从头上流下来的时候，宝宝也不会自动闭上眼或低下头。

洗完澡之后，就在原地给宝宝换衣服，千万不要把湿漉漉、滑溜溜的宝宝抱到椅子或任何光滑的物体上，以免摔着宝宝。此外，还应注意的是，在整个洗澡过程中，都不要让宝宝一个人待在浴盆里，即便宝宝已经会独自坐起来了也不行。

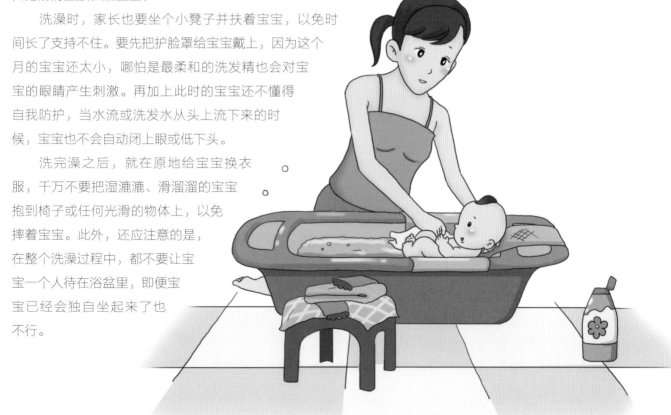

第 147~148 天

晚上哭闹不止

有时宝宝在晚上会哭闹不止，爸爸妈妈对宝宝又哄又抱又喂奶，好不容易把宝宝哄得睡着，但没等爸爸妈妈躺下，宝宝又开始哭闹了。宝宝之所以出现这种夜里哭闹现象，一般是下面几种原因。

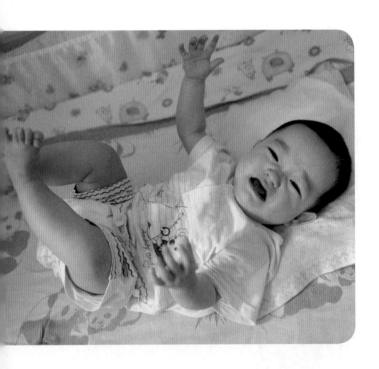

白天受到惊吓

这个月的宝宝对周围事物的兴趣越来越浓，遇到可使宝宝兴奋或受惊的机会也相应增多，宝宝夜里睡觉难免会梦见白天受惊时的情景，这样一来宝宝就会突然醒来大叫或哭闹起来。

比如有的宝宝在预防接种时因打针受到了惊吓，不仅白天哭闹特别厉害，而且夜间也会常常突然大哭起来。如果出现这种情况，多半是因为夜里又梦见自己被打针。

若有这种情况，就需要妈妈和爸爸在白天宝宝受惊吓后多给他一些爱抚，多和宝宝做一些快乐的游戏，把宝宝的情绪调整好。

夜晚睡不安稳

对于爱动的宝宝，白天睡眠时间比较短，夜间自然睡得较沉；但对于不爱动的宝宝来说，由于白天运动过少而睡觉较多，而且晚上睡得也早，这样的宝宝夜间就会睡不安稳。

如果宝宝每晚哭闹频繁，就需要观察一下宝宝白天是怎样度过的。如果属于上述情况，就应该逐步改变宝宝的睡眠规律，白天要少睡。

此外，每天晚上睡觉以前，宝宝尤其容易兴奋，妈妈或爸爸不要与宝宝做比较激烈的游戏。

长期性牙痛

宝宝大概半岁时就开始长牙了，长牙带来的不适感也容易引起宝宝夜间哭闹。

爸爸妈妈注意观察宝宝的下巴、口腔、脸颊部位，如果有明显的口水引起的面部红疹、牙龈肿大等现象，就可以考虑宝宝是牙痛引起的夜间啼哭了。

遇到这种情况，爸爸妈妈可以用小块冷毛巾敷在宝宝的脸颊红肿部位，可让情况稍有缓解。切勿轻易给宝宝用药，牙齿长出后，宝宝夜间哭泣的情况会逐渐好转的。

影响宝宝快速成长的因素

有的宝宝健壮活泼、充满稚气，但有的宝宝却体格瘦弱、精神萎靡。到底是什么原因使同样月份的宝宝出现如此大的差异？有哪些影响宝宝生长发育的因素？

遗传因素

宝宝生长发育的特征、潜力、趋向、限度等都受到父母双方遗传因素的影响。

营养因素

充足和调配合理的营养，是宝宝生长发育的物质基础。如果营养不足，则首先导致宝宝体重不增甚至下降，最终也会影响宝宝身高的增长和身体其他各系统的功能，如免疫功能、内分泌功能、神经调节功能等。而且年龄越小，受营养的影响越大。

环境因素

良好的居住环境和卫生条件，如阳光充足、空气新鲜、水源清洁等有利于宝宝的生长发育，反之则会带来不利影响。合理的生活习惯、护理、教养、锻炼等，都对宝宝体格生长和智力发育起着重要的促进作用。

家庭因素

家庭的温暖、父母的关爱和良好的榜样作用，对宝宝性格和品德的形成、情绪的稳定和神经精神的发育都有深远的影响。

疾病因素

疾病对宝宝生长发育的影响也十分明显。急性疾病的感染常使宝宝体重不增或减轻，慢性疾病感染则同时影响宝宝体重和身高的增长。内分泌疾病（如甲状腺功能减退症）对生长发育的影响更为突出，常引起骨骼生长和神经系统发育迟缓。先天性疾病(如先天愚型) 对宝宝体格发育和智力发育都会产生明显影响。

现在，妈妈的乳汁日渐稀薄

已经不能够喂饱你了

你像一个"小吃货"

张着小嘴央求着

对妈妈准备的食物

统统来者不拒

你咂着小嘴

似乎在认真回味

我感动又骄傲

……

第 6~7 个月

贴心辅食准备好

跟妈妈说句悄悄话

不知不觉我已经快半岁了，妈妈，你应该也发现我不再是之前那个贪吃贪睡的"懒宝宝"了，我变得越来越不安分，每天都要活动好长时间，可累了！单纯的奶水已经不能喂饱我了，我还要吃更多好吃的东西来补充营养。

宝宝的成长记录

现阶段开始为宝宝添加辅食，宝宝的成长会更加迅速。还有宝宝第一次叫爸爸妈妈，第一次自己吃东西……无数美好的瞬间都要记录下来。

◎宝宝的身高：

◎宝宝的体重：

◎宝宝的头围：

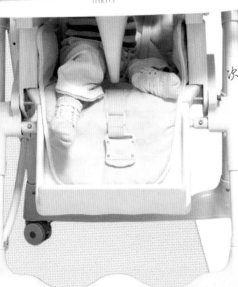

参考数值：

6个月

男孩
身高 (cm)61.4~75.8　　平均 68.4
体重 (kg)5.97~11.72　　平均 8.41
头围 (cm)39.8~47.7　　平均 43.6

女孩
身高 (cm)60.1~74.0　　平均 66.8
体重 (kg)5.64~10.93　　平均 7.77
头围 (cm)38.9~46.5　　平均 42.4

7个月

男孩
身高 (cm)62.7~77.4　　平均 69.8
体重 (kg)6.24~12.20　　平均 8.76
头围 (cm)40.4~48.4　　平均 44.2

女孩
身高 (cm)61.3~75.6　　平均 68.2
体重 (kg)5.90~11.40　　平均 8.11
头围 (cm)39.5~47.2　　平均 43.1

这些营养不能少

营养物质是宝宝生长发育不可缺少的。宝宝的营养物质起初是由母乳或代乳品供给，到了第6个月时，有一部分就要从食物中摄取。各种营养物质的供给量，还要按照宝宝身体的生长发育程度来定。

热量

第6~7个月的宝宝所需的热量多从母乳或奶粉中得来，如果宝宝需要补充热量，就必须从辅食中摄取。以后再慢慢地从固体食物中摄取。

钙质

母乳及配方奶粉能提供给宝宝足够的钙质，不过宝宝吃母乳及牛奶会越来越少，所以应该给宝宝补充富含钙质的固体食物，如乳酪、优酪乳、全脂牛奶、豆腐等。大约1杯全脂牛奶或母乳就足够半岁以内宝宝每日的钙质所需。

铁质及补充品

为了预防铁质缺乏症，应该每天给宝宝喂食以下几种食物之一：蛋黄、肉汤、小麦芽糊、麦片糊等。

谷类和其他碳水化合物

每天给宝宝吃2~4匙谷类食品，就能提供给宝宝基本的维生素、矿物质及蛋白质。谷类食物有全谷类麦片、米片、粥或面条等。

维生素C

只要1/5杯含有维生素C的橙汁、葡萄柚汁、芒果汁、西兰花汁等，就可为宝宝提供充分的维生素C。

脂肪

吃全脂配方奶粉或母乳的宝宝，可以得到所需的脂肪及胆固醇。否则就应另外给宝宝加些全脂的乳酪。但应适量，以免摄取过多引起宝宝胃肠道消化不良，或使宝宝养成不好的饮食习惯。

添加辅食有何用

辅食添加不仅可以满足此时宝宝的营养需求，还可以为以后宝宝的成长发育打下坚实的基础。

可以弥补母乳营养不足

宝宝满4个月后，从母乳中获得的营养成分已逐渐不能满足身体生长发育的需要，必须及时添加一些辅食，以补充母乳中营养素的不足，满足宝宝健康成长所需。比如铁，4~6个月的宝宝，从妈妈体内获得的铁，已经基本用完，而无论是母乳还是牛奶中铁的含量都不足。因此，此阶段的宝宝容易患缺铁性贫血，添加一些含铁量丰富的辅食，就能补充宝宝的身体对铁的需求。

为断乳做准备

添加辅食，可以为宝宝以后断乳做好准备，辅食并不完全是指在断奶时所摄入的食品，而是指从单一的母乳（或牛奶）喂养到完全断乳这一阶段内所添加的食品。

训练宝宝的吞咽能力

习惯于吃奶类（流质液体）的宝宝，要逐渐过渡到吃固体食物，这需要有一个适应的过程。这个过程通常需要半年或更长的时间，宝宝要先从吃糊状、细软的食物开始，最后逐步适应到接近成人的固体食物。从这一方面来说，此时添加辅食是很有必要的。

训练宝宝的咀嚼功能

随着宝宝的长大，齿龈的黏膜逐渐坚硬，尤其长出门牙之后，宝宝会用齿龈或牙齿去咀嚼食物，然后吞咽下去，所以及时添加辅食有利于宝宝咀嚼功能的训练，有利于宝宝颌骨的发育和牙齿的萌出。

过早添加辅食有害无益

宝宝的消化系统、免疫系统、肾功能尚未健全，过早添加辅食会对宝宝产生不必要的身体负担，一些固体食物还容易引发过敏症。

芝宝贝
母婴健康
公开课

冲调米粉

米粉

最好的辅食添加方案全指导

这个月的宝宝，消化酶分泌逐渐完善，已经能够消化除乳类以外的一些辅食。辅食添加有一定的原则和方法，只有掌握了这些，才能让宝宝吃得营养，健康成长。

辅食添加的原则

为宝宝添加的每一种辅食，对宝宝来说都是一种新的食物，需要宝宝慢慢地习惯和适应，因为宝宝的肠胃还没有发育成熟，添加不好会引起宝宝消化功能的紊乱，出现腹泻、呕吐等症状。因此，添加辅食必须遵循循序渐进的原则。

所谓循序渐进的原则：一是从少到多逐渐增加。二是从稀到稠，也就是食物先从流质开始到半流质，再到固体食物，逐渐增加稠度。比如宝宝4个月以前喝的果汁是经过过滤的，而现在就可以给宝宝吃果泥了。三是从细到粗，如从青菜汁到菜泥再到碎菜，以逐渐适应宝宝的吞咽和咀嚼能力。四是从一种到多种。为宝宝增加的食物种类不要一下太多，不能在1~2天内增加好几种。

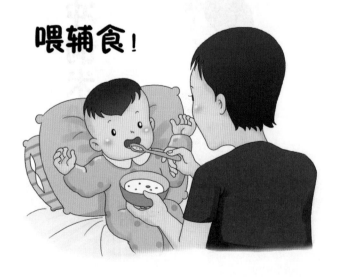

喂辅食！

辅食添加的种类

1. 谷类辅食。现在市场上，专为宝宝生产的谷类食品很多，像奶糕、各种米粉等，食用起来十分方便，一般冲调后即可食用。但不可让宝宝多吃谷类食品。这是因为，谷类食品不管是进口的，还是国产的，原料都是一样的，无非都以大米为主。它们缺乏宝宝生长所需的优质脂肪、蛋白质以及其他营养物质。

2. 蔬菜类辅食。给宝宝适当多吃一点蔬菜汁或者菜泥，因为蔬菜富含多种维生素，是宝宝生长发育不可缺乏的营养素。

辅食添加的方法

为宝宝添加新的食物时，还应注意的是，宝宝的主食还应是母乳或牛奶，辅食只能作为一种补充食品配合着吃。一定要在宝宝身体状况好、消化功能正常时添加。不能为了让宝宝吃更多的辅食，而减少母乳或牛奶的量。

可添加半流质淀粉食物，如米糊或蛋奶羹等，这样可以促进宝宝消化酶的分泌，锻炼宝宝的咀嚼、吞咽能力。此外，蔬菜泥也是不错的选择，可将土豆、南瓜或胡萝卜等蔬菜，经蒸煮熟透后刮泥给宝宝喂服，逐渐由一小勺增至一大勺。

给宝宝做水果辅食啦

水果是宝宝喜爱吃的食物，而且维生素含量丰富，是宝宝生长发育中必不可少的辅食。

水果泥

可将苹果、桃、草莓或香蕉等水果，用勺匙刮成泥状，再一点一点地喂给宝宝吃。开始时先喂一小勺，以后可逐渐增至一大勺。

苹果酱

把苹果洗净去籽，切成块后放入锅中，加水把苹果浸没，加热煮至糊状。停火后，用小勺将苹果研碎。待成为稀粥状时，将其冷却后装入洁净的玻璃瓶中，盖上瓶盖存放于阴凉处。喂宝宝吃时，可用干净的小匙取食，开始时每次1/2小匙，以后渐增。

草莓酱

将草莓洗净，泡盐水后沥干；把草莓放入锅中，中火煮沸；等到草莓汁水尽出，转小火慢慢熬煮，煮至酱汁变得浓稠时关火。冷却后，将草莓酱装入干净的玻璃瓶里保存即可。

香蕉糊

取香蕉30克，牛奶1大匙。把香蕉用勺子研成泥状，放入锅内，加牛奶混合，上火煮，边煮边搅拌均匀，搅成糊状即可停火。这款辅食对于便秘的宝宝尤为适合。

芝宝贝
母婴健康公开课

宝宝现在能吃固体食物吗

这一时期，少数宝宝牙齿开始萌出，并有了咀嚼动作，通过不断地咀嚼，可以刺激牙齿的萌出。同时在咀嚼食物的过程中，口腔内会分泌出大量的酶，酶与食物在口腔内充分混合搅拌，可以提高消化器官对食物消化、吸收的效率。所以，在宝宝5~6个月大时，可以给宝宝适当添加固体食物。

第159~160天 吃辅食总是噎住怎么办

宝宝在吃新添加的辅食时，可能会出现恶心、噎住的现象，这样的情况很常见，爸爸妈妈要掌握一定的喂食原则和技巧，可以避免这些情况的发生。

喂食要循序渐进

只要在喂哺时多加注意，就可以避免一些不良情况的发生。例如，应按时、按顺序地添加辅食，从半流质到糊状、半固体、固体，让宝宝有一个适应、学习的过程；一次不要喂食太多；不要喂太硬、不易咀嚼的食物。

用特制的辅食练习咀嚼

给宝宝添加一些特制的辅食。为了让宝宝更好地学习咀嚼和吞咽的技巧，可以给他一些特制的小馒头、磨牙棒、磨牙饼、烤馒头片、烤面包片等，供宝宝练习啃咬、咀嚼技巧。

抓住宝宝咀嚼、吞咽的敏感期

宝宝的咀嚼、吞咽敏感期从4个月左右开始，7~8个月为最佳时期。

过了这个阶段，宝宝学习咀嚼、吞咽的能力下降，此时再让宝宝开始吃半流质或泥状、糊状食物，宝宝就会不咀嚼而直接咽下去，或含在口中久久不肯咽下，常常引起恶心、哽噎。

切勿因噎废食

有的爸爸妈妈担心宝宝吃辅食时噎住，于是推迟甚至放弃给宝宝喂固体食物，因噎废食。

有的妈妈到宝宝两三岁时，仍然将所有的食物都用粉碎机粉碎后才喂给宝宝，生怕噎住宝宝。这样做的结果是宝宝不会"吃"，食物稍微粗糙一点就会噎住，甚至把前面吃的东西都吐出来。

而且这样粉碎后的食物，哪怕宝宝吃了，对他的咀嚼功能也大有影响，食物粉碎后的营养也不够充足，切不可这样做。

让宝宝长一口好牙

一般宝宝在6~8个月时开始长出1~2颗门牙。宝宝长牙后，爸爸妈妈要注意以下几个方面，让宝宝长出一口好牙，同时拥有良好的用牙习惯。

及时添加有助于乳牙发育的辅食

宝宝长牙后，就应及时添加一些既能补充营养又能帮助乳牙发育的辅食，如饼干、烤馒头片等，以锻炼宝宝乳牙的咀嚼能力。

但是要少给宝宝吃甜食。因为甜食易被口腔中的乳酸杆菌分解，产生酸性物质，破坏牙釉质。龋齿是危害乳牙健康的头号大敌，爸爸妈妈应该督促宝宝爱护乳牙，养成良好的口腔卫生习惯。

纱布

注意宝宝的口腔卫生

从宝宝长牙开始，爸爸妈妈就应注意宝宝的口腔清洁，宝宝每次进食后，可用干净湿纱布轻轻擦拭他的牙龈及牙齿。暂时还不能给宝宝刷牙，至少到宝宝1周岁后，再教他练习漱口。

纠正不良习惯

如果宝宝有吮吸手指、吸奶嘴等不良习惯，爸爸妈妈应及时帮他纠正，以免造成牙位不正或前牙发育畸形，影响宝宝进食。

营养要充足

让宝宝拥有好牙齿需要摄取含丰富营养素的食品来支持。均衡的膳食包括蛋白质、脂肪、钙、磷及维生素，尤其要有充足的维生素C和维生素D。乳牙的位置决定恒牙萌出的位置，乳牙还有诱导恒牙萌出的作用，同时影响恒牙胚的生长发育；乳牙炎症可能导致宝宝的乳牙过早脱落，使宝宝的恒牙生长不整齐。

出牙期的食谱学起来

这个月份的大部分宝宝已经开始出牙,爸爸妈妈可以给宝宝做出牙期典型食谱了。在喂食的类别上可以开始以谷物类为主要辅食,再配上肝泥、鱼肉、蛋黄、碎菜或胡萝卜泥等。

鸡肝泥

原料:鸡肝20克,大米20克,水1大杯。

做法:1. 鸡肝去膜、去筋,剁碎成泥状待用。

2. 大米加水煮开后,改用小火,加盖焖煮至烂,拌入肝泥,再煮开即可。

功能:提供丰富的铁、锌等微量元素。

牛奶布丁

原料:牛奶80毫升,鸡蛋50克,白糖10克。

做法:1. 将鸡蛋倒入碗中搅散。

2. 将牛奶倒入碗中搅拌均匀,调入白糖。

3. 放入容器中,盖上保鲜膜,上锅蒸20分钟左右即可。

功能:富含优质蛋白质、维生素A、镁、磷等营养物质。

蔬菜豆腐泥

原料:胡萝卜5克,嫩豆腐1/6块,荷兰豆1/2根,蛋黄1/2个,水1小杯。

做法:1.将胡萝卜去皮,与荷兰豆一起烫熟后,切成极小的块。

2.将准备好的原料与水放入小锅,把嫩豆腐捣碎加进去,煮到汤汁变少。

3.最后将蛋黄打散,加入锅里煮熟即可。

功能:富含胡萝卜素、钙、铁、维生素A、维生素E等营养物质。

辅食添加要注意

此时的宝宝仍然坚持以母乳或配方奶为主,但哺喂顺序与以前相反,应先喂辅食,再哺乳,而且推荐采用主辅混合的新方式,为以后断母乳做准备。

提倡给宝宝食用带皮的水果,如橘子、苹果、香蕉等,这类水果的果肉部分受农药污染与病原感染的机会较少。鱼的体表经常会有寄生虫和致病菌,做鱼时要把鱼鳞刮净,鱼腹内的黑膜去掉。鸡、鸭、鹅的臀尖也会积淀有毒物质,不要给宝宝食用。尽量不用消毒剂、清洗剂洗宝宝用的餐具和炊具、案板、刀等,可以采用开水煮烫的办法保持厨具卫生。

宝宝吃固体食物啰

现在，宝宝已长出乳牙，分泌功能也已日趋完善，咀嚼能力和吞咽能力都有所提高，舌头也变得较灵活，此时就可以让宝宝开始尝试吃一些固体辅食了。

添加固体食物要循序渐进

宝宝从吃流质食物到吃固体食物，从吸吮到咀嚼，需要一个适应及练习的过程。所以爸爸妈妈在给宝宝添加辅食的时候，每次应只尝试一种新的固体食物，并由少量开始，在宝宝食用两三天后再逐渐增加量及浓度。

给宝宝添加辅食的顺序：首先是流质食物，如果汁、蔬菜汁等；接下来是半固体食物，如糊状或泥状的食物；然后渐渐地过渡到固体食物，如小颗粒的肉末、蔬菜末等。

妈妈要示范如何咀嚼食物

最初给宝宝喂辅食时，宝宝因为不习惯咀嚼，往往会用舌头将食物往外推。这时，妈妈要给宝宝示范如何咀嚼食物并且吞下去；可以放慢速度多试几次，让宝宝有更多的学习机会。

别喂太多或太快

一次喂食太多不但易引起消化不良，而且会使宝宝对食物产生排斥。所以，妈妈应按宝宝的食量喂食，速度不要太快，喂完食物后，应让宝宝休息一下，不要做剧烈的活动，也不要马上让宝宝喝奶。

品尝各种新口味

饮食富于变化能刺激宝宝的食欲。妈妈可以在宝宝原本喜欢的食物中加入新材料，分量和种类应由少到多，逐渐增加辅食种类，让宝宝养成添加过程不挑食的好习惯。如果宝宝讨厌某种食物，妈妈应在烹调方式上多换花样，尝试重新喂给宝宝。宝宝长牙后喜欢咬有嚼感的食物，不妨在这时把水果泥改成水果片。食物也要注意色彩搭配，以激起宝宝的食欲，但口味不宜太重。

苹果片

汤和肉我都要

随着宝宝逐渐长大，宝宝吃的食物也多了起来。有些爸爸妈妈总认为，此时的宝宝牙还没长出几颗，又没有什么消化能力，所以，只给宝宝喝汤不给吃肉，其实，这样的做法是不科学的。

宝宝可以吃肉了

宝宝到了六七个月时，已经能进食鱼肉、肉末、肝末等食物了。然而有的爸爸妈妈认为，汤的味道鲜美，营养都在汤里，所以以为只给宝宝喝汤就足够了。其实这种想法是错误的，这样是低估了宝宝的消化能力，而且在很大程度上限制了宝宝去摄取更多的营养。

肉的营养比汤高

汤里含有的蛋白质只是肉中的3%～12%，汤内的脂肪比肉中的低37%，汤中的无机盐含量仅为肉中的25%～60%，所以可以这样说，无论鱼汤、肉汤、鸡汤多么鲜美，其营养成分远不如鱼肉、猪肉、鸡肉。因此，爸爸妈妈在给宝宝喂汤的时候，要同时喂肉，这样既能确保营养物质的摄入，又可充分锻炼宝宝的咀嚼和消化能力，并促进宝宝乳牙的萌出。

这个阶段的宝宝可以开始吃些肉泥、鱼泥、肝泥了。其中，鱼泥的制作最好选择平鱼、黄鱼等肉多、刺少的鱼类，方便加工成肉泥。

开始考验爸爸妈妈的下厨功力了

这一时期，宝宝已开始萌出乳牙，有了咀嚼能力，同时舌头也有了搅拌食物的功能，味蕾也敏锐了，对饮食也越来越多地显出个人的爱好，喂养上也随之有了一定的要求。所以，此时爸爸妈妈还应多掌握几种饮食的做法，让宝宝吃得更加可口。

另外要注意，肉对宝宝而言是不易消化的，初喂肉时一定要把肉泥剁得碎一些。

吃肉肉

不想吃饭怎么办

爸爸妈妈刚开始给宝宝添加辅食时，宝宝可能吃得很好，但过了一段时间之后，宝宝可能食欲会突然减退，甚至连母乳或配方奶也不想吃。

理性应对宝宝食欲减退

现在宝宝体重增加的速度比前半年慢，食物需要量相对会少一些。宝宝自己开始有主见，对食物越来越挑剔，不喜欢吃的食物就会直接拒绝。

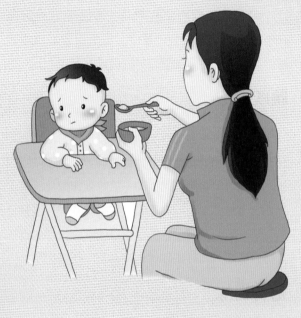

面对这种情况，只要排除了疾病和偏食因素，就应该尊重宝宝的意见。食欲减退与厌食不同，可能是暂时的现象，不足为奇。

如果妈妈过于紧张或强迫宝宝吃，可能会起到反作用，使宝宝食欲减退现象持续更长时间。

找准原因，"对症下药"

辅食阶段的宝宝食品来源单一，一旦拒吃辅食，爸爸妈妈肯定十分着急。可是急是没有用的，不妨根据以下几条线索，找到宝宝不爱吃辅食的原因，然后"对症下药"。首先，观察宝宝是否患病。宝宝健康状况不佳，如感冒、腹泻、贫血、缺锌、急慢性疾病或感染性疾病等，往往会影响宝宝的食欲。这种情况，妈妈就需要请教医生进行综合调理。其次，观察宝宝的饮食是否单调。有些宝宝会因为妈妈添加的食物色、香、味不好而食欲不振。所以，妈妈在制作宝宝辅食时需要多花点心思，让宝宝的食物多样化，并且要美味可口。

吃零食也有好处

零食对宝宝的成长有着重要的调节作用。从食用方式而言，零食和正餐的一个重要区别就在于，正餐是由爸爸妈妈喂给宝宝吃的，而零食是由宝宝自己拿着吃的，零食的这一特点是训练宝宝学习独立进食的好机会。不过零食的坏处也是众所周知的，让宝宝吃零食必须适量。

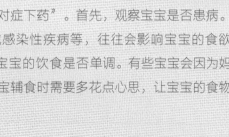

芝宝贝
母婴健康
公开课

跳跃、靠坐，练练大动作

尽管从上个月开始，就已经对宝宝进行大小肌肉运动能力的训练，但这种训练到了现在还是要继续，并且方法会有所不同哦。

直立训练方法

用双手支撑宝宝腋下，扶着宝宝，让宝宝在爸爸或妈妈的大腿上直立，每天可重复练习几次。可促进宝宝平衡感知觉的良好发展。

跳跃训练

当宝宝熟悉练习了上面的直立训练方法后，可让爸爸或妈妈扶着宝宝的两侧腋下，让宝宝站立在床上或桌上，等宝宝的双脚一接触到床或桌面时，就把宝宝提起来，同时要给宝宝喊口令，让宝宝随着口令跳跃。跳跃训练不仅可以使宝宝腿部的支撑力得到锻炼，同时还可以培养宝宝的协调能力。

匍行训练

第5个月的宝宝趴着的时候，已经能神气十足地挺胸抬头，有时还会胸部离床，将上身的重量落在手上。宝宝趴在床上时，爸爸或妈妈可以用手抵住宝宝的脚底，并用色彩鲜艳的玩具在宝宝前面引逗，宝宝就会以脚底为基点，用上肢和腹部的力量开始向前匍行。

靠坐训练

将宝宝放在有扶手的沙发上或椅子上，让宝宝练习靠坐，如果宝宝自己靠坐有困难，可先用手扶住宝宝，等宝宝坐得比较稳了再把手拿开。这样的靠坐练习每日可连续数次，每次10分钟左右。

独坐训练

除了上面提过的靠坐训练，还要逐渐训练宝宝自己独坐的能力。开始时，爸爸或妈妈可以给予宝宝一定的支撑，或用手臂，或用被褥，然后逐渐撤去左右支撑，让宝宝自己靠着坐，等宝宝自己能够坐稳后，再逐渐撤离支撑物。

整体运动技能

训练时，要让宝宝经常更换仰卧、俯卧、直立、躺平等姿势，并最大限度地为宝宝提供锻炼身体敏捷度的机会。爸爸或妈妈可以让宝宝站在自己膝上跳跃，或让宝宝握住爸爸或妈妈的手指，让宝宝靠着摇篮边站着、倚靠着，主要是协助宝宝增强坐、爬、走等运动能力。

扔拿、倒手，练练精细小动作

在肢体活动中，宝宝最先注意到的就是自己的手，从刚出生时的无意识抓握，到后来的有意识拿取，手的活动往往能够充分反映出宝宝智能、体能的发育过程以及发育程度。

够取比较小的物体

对于这一时期的宝宝来说，够取较小的物体可以锻炼手指的灵活性和手部肌肉的力量。让宝宝努力够取小的物体，最好让宝宝从满手抓逐步过渡到用拇指和食指捏取。

让宝宝扔掉再拿

给宝宝一些能抓住的物品，如小积木、小塑料玩具等，然后继续给宝宝递另外的玩具，训练宝宝扔掉一件再接过一件的能力。对宝宝进行扔掉再拿的训练，可以锻炼宝宝精细动作能力和手眼协调能力。

伸手抓握玩具

在训练宝宝手部肌肉运动能力时，爸爸或妈妈可将宝宝抱成坐位，面前放一些色彩鲜艳的玩具，边告诉宝宝各种玩具的名称，边引导宝宝自己伸手去抓握。开始训练时，玩具要放置在宝宝一伸手就可抓到的地方，如果宝宝已经能够比较容易抓到玩具，再渐渐地把玩具移到稍远的地方。然后试着将宝宝不喜欢的玩具递过去，让宝宝练习推开的动作，还可以将宝宝喜欢的玩具从他手中拿过来再扔到宝宝身边，让宝宝练习捡的动作。

玩具倒手

连续往宝宝一只手里递玩具，示范宝宝将一只手里的玩具递到另一只手里。练习多次，宝宝就会有意识地将玩具从一只手传到另一只手。这样可训练宝宝手部大小肌肉的运动能力。

第173~174天 锻炼宝宝的社交能力

爸爸妈妈的工作再繁忙，也应该抽出时间训练宝宝的社交能力，这对爸爸妈妈来说，也是难得的放松和增进亲子关系的机会。

教宝宝学会"再见"的手势

当爸爸妈妈要出门时，对宝宝挥手说再见，教宝宝也挥手表示"再见"。或者当带宝宝出门时，让宝宝和家里人挥手表示"再见"。

和宝宝一起玩

这个时期的宝宝已经学会拿着喜欢的玩具自己玩了，特别是那些性格比较安静的宝宝。宝宝长时间地玩玩具，虽然可以让爸爸妈妈免于过分操劳，但长时间让宝宝自己玩也是不妥的。因为这样不仅会使宝宝养成内向的性格，对宝宝将来性格的完善也会造成不必要的障碍，而且还影响了爸爸妈妈与宝宝之间的交流，对宝宝的智育发展造成不利影响。

爸爸妈妈要适度地和宝宝一起玩，这样不仅有利于宝宝的全面发育，而且还可以增强亲子关系。

让宝宝感受室外大型儿童锻炼器械

在带宝宝到室外活动的时候，看到其他小朋友在玩秋千、滑梯或跷跷板等大型儿童锻炼器械，大部分的宝宝都会表现得很兴奋。

这时，家长也可以适当地满足一下宝宝的好奇心，抱着宝宝一同荡秋千、滑滑梯或压一压跷跷板。当然，让宝宝体验大型儿童锻炼器械时，最重要的是注意安全。

爸爸或妈妈一人抱宝宝滑滑梯、荡秋千或压跷跷板时，动作一定要慢，最好要有其他人在旁边保护。

适当让宝宝体验大型儿童锻炼器械，可使宝宝更积极主动地参与运动，并从中体验运动的乐趣。

认知能力继续学

这个月龄宝宝的认知能力已经有所发展，爸爸妈妈可以在让宝宝进行室外锻炼的时候，或者玩游戏中、听音乐中结合宝宝的视觉、听觉能力，给宝宝做认知训练。

宝宝认知上有哪些进步

这个月龄的宝宝对周围的事物有了自己的观察力和理解力，似乎也会看父母的脸色了。

宝宝对外人亲切的微笑和话语也能报以微笑，看到严肃的表情时，就会不安地躲在妈妈的怀里不敢看。听到别人在谈话中提到他的名字，就会把头转向谈话者。当妈妈两手一拍、伸向宝宝时，宝宝就知道妈妈是想抱他，也就欢快地张开自己的胳膊。

当妈妈拿起奶瓶朝宝宝摇晃时，宝宝就知道要吃奶了，于是迫不及待地张开小嘴。有时妈妈假装板起脸来呵斥，宝宝的神情也会大变，甚至不安或哭闹。

对一些经常反复使用的词语，比如"妈妈""爸爸""吃奶"和"上床睡觉"等，宝宝也能理解。

随时训练宝宝的认知能力

小区内的花卉、树木、假山、流水，以及休闲的人们等，这些活动着的情景对于刚刚接触外界事物的宝宝来说，真可谓丰富多彩。这些目不暇接的新奇事物，一定会激发宝宝极大的兴趣，并可在发展视觉的同时感知广阔的外部世界。爸爸妈妈可带宝宝多在室外活动，同时教宝宝认知大自然的事物。

可以给宝宝买一些简单的图画书籍，然后指着实物教宝宝去辨认。比如，妈妈拿着一个苹果，然后把书翻到苹果图的一页，反复指给宝宝看。

此外，随着现代儿童早期教育科学的普及，大部分的宝宝在出生之前就接受过音乐的熏陶，所以对于宝宝来说，音乐已经是比较熟悉的声音了。对于这个月龄的宝宝来说，最好听一些旋律简单且重复较多的乐曲。

将语言与认知能力结合

经过几个月的耳濡目染，大多数听惯了"妈妈""爸爸"的宝宝，都会叫出"妈妈""爸爸"等重复音节，尽管他们还不懂这是什么意思。此时，正是宝宝学习语言的敏感期。

教宝宝理解"爸爸""妈妈"的含义

爸爸妈妈在感受宝宝主动叫"爸爸""妈妈"的激动心情时，一定要抓住这个语言训练的大好时机，不仅要鼓励宝宝发音，而且要因势利导，教宝宝理解其含义。

当宝宝主动叫"爸爸"时，爸爸就应该立刻凑到宝宝面前，一边学着宝宝"爸爸"的发音，一边指着自己给宝宝看，让宝宝知道这就是爸爸。用同样的方法，当说"妈妈"时，教宝宝也把头转向妈妈所在处。

给宝宝讲故事

给宝宝讲故事是促进宝宝语言发展的好办法，虽然此时的宝宝还不能够听懂故事的含义，但只要爸爸妈妈声情并茂地讲给宝宝听，就能逐渐培养宝宝爱听故事的好习惯。

可以再给宝宝买一些构图简单、色彩鲜艳的宝宝画报，一边用清晰、缓慢、准确的语调给他讲故事，一边指点画册上的图像，还能培养起宝宝对图书的兴趣。但注意要选择情节简单、有趣的故事。

提高宝宝的认知能力

可以在宝宝能看见的情况下，把玩具藏起来，比如藏到身后，然后问宝宝："玩具去哪儿啦？"让宝宝找出来，通过这种方法可以帮助宝宝提高认知能力。

观察力开始萌芽啦

现在的宝宝对任何事物都感到新奇，对大人来说再平常的东西也可能引起宝宝巨大的反应。这说明，你的宝宝开始观察这个世界了哦。

对欢快的声音有积极的反应

这个时期的宝宝，对放出的音乐、爸爸妈妈的欢声笑语都有积极的反应，宝宝会随着音乐"呜呜""啊啊"地"唱着"。听到爸爸妈妈笑得那么高兴，宝宝也欢快地张扬着小手，嘴里也"吧""哒""咦"地说着，好像在告诉爸爸妈妈，"我也要参与进来"。

远距离知觉开始发展

宝宝能注意远处活动的东西，如天上的飞机、飞鸟等。看到这些，宝宝会长时间注视着，嘴里也不发出声响了，好像在仔细地倾听。

宝宝这时的视觉和听觉都有了一定的细查能力和倾听的性质，这是宝宝观察力的最初形态。周围环境中新鲜和鲜艳明亮的活动物体都能够引起宝宝的注意，有时宝宝还会积极地响应。

宝宝对拿到的东西会翻来覆去地看看、摸摸、摇摇，这是观察的萌芽。这种观察不仅和动作分不开，而且可以扩大宝宝的认知范围，引起快乐的情感，这对宝宝的语言发育很有帮助。

从观察到模仿

这个时期的宝宝不仅观察力萌芽了，随之而来的模仿能力也开始体现了。比如看到妈妈往自己头上围头巾，宝宝也会随手抓起一块布，或许是自己的小衣服，往自己的脑袋上放。看到爸爸打电话，宝宝也会一把抢过来，笨拙可爱地往耳边放。宝宝还会模仿汽车的"嘟嘟"声，并用手势指出声音所在。宝宝还喜欢听"哗哗"的翻书声，并模仿大人翻书。

芝宝贝
母婴健康
公开课

恼人的咬、抓、打

宝宝的牙齿、小手、小脚处于发育期时，有时总想施展一下"拳脚"，比如试试咬人是什么感觉，拍打人是什么感觉等，做出一些让爸爸妈妈感到头疼的攻击性行为。

宝宝咬、抓、打的原因

1. 宝宝不会说话，无法表达情绪。这一时期的宝宝还不会说话，有了情绪和感受时不会表达，只能通过动作来表达和发泄。当宝宝会说话后，可以表达自己的情绪了，这种行为也会渐渐停止。

2. 受口腔发育的影响。宝宝的口腔内牙齿、肌肉正处于不同程度的发育阶段，通过把东西放到嘴里咬，对于缓解口腔发育带来的不适有一定的缓解作用。

3. 宝宝的东西被抢了。宝宝在玩具被抢、食物被抢时，会有一种维护自己利益的本能，有时就表现为打人。

应对咬、抓、打有妙招

1. 爸爸妈妈先做好榜样。在宝宝面前，爸爸妈妈要注意自己的言行，不同的言行会给宝宝带来或好或坏的影响。总有攻击性行为表现的宝宝都生活在好斗的环境中，比如爸爸妈妈处理愤怒、失望等情绪的方法会影响到宝宝。

2. 监督和惩罚双管齐下。当宝宝很顽劣，总出现和小伙伴争斗打闹的情况时，爸爸妈妈最好监督好宝宝，不要放任他的行为。

3. 不要忘记称赞。在宝宝知道抢夺玩具的错误后，或者在日后与伙伴的玩耍中，友好对待伙伴时，家长也要称赞宝宝，夸宝宝一句："这样就对了，宝宝真懂事。"让宝宝知道什么是正确的，什么是错误的。

宝宝开始认生了

宝宝喜欢和自己亲近的人在一起，如果家里来了陌生人，宝宝就会害怕地躲进妈妈的怀抱里。这时，爸爸妈妈该如何去做呢？

宝宝为什么会认生

随着宝宝情感和认知能力的发展，宝宝能够对自己不认识的地方或人产生不安及恐惧感，已初步会区别熟悉和陌生的人与物，这就是认生。

这时候的宝宝，已经有了自己的选择并初步开始运用，同时宝宝也会运用自己特殊的表达方式，告诉爸爸妈妈自己的喜欢与不喜欢。

这一时期，宝宝对亲人的感情也逐渐加深，比以前的任何时期都要依恋妈妈，喜欢和妈妈在一起，而陌生人一靠近宝宝，宝宝就会排斥。

宝宝认生了如何应对

为了使宝宝顺利地度过怕生时期，爸爸妈妈应注意家中有陌生人来拜访时，不要让陌生人太急切地接近宝宝、抱宝宝。

应该先通过自己与陌生人热情友好的谈笑，来感染宝宝，让宝宝建立起对陌生人的信任，也可以通过先给宝宝玩具等来接近宝宝。

另外，在平时让宝宝多接触一些新奇的玩具、邻居家的小孩等，以培养宝宝的接受能力。

怕生是宝宝一个正常的心理发展过程，随着宝宝的逐渐长大，怕生现象就会慢慢地消失。

不再 "任人摆布"

7个月大的宝宝已经不再"任人摆布"了，而是有了自己的意愿和想法。宝宝现在也有小聪明了，并会利用小聪明达到自己的目的。

宝宝有了自己的意愿和想法

当宝宝想要这个玩具，而妈妈给了另一个玩具，宝宝就会执拗地伸着手，指向自己想要的玩具，直到妈妈重新拿给他为止。

当宝宝不想吃鸡蛋羹时，如果妈妈硬要喂给宝宝吃，宝宝就会用手推开，有时会左右晃脑袋躲闪，即使喂到嘴里也会吐出来。

如果宝宝正一心一意地玩一个玩具，并不时地放到嘴里啃咬，这时妈妈从宝宝手里把玩具拿走，宝宝就会生气地大声哭闹，两条小腿一蹬一蹬地，伸着小手还要玩具，直到重新拿到才不哭闹。洗澡时，宝宝会因为讨厌洗头而不配合。换尿布时，宝宝也不再老老实实的了。

宝宝有了小聪明

宝宝现在也有小聪明了，并会利用小聪明达到自己的目的。比如宝宝想要妈妈陪，但妈妈却只顾忙别的，于是宝宝就往床边爬，妈妈看见了便会急忙跑过来，宝宝就趁机扑到妈妈怀抱里。有时宝宝会指着远处的玩具叫着，意思是想让妈妈帮他拿，等妈妈拿给他时，他却推开玩具钻到妈妈怀里了。这说明宝宝想要的并不是玩具，而是想有机会让妈妈抱一抱，跟妈妈一起玩。

宝宝还会看妈妈的脸色，有时妈妈对爬到床边的宝宝严肃地说："不许再往前爬了，再爬小心掉下去。"于是宝宝就不敢往前爬了，这并不是因为宝宝听懂了妈妈的话，而是因为宝宝看懂了妈妈的表情。

多吃粗粮有好处

粗粮主要包括谷类中的玉米、小米、紫米、高粱、燕麦、荞麦以及各种豆类等。宝宝7个月后就可以吃一点粗粮了，但添加需科学合理。

粗粮细加工

为了使粗粮变得可口，以增进宝宝的食欲、提高宝宝对粗粮营养的吸收率，从而满足宝宝身体发育的需求，可以把粗粮磨成面粉、压成泥、熬成粥，或与其他食物混合制作成花样翻新的美味食品，再给宝宝吃。

科学混吃

科学地混吃食物，可以弥补粗粮中所含的赖氨酸、蛋氨酸、色氨酸、苏氨酸低于动物蛋白质这一缺陷。如八宝稀饭、小米山药粥等，既提高了营养价值，又有利于宝宝胃肠道的消化吸收。

喂辅食

多样化

食物中任何营养素都是和其他营养素一起发挥作用的，所以宝宝的日常饮食应全面、均衡、多样化，限制脂肪、糖、盐的摄入量，适当增加粗粮、蔬菜和水果的比例，并保证优质蛋白质、碳水化合物、多种维生素及矿物质的摄入。只有这样，才能保证宝宝的营养均衡合理，才有益于宝宝健康地生长发育。

酌情、适量

如宝宝患有胃肠道疾病，要吃易消化的低膳食纤维饭菜，以防止发生消化不良、腹泻或腹部疼痛等症状。这种情况下，宝宝每天粗粮的摄入量不可过多，以10~15克为宜。对于比较胖或经常便秘的宝宝，可适当增加膳食纤维的摄入量。

吃过粗粮后腹胀是怎么回事

有的宝宝吃粗粮后，可能会出现暂时性腹胀和过多排气现象。这是一种正常的生理反应，待宝宝逐渐适应后，胃肠会恢复正常，妈妈不用担心。

芝宝贝
母婴健康
公开课

带宝宝乘坐汽车、飞机

爸爸妈妈如果带宝宝乘坐交通工具出行，需要注意哪些问题呢？让我们来学习一下吧！

乘坐汽车小百科

1. 为宝宝准备安全座椅。外出乘车时，爸爸妈妈尽量不要让宝宝单独坐或抱着宝宝坐在前座，因为这样一旦发生意外时，宝宝将是最直接的受害者。最好准备一个安全座椅，但安全座椅不宜过大，否则宝宝容易被安全带缠住或者由于安全带太松而无法起到保护作用。行车的过程中，为避免宝宝将头、手伸出窗外，或去触碰电动的车窗，造成被电动窗夹伤手指甚至头颈部的

情况，上车后应该马上锁定车门及车窗的中控锁。

2. 安抚宝宝情绪。如果宝宝待在车内的时间过长，可能会因肚子饿而急躁不安，这时候喂宝宝食物可以减轻宝宝的饥饿感并转移其注意力。

3. 宝宝下车时应注意。宝宝下车时，一定要由家长抱着；在关闭车门时，要注意宝宝的手脚有没有放在门边；关闭电动窗时，也要检查宝宝的头、手是否伸出窗外，以确保宝宝的安全。

乘坐飞机小百科

1. 抱稳宝宝。乘坐飞机时，家长要先将安全带拉平整，然后在自己身上系好，最后抱稳宝宝。家长的双手是宝宝最舒适且最安全的安全带。

2. 保护宝宝的耳膜。飞机起飞和降落时，要保护好宝宝的耳膜。宝宝的耳膜比成人的薄，可以承受的压力也比成人小很多，较容易发生航空性中耳炎，导致宝宝耳膜损伤。

如果妈妈在宝宝身边，可以给宝宝喂母乳，这样他可以张嘴。还可以让宝宝吸奶瓶。千万记住在飞机起飞和降落时不能让宝宝睡觉，因为睡眠时，耳膜被压伤的可能性会大大增加。

安全感很重要

安全感是学龄前儿童与人建立积极情感关系的保证。宝宝在儿时拥有了安全感，长大后就敢接近别人，并能体验到交往的乐趣。

注意对宝宝的精神关注

对于1岁以下的宝宝，哭的时候一定要哄、要抱。只有爸爸妈妈对宝宝的情绪反应做出积极正确的回应，宝宝才会觉得舒适与满足，进而产生最初的安全感，会对周围的世界产生信任和期待。这种对慈爱的回应应该是经常的、一贯的和可靠的。

不要总是制止宝宝

宝宝的一些行为，如果总是遭到家人的制止，其心理会产生挫败感，丧失自信。如强行把尿、制止吃手和啃玩具等。频繁的阻止会使宝宝对别人有畏惧和不安全感。

情感关爱要重质量

宝宝有没有安全感，除了与爸爸妈妈陪伴的时间有关，更取决于爸爸妈妈对宝宝的要求能否积极、正确地回应。有的爸爸妈妈虽然和孩子在一起，但为宝宝提供玩具和食物，仅仅是为了不让宝宝打扰自己，而并没有真正和宝宝一起玩。在这种情况下长大的宝宝，并没有安全感。

爸爸妈妈只有关注宝宝的每一个举动，领会宝宝发出的每一个信号，并做出回应和鼓励，宝宝才会对自己感到满意，拥有安全感。

宝宝的心理冲突期

芝宝贝 母婴健康 公开课

1岁以下的宝宝处于信任和不信任的心理冲突期，当他哭、饿或者身体不舒适时，爸爸妈妈是否及时出现，是他对这个世界建立安全感和信任感的基础。适度的安全感是幼儿心理健康发展的基础，也是幼儿人格完善的基础。

便便问题，要认真对待

现在的宝宝还不能够自如地控制自己的大小便，需要爸爸妈妈来"把一把"，有时候会很顺利，有时候也会出现一些意外情况，爸爸妈妈要认真对待。

大便有个体差异

这个月的宝宝，添加了辅食后，大便已经基本规律了。有的宝宝每天大便1~2次，有的宝宝要2天才大便1次，但大便也不干燥，拉得很痛快。

添加蔬菜、水果后，会使大便次数增加，原来每天大便1~2次的宝宝会增加到一天3~4次，大便变稀、变绿。只要不是水样便，也没有出现消化不良、肠炎等问题，就不要停止添加辅食。因为这属于正常现象。如果成年人多吃蔬菜、水果，大便的次数、形状、颜色也会改变的。

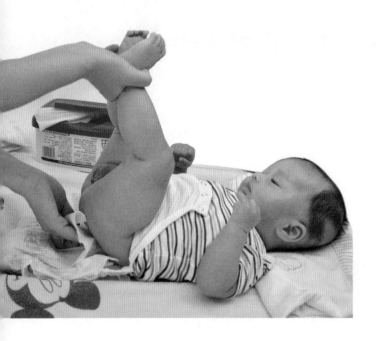

小便能把就把

这个月龄的宝宝，小便次数一般为每天10~13次，间隔时间也相应延长。对宝宝的小便，妈妈可以凭经验把一把，如宝宝睡醒时，喝过水时，距上次小便过了一段时间时，都可以试着把一下，总有几次会成功的。

把尿太勤有弊端

如果宝宝正想尿尿，妈妈把了，可能不到几分钟事情就解决了。如果正赶上宝宝没尿可排，妈妈还想当然地等着宝宝排，这样把的时间就长一些。妈妈嘴里"嘘、嘘"半天，宝宝就是不尿，直累得妈妈腰疼胳膊酸，甚至把宝宝也弄得大哭。

在妈妈看来，勤把尿总是没坏处的，不过是自己累一点。其实不然，勤把尿会使宝宝的尿液越来越少，到了该自行控制排尿的时候反而会很困难。

排尿哭闹有异常

如果宝宝排尿时哭闹不止，妈妈要仔细检查宝宝的尿液和尿道口。如果是女宝宝的尿液浑浊，要考虑是不是患了尿道炎，应到医院化验尿常规；如果是男宝宝，就要看看尿道口是否发红，发红则有可能是炎症。

提高抵抗力，才能更强壮

有些爸爸妈妈不明白，7个月前的宝宝从来没得过什么病，可进入7个月后不是感冒，就是发热，这究竟是怎么回事？

原因分析

一般来说，宝宝到了第7个月，体内来自于母体的抗体水平逐渐下降，而宝宝自身合成抗体的能力又很差。因此，宝宝抵抗感染性疾病的能力逐渐下降，容易患各种感染性疾病，尤其以感冒、发热最为常见。到了这一时期，宝宝从食物中摄取各种营养物质的能力又较差，此时如果爸爸妈妈不注意宝宝的营养，宝宝就容易发生营养缺乏性疾病，如缺铁性贫血、维生素D缺乏性佝偻病等。

积极应对的措施

1. 按期进行预防接种。这是预防宝宝传染病的有效措施。

2. 保证宝宝的营养。各种营养素如蛋白质、铁、维生素D等，都是宝宝生长发育所必需的，而蛋白质更是合成各种抗病物质如抗体的原料，原料不足则抗病物质的合成就减少，宝宝对感染性疾病的抵抗力就差。

保证充足的睡眠

进行体格锻炼是增强宝宝体质的重要方法，可进行主、被动操以及其他形式的全身运动。还应多到户外活动，多晒太阳和多呼吸新鲜空气。

芝宝贝
母婴健康
公开课

宝宝的抵抗力要不断加强

6个月前的宝宝体内仍有较多的免疫球蛋白，在抵御多种病毒和部分细菌的感染上仍有一定的作用，一般较少发生感冒，也较少发生其他感染性疾病。

而宝宝在6个月以后，从母体获得的免疫球蛋白逐渐减少，抗病能力比较差。爸爸妈妈要针对孩子生长发育时期的不同特点，适时参加计划免疫，并合理搭配膳食，这样才能促进小儿免疫系统成熟、减少患病概率。

牙床痒痒，要吃磨牙食物啦

在这个月，如果之前不流口水的宝宝开始流口水，并伴有烦躁不安，喜欢咬坚硬的东西或总是啃手，说明宝宝的牙齿开始痒痒了。这时，妈妈需要给宝宝添加一些可供磨牙的辅食了。

水果条、蔬菜条

把新鲜的苹果、黄瓜、胡萝卜切成手指粗细的小长条，不仅清凉又脆甜，还能补充维生素，可谓宝宝磨牙食物中的上品。

条形红薯干

红薯干也是常见的小食品，粗细也正好适合宝宝的小嘴巴咬，且价格便宜，是宝宝磨牙的优选食品之一。如果怕红薯干太硬伤害宝宝的牙床，妈妈可以在米饭煮好后，把红薯干撒在米饭上焖一焖，红薯干就会变得又香又软了。

磨牙饼干

磨牙饼干、手指饼干或其他长条形饼干等，既可以满足宝宝咬的欲望，又可以让宝宝练习自己拿着东西吃，是宝宝磨牙食品的好选择。需要注意的是，不要选择口味太重的饼干，以免破坏宝宝的味觉培养。

宝宝半夜"讨东西吃"怎么办

芝宝贝
母婴健康
公开课

统计发现，有1/3的宝宝在半夜会醒来索食，这种现象在母乳喂养的宝宝身上最普遍。由于宝宝一哭就喂，这样宝宝就被训练成"吃零食者"，喂量少，但次数增多。

如果已经养成这一毛病，首先就要拉长宝宝白天2次喂食的时间，一般每隔4小时喂1次。宝宝到6个月时，可喂3次，中间可加1~2次少量的"零食"。若夜间宝宝饿醒，不能入睡时，可以喂奶，但不要喂饱。另外，在晚上临睡前喂奶时，不要让他躺在床上吃，这样可以养成不吮奶嘴、正常入睡的好习惯。

生活自理，继续训练

　　这个月宝宝的神经系统发育逐渐完善，手脚动作逐渐协调，爸爸妈妈每天都应抽出一定时间教宝宝一些生活技能，锻炼宝宝的生活自理能力。

教宝宝学习自己喝水

　　对这一时期的宝宝来说，教宝宝学用小勺或杯子喝水，不仅是宝宝生理上的需要，也是一种自理能力的培养。

　　吃饭时，有的宝宝可能会夺家长手中的勺子，这时完全可以放心地把勺子交给宝宝，尽管刚开始宝宝分不清勺子的凸凹面，但这正是教宝宝学用勺子吃饭的大好时机。

　　当然，宝宝不可能一下子便学会用勺子或杯子等餐具，爸爸妈妈要有充分的耐心，可以先给宝宝玩些塑料杯子等。爸爸妈妈先给宝宝做用杯子喝水的示范动作，然后往宝宝的杯子里倒入牛奶，鼓励宝宝学着爸爸妈妈的样子喝。

　　训练时，也可以改换一下杯子的形状或颜色，或者变换一下杯子里的食物，如把牛奶换成菜汤、果汁等。只要坚持训练，宝宝快到1岁时，就会自己用勺子和杯子了。

教宝宝配合穿衣

　　这一时期，爸爸妈妈要逐渐培养宝宝自己穿衣的意识。可以先把小鞋子、小袜子放在宝宝手里，让宝宝玩一会儿，看宝宝能不能自己比划着穿。给宝宝穿衣服时，和宝宝说相关的话，如"伸手、抬胳膊"等，让宝宝配合。如果宝宝还不能听懂妈妈的意思，妈妈可以一边说，一边帮助宝宝做动作，并时常给予表扬，渐渐地，宝宝就会主动做这些动作，配合穿衣。

里里外外的衣服都有要求哦

这一时期，宝宝的活动能力比上个月有所增强，宝宝外出机会也增多了。所以，为宝宝选择合适的衣服和鞋帽就显得非常重要了。

对内衣的基本要求

内衣直接接触宝宝娇嫩的皮肤，所以一定要挑选质地好的衣服，还要及时洗。不要选择色彩艳丽的内衣，因为在印制彩色图案时添加进去的化学颜料同样对宝宝的肌肤有害。新买的内衣最好在清水中浸泡几小时，这样可以减少甚至消除衣服上的化学物质，避免对宝宝皮肤产生刺激。

此外，宝宝的内衣不宜有纽扣、拉链及其他饰物，以防对宝宝的肌肤造成机械性磨伤。如果需要使用纽扣，可用布带等代替。

对裤子的基本要求

这个月宝宝的动作发育渐渐成熟，不仅能坐、会爬，而且可以扶栏站立。这时候，宝宝的裤子是否合适，对宝宝的活动和运动机能的发展都相当重要。给宝宝选择裤子时，尽量选择宽松的背带裤或连衣裤，那种束胸的松紧带裤最好不要给宝宝穿。

对外衣的基本要求

这时，宝宝生活还不能自理，衣服上经常会有尿液或各种汤水的污渍。因此，经常需要清洗。同时，宝宝活动能力逐月增强，衣服的磨损也比较厉害。所以，在面料材质方面，要选择那些柔软而有弹性、相对结实耐磨但又不能太厚，可手洗也可机洗、洗后不掉色的外衣。

这个月龄的宝宝活动量大，容易出汗，因此不要给宝宝穿太多。

教宝宝用便盆吧

刚出生的宝宝我们无法掌握他的排便规律，突然就便便了，爸爸妈妈常常措手不及。不过，宝宝逐渐长大，就可以慢慢教会宝宝自己养成良好的排便习惯了。

教宝宝坐便盆大小便

在固定位置摆放便盆，培养宝宝大小便时坐便盆的习惯。坐便盆时要让宝宝集中注意力，停止一切游戏。应注意的是，不要让宝宝坐便盆的时间过长，如果无便就要及时结束。

培养良好的坐便习惯

这一时期，爸爸妈妈要培养宝宝坐便习惯。在发现宝宝有便意时应及时让他（她）坐盆，爸爸或妈妈可在旁边扶持。

如果宝宝一时不解便，可过一会儿再让宝宝坐。不要让宝宝长时间坐在便盆上；更不要在坐便盆时，给宝宝喂饭或让宝宝玩玩具。如果宝宝有这种不良习惯，要及时纠正，要让宝宝从一开始便养成良好的坐便习惯。

实际上，在坐便方面，不同的宝宝有不同的情况。如果宝宝不配合坐便，爸爸妈妈不需过分着急，宝宝不用便盆并不是训练方法不当，而是时机未成熟。

芝宝贝
母婴健康
公开课

使用便盆应注意

每次宝宝排完便后，应立即把宝宝的小屁股擦干净，并用流动的清水给宝宝洗手。宝宝每次排便后应马上把粪便倒掉，并彻底清洗便盆，还要定时给便盆消毒。

嗯嗯

判断力也要培养

下面这两个游戏通过用手抓、拉等动作，训练宝宝的手眼协调能力，培养和锻炼宝宝的判断能力。

拉绳取物游戏1

先让宝宝坐在桌边，爸爸或妈妈在桌上放两根绳子，一根绳子末端系有玩具，另一根绳子则什么也没有。两根绳子的一端，都放在宝宝伸手就能触摸到的地方，然后让宝宝朝自己的方向拉绳。如果拉到空绳就让宝宝重拉；如果把玩具拉到自己身边就给予奖励。

经过反复训练，宝宝就会逐渐判断出拉哪一根绳子才能得到玩具。

在做这个游戏时，绳子上系的玩具应时常更换，最好在宝宝每次拿玩具时告诉宝宝玩具的名称，这样，同时给宝宝进行了语言和认知训练。

拉绳取物游戏2

把一个色彩鲜艳的塑料杯放在桌子上，然后用一条绳子穿过杯柄，并把绳子的两端都放在宝宝伸手就能触摸到的地方。

游戏开始时，大多数的宝宝都会凭借上一个游戏的经验，用一只手拉这根绳子的一端，而不会用两只手同时拉动这根绳子的两端，这样做自然就得不到玩具。这时，爸爸或妈妈可以握着宝宝的两只手，同时拉绳子的两端，把塑料杯拉到宝宝跟前。然后，在杯子里放上一朵鲜艳的塑料花或一个可以吸引宝宝的玩具，让宝宝反复练习。如果宝宝能用两只手拉绳子，把杯子拉到自己身边，就把杯子里的塑料花或玩具拿给宝宝玩，以资鼓励，并夸赞宝宝。

保护乳牙很重要

一般来说，乳牙长得好坏，会对宝宝的咀嚼能力、发音能力和以后恒牙的正常替换以及全身的生长发育带来一定的影响。所以，从宝宝萌出第一对乳牙开始，爸爸妈妈就要特别注意宝宝乳牙的护理。

供给宝宝适量的营养物质

定期摄入适量的钙质、磷、氟等矿物质及维生素，特别是有助于维持牙床健康的维生素C；最好能限制含糖量多的食物，一天只能吃1~2次，而且最好是与其他食物一起进食，以减少龋齿的诱发因素；同时，也要吃一些易消化又较硬的食物，以促进乳牙的生长。

培养良好的口腔卫生习惯

从宝宝第一对乳牙萌出开始，餐后和睡前都让宝宝适当饮些白开水以清洁口腔，或用温开水漱口。此外，还要带宝宝多晒太阳，增强身体抵抗力，预防传染性疾病。

还应随时纠正宝宝吸吮手指、口中含奶或含饭入睡等不良习惯，以保证宝宝的乳牙出齐、出好。

训练宝宝正确使用口杯

宝宝开始长牙后，使用奶瓶会使奶液渗透到牙齿根部，容易引起发炎或病变。因此，需要训练宝宝使用口杯，可先给宝宝一个空塑料杯，让宝宝熟悉一下，再往杯中加入些清水或牛奶。

训练宝宝正确使用口杯并不是一件容易的事，所以，爸爸妈妈应当耐心细致，持之以恒。

长牙后的表现

牙齿萌出时，大多数宝宝没有什么特别的不适。但也有一些宝宝，可能会出现暂时性流口水增多、睡眠不安、哭闹、烦躁不安甚至低热等现象，这些不需要进行特别处理，在牙齿萌出后就会好转或消失。

芝宝贝
母婴健康
公开课

你如此好奇

一心想要探索这个世界

努力地去尝试各种新奇事物

你如此聪明

对于新东西一学就会

你如此活跃

总是上蹿下跳，像个身手矫健的小冒险家

你如此勇敢

不小心摔倒了会自己爬起

宝宝，谢谢你

你的纯真无邪，给妈妈增添了无限欢乐

……

第 8~9 个月

宝宝都是冒险家

跟妈妈说句悄悄话

　　现在的我就是一个小小"冒险家"，我不仅"身手矫健"，能灵活地爬上爬下，还喜欢东摸摸、西摸摸，把东西都往嘴里塞，所以爸爸妈妈务必要看好我，要制止我去做危险的事情。另外，我已经有了丰富的情感，爸爸妈妈要多陪我"聊天"，不要漠不关心，不然我会伤心难过的。

宝宝的成长记录

接下来的这段时间，宝宝会有一些新的发育特征，他会长出2~4颗牙齿、会扶墙站立、会给爸爸妈妈做再见的动作，这些温馨美好的第一次怎么能不记下来呢？

◎宝宝的身高：

◎宝宝的体重：

◎宝宝的头围：

参考数值：

8个月

男孩

身高 (cm)63.9~78.9	平均 71.2	
体重 (kg)6.46~12.60	平均 9.05	
头围 (cm)41.0~48.9	平均 44.8	

女孩

身高 (cm)62.5~77.3	平均 69.6	
体重 (kg)6.13~11.80	平均 8.41	
头围 (cm)40.1~47.7	平均 43.6	

9个月

男孩

身高 (cm)65.2~80.5	平均 72.6	
体重 (kg)6.67~12.99	平均 9.33	
头围 (cm)41.5~49.4	平均 45.3	

女孩

身高 (cm)63.7~78.9	平均 71	
体重 (kg)6.34~12.18	平均 8.69	
头围 (cm)40.5~48.2	平均 44.1	

营养均衡的食谱学起来

爸爸妈妈此时给宝宝喂辅食，要注意营养的均衡搭配。新的辅食品种要一样一样地给宝宝增加，待宝宝适应一种再增加另一种，如果宝宝有不良反应立即停止。

米粥

给宝宝煮粥，最好选用大米或者小米，粥要煮得软些，尽可能黏稠，但不要放碱。

面食

又薄又细的面条煮软了就可以给宝宝吃，没必要再弄碎。面条里可以加切碎的各类蔬菜、肉末，也可以加少许牛奶。刚蒸好的馒头、新鲜面包等都可以给宝宝吃。

鱼类

鱼类以清蒸为好。要选择新鲜且刺少肉多的鱼。做鱼时，味道要清淡一些。

肉类

易消化的肉类中，以味道清淡的碎鸡肉较好。把鸡肉清炖，煮烂后撕碎了给宝宝吃。开始只能给宝宝吃半茶匙左右。

豆类

植物性蛋白质食品以豆腐最适宜。但应避免给宝宝吃凉拌的豆腐，要把豆腐加热做成豆腐汤或蛋黄炒豆腐，再给宝宝吃。除豆腐外，在豆制品方面，还有豆豉、熟黄豆面等，都可以给宝宝吃。

水果类

苹果、梨、橘子、草莓、葡萄等，直接榨汁最好。尽可能避免给宝宝喝人工合成的果汁。

灵活添加辅食

爸爸妈妈在给宝宝添加辅食的过程中，最好别机械照搬书本上的东西，要根据宝宝的饮食爱好、进食规律、睡眠习惯等灵活掌握。没有千篇一律的喂养方式，添加辅食也是这样。有的宝宝一天只吃1次辅食，有的宝宝一天吃2次，我们不要强迫，按宝宝的喜好来即可。

芝宝贝
母婴健康
公开课

细细嚼，慢慢咽

有的宝宝吃起饭来囫囵吞枣，把未经充分咀嚼磨碎的食物吞入胃内，这样对身体是十分有害的。宝宝有这种进食习惯时，妈妈一定要及早帮助宝宝纠正，教宝宝学会细嚼慢咽，这对增进宝宝的健康大有裨益。

可促进颌骨发育

咀嚼能刺激宝宝面部颌骨的发育，增加颌骨的宽度，增强咀嚼功能。若宝宝颌骨生长发育不好，会发生颌面畸形、牙齿排列不齐、咬合错位等。

有助于预防牙齿疾病

咀嚼能增加食物对牙齿、牙龈的摩擦，可达到清洁牙齿和按摩牙龈的目的，从而加速了牙齿、牙周组织的新陈代谢，提高抗病能力，减少牙病的发生。

有助于食物的消化

咀嚼时牙齿把食物嚼碎，唾液充分地将食物湿润并混合成食团，便于吞咽。同时唾液中含有淀粉酶，能将食物中的淀粉分解为麦芽糖。所以人们吃馒头时，咀嚼的时间越长，越觉得馒头有甜味，这就是淀粉酶的作用。食物在嘴里咀嚼时通过条件反射引起胃液分泌增加，更有助于食物的消化。

有利于营养物质的吸收

有试验证明，细嚼慢咽的人比不细嚼慢咽的人能多吸收蛋白质13%、脂肪12%、膳食纤维43%。所以，细嚼慢咽对于营养素的吸收大有好处。

芝宝贝
母婴健康
公开课

应对宝宝的"恋物癖"

很多小宝宝会有一些奇怪的癖好，比如小毛巾从来不离手，喜欢"啃"妈妈的脚丫子等，这种现象总的来说弊大于利。如果妈妈发现宝宝有这样的行为，就要想办法，让宝宝的喜好不要集中在特定物品上，要经常来回调换宝宝需要的物品。

第215天   给宝宝固定的餐位、餐具很重要

8个月的宝宝可以自己坐着了。因此，在吃饭的时候，可以给宝宝准备一个专用餐椅，让宝宝坐在上面吃饭。还需准备一套儿童餐具。

给宝宝固定餐位

爸爸妈妈可以在宝宝所坐的椅子的后背和左右两边，用被子之类的物品围住，目的是不让宝宝随便挪动地方，而且最好把这个位置固定下来，不要总是更换。这样，会使宝宝一坐到这个地方就知道要开始吃饭了，有利于形成良好的进食习惯。

给宝宝准备小勺子

此时的宝宝，已经会伸出手来抢妈妈手里的小勺了，或者索性把小手伸到碗里抓饭。在这种情况下，妈妈不妨在喂饭时也让宝宝拿上一把勺子，并允许宝宝把勺子插入碗中，这样宝宝就会越吃越高兴，慢慢地就学会自己吃饭了。

注意勺子不宜太大，如果宝宝吃起来费劲，可能就不想吃了。

给宝宝喂辅食时，一定要用勺，而不能将辅食放在奶瓶中让宝宝吸吮。添加辅食的一个重要目的是训练宝宝的咀嚼、吞咽能力，为断奶做准备；如果将米糊等辅食放在奶瓶中让宝宝吸吮则达不到这个目的。刚开始添加辅食时，应每次只在勺内放少量食物，让宝宝可以一口吃下。

给宝宝准备小碗

要给宝宝准备小碗，盛满食物的大碗会使宝宝产生压迫感，影响食欲；易碎的餐具也不宜选用，以免发生意外。

出牙期的问题可不少

宝宝出牙的早晚因人而异，同时也取决于遗传因素、妈妈在孕期的营养及宝宝的营养。如果宝宝没有其他疾病，只要注意合理喂养，多吃含钙丰富的食品，及时添加蛋黄等辅食，多晒太阳，宝宝的牙齿自然会长出来。

帮宝宝出牙，补点钙

部分宝宝骨骼发育较迟，出牙也可能较迟，这种情况一般是由缺钙引起的，因为钙质有助于骨骼的发育和长牙。食品中如牛奶、蛋黄、豆制品、虾皮、海带、果仁、绿叶蔬菜等，含钙都比较多。

做菜加点醋有助于食物中钙的溶解和吸收；食用鱼肝油和钙片，也是补充钙的一种方法。但鱼肝油不宜服用过多，否则可引起维生素A或维生素D的中毒。

如果宝宝是由于患佝偻病引起出牙迟，应及时到医院诊治。

出牙时拒食怎么办

宝宝出牙了，可爸爸妈妈有时发现，宝宝在吃奶时，有时连续几分钟猛吸乳头或奶瓶，一会儿又突然放开奶头，像感到疼痛一样哭闹起来，反反复复，这时如果给宝宝一点固体食物，宝宝就会很高兴地吃起来。

造成这一拒食现象的原因是，由于宝宝牙齿破龈而出，其吸吮奶头碰到了牙龈，使牙床疼痛。

宝宝出牙期间，妈妈可分多次给宝宝喂奶，间隔当中，喂些适合宝宝的固体食物。

如果宝宝使用奶瓶，可将奶嘴的洞眼开大一些，使宝宝不用费劲就可吸吮到奶汁，这样就不会感到过分地疼痛。

如果按以上的方法喂养，宝宝仍然拒食，则可改用小勺喂奶，这样能改善宝宝的疼痛状况，使宝宝顺利吃奶。

嚼过的食物别喂宝宝

为了让宝宝吃不易消化的固体食物，有的家长尤其是老年人会先将食物放在自己嘴里嚼碎后，再送到宝宝嘴里，甚至直接口对口喂。实际上，这是一种极不卫生、不正确的喂养方法和不良习惯，应当禁止。

不喂咀嚼后的饭

提高食欲。口腔内的唾液也可因咀嚼而产生更多分泌物，更好地滑润食物，使吞咽更加顺利进行。

容易传染疾病

让宝宝吃咀嚼过的食物，会使宝宝感染某些呼吸道的传染性疾病。如果大人患有流感、流脑、肺结核等疾病，自己先咀嚼后再嘴对嘴地喂宝宝，很容易经口腔、鼻腔将病菌或病毒传染给宝宝。此外，喂食嚼食食物还可能会使宝宝患消化道传染病。即使是健康人，体内及口腔中也常常寄带一些病菌。病菌可以通过食物，由大人口腔传染给宝宝。大人因抵抗力强，虽然带有病菌也可以不发病，而宝宝的抵抗力差，病菌到了他的体内，就会发生如肝炎、痢疾、肠寄生虫等疾病。

造成营养流失

食物经嚼后，香味和部分营养成分已受损失。嚼碎的食糜，宝宝囫囵吞下，未经自己的唾液充分搅拌，不仅食不知味，而且加重了胃肠负担，造成营养缺乏及消化功能紊乱。

影响咀嚼肌发育

让宝宝吃咀嚼过的食物，会影响宝宝口腔消化液的分泌功能，使咀嚼肌得不到良好的发育。宝宝自己咀嚼可以刺激牙齿的生长，同时还可以反射性地引起胃内消化液的分泌，以帮助消化，

水果不能代替蔬菜

水果不能代替蔬菜，这是因为蔬菜尤其是深色蔬菜中B族维生素、烟酸、胡萝卜素的含量远高于水果，另外蔬菜中还有一些成分是水果中没有的，如大蒜中的植物杀菌素能杀灭多种细菌，萝卜中的淀粉酶有助于消化。爸爸妈妈不要只顾给宝宝吃水果，而不吃蔬菜。

芝宝贝
母婴健康
公开课

女婴警惕阴道炎

在婴幼儿阶段，女婴的外阴、阴道发育程度较差，而且宝宝的抵抗力低下，加之阴道又与尿道、肛门邻近，稍微护理不当，病原体就可能通过尿布、浴盆、浴巾等传染给宝宝，引起宝宝外阴或阴道发炎。

病因分析

引起阴道炎症的病原体有细菌、真菌、滴虫、支原体和衣原体，也可能因蛲虫病引起瘙痒，宝宝抓破皮肤后发炎。患病的宝宝主要表现为哭闹不安，搔抓外阴。检查外阴可见有抓痕、外阴阴道红肿、分泌物增加、有异臭味等症状。

护理方法

1. 婴儿期时，给宝宝使用布尿布，因为布尿布透气好、便于消毒。给宝宝单独使用毛巾、坐浴盆，并经常进行消毒。

2. 宝宝的衣物最好单独洗涤，避免将他人的病菌传染给宝宝。

3. 在给宝宝擦拭大便时，应由前向后擦，避免将大便污染到宝宝的外阴，大便后要用温水将宝宝外阴及肛门洗净。

4. 在给宝宝清洗外阴时，要将大阴唇分开，把小阴唇外侧的分泌物洗净。最好用清水清洗，不要使用肥皂，因为碱性环境不利于抵御细菌。在护理外阴或换尿布前，妈妈要先洗净自己的手。

5. 要合理使用抗生素。盲目大量或长期使用抗生素，可造成婴幼儿真菌性外阴阴道炎。一旦发现宝宝外阴处有上述症状时，妈妈要及时带宝宝到正规医院诊治。

跟"便便异常"说拜拜

宝宝大便是反映宝宝胃肠功能的一面镜子，爸爸妈妈可以通过观察宝宝的大便情况来调整宝宝的饮食。

大便异常的原因

8个月左右的宝宝有时会排出奇怪的大便，有的像沙子、有的红红的、有的像黑色的线、有的有浅绿色的小丸。

宝宝之所以排出这种大便，一是由于咀嚼不完全，有的食物基本原样就被宝宝咽了下去；二是宝宝的消化道尚未成熟，所以通常宝宝吃下的东西，都能保持部分原来的颜色及质地被排出。

所以，爸爸妈妈在给宝宝吃一些较硬的食物时，如葡萄干、玉米粒等，最好先压碎。

一般来说，每个宝宝大便的情况都不太一样，只要宝宝的饮食、生活起居正常，生长发育一直很好，爸爸妈妈不必为宝宝排便的形状及颜色太过于操心。

用饮食改变大便异常

偏食淀粉或糖类食物过多时，肠腔中食物会增加发酵，产生呈深棕色并带有泡沫的水样便。家长可适当调整宝宝的饮食，减少淀粉或糖类食物的摄入。

沙状物的大便相当普遍，因为许多食物在经过消化道后就是这个样子，尤其是燕麦制的谷物等。造成大便颜色异常的不仅是天然食物，人工合成的也会。

所以，爸爸妈妈看到宝宝排出奇怪的大便先别紧张，想想给宝宝吃过什么，如果找不出原因，就带些大便样本让医生诊治。

吸空奶头危害大

有时候宝宝会在妈妈拔出奶头的一瞬间哭闹不止。这时，有些妈妈就将空奶头塞到宝宝嘴里让宝宝继续吸，大多数宝宝就会停止哭闹，"有滋有味"地吸吮起来。其实，这样做坏处很多。

易使宝宝牙齿畸形

由于宝宝长时间吸吮空奶头，会使上下前牙变形，造成宝宝牙齿排列不齐。

影响宝宝的食欲

吸吮空奶头会引起条件反射，促进消化腺分泌消化液。等到宝宝真正吃奶时，消化液则供应不足，影响食物的消化、吸收，同时也影响宝宝的食欲。宝宝在吸吮空奶头时，还会将大量的空气吸入胃肠道中，引起腹胀等一系列消化不良的症状。

容易引发口腔疾病

由于宝宝长时间吸吮空奶头，空奶头会很不卫生，如果妈妈未能及时给予消毒，就会容易引起一些口腔疾病。

容易产生依赖心理

长期吸吮空奶头还会容易使宝宝对妈妈、对空奶头产生依赖心理。养成"恋物癖"，只要不给空奶头就哭闹。

芝宝贝
母婴健康
公开课

拔出奶头就哭闹不止

面对宝宝吸完奶，妈妈拔出奶头时就哭闹不止的情况，爸爸妈妈应该做的是对宝宝进行爱抚，通过多抚摸、多给宝宝说话或者放一些胎教时的音乐给宝宝听，缓解和消除这种状况。如果是由于宝宝消化不好引起的哭闹，可以多给宝宝按摩一下肚子。

爬上爬下，练练大动作

这个月龄的宝宝，活动的范围明显扩大了，解决问题的能力也增强了。比如宝宝不仅逐渐学会爬了，而且在爸爸妈妈的协助下，还学会迈步了呢！

爬行

爬行不仅可以使宝宝全身的肌肉得到锻炼，促进宝宝运动机能的发育，而且还有利于宝宝大脑的发育，扩大宝宝感知和认识世界的范围，爸爸妈妈要在这时期帮助宝宝做些爬行训练。

爬楼梯

如果家中有多于三阶的楼梯，可以让宝宝练习爬上爬下。在训练时，爸爸或妈妈应一直守护在宝宝身边，绝不能让宝宝一个人进行这种训练。平时，务必在楼梯口加装安全门，并将安全门锁好。总之，爬楼梯是比较难学的动作，爸爸妈妈必须耐心地训练宝宝，才能突破这艰难的一关。注意楼梯的台阶每一阶不要太高，最好不要有锋利的边，避免宝宝磕伤。

锻炼宝宝腿部的力量

为了锻炼宝宝腿和膝盖的力量，妈妈可以把双手放在宝宝腋下，帮助宝宝站直且有节奏地蹦跳，常做这种运动可以增强宝宝腿部肌肉力量。帮助宝宝顺利地由学会站立发展到逐渐站稳，并为下一步的学习走路打下坚实的基础。

迈出艰难的第一步

当宝宝的腿部有了力量之后，爸爸妈妈就可以对其进行提脚移步训练了。所谓提脚移步训练，就是训练宝宝从双脚无意识地乱蹦，发展成有目的地提起脚，并向前后或向左右移步，为学会走做基础训练。

让宝宝学会移步

训练时，爸爸或妈妈站在床前，两手扶在宝宝的腋下，先让宝宝站稳，然后再教宝宝把一只脚提起并向前移步，另一脚随后跟上。在妈妈帮助宝宝学习移步时，爸爸可在宝宝前面用玩具或其他东西吸引宝宝。先学会向前移步，再学向左右移步。

让手指越来越灵活

8个月大的宝宝身体更加灵活，手的精细动作能力也越来越好。这时是宝宝锻炼手指灵活性与手眼协调性的好时机。

锻炼宝宝手部动作

这个时期的宝宝，当他看到一个东西，一般会抓在手里反复玩，有时还会放到嘴里尝一尝。所以爸爸妈妈要把宝宝的手洗干净，给宝宝一些小饼干或切成小块的水果，让宝宝从用五个手指抓取，渐渐发展到用拇指和食指捏起来。让宝宝捏取小食品，不仅可以锻炼宝宝食指的能力，还能让宝宝把捏取的小食品放到嘴里去吃，从而可以摩擦宝宝牙床，缓解宝宝长牙时的刺痛感。

也可以给宝宝一些带按键的电话、手拨动转盘的玩具等，让宝宝练习食指的灵活技巧。

和宝宝做手指游戏

为了继续训练宝宝手部的动作，让宝宝的手指反复活动，爸爸或妈妈还可以和宝宝做手指游戏。爸爸或妈妈先做示范动作，然后让宝宝模仿，体会"对不同物体做不同的动作"，比如把瓶盖扣到瓶子上，或把纸盒打开等。

锻炼宝宝手眼协调性

这个月龄的宝宝的注意力只能集中在一只手上，因而往往出现用右手抓住一个物体时，右手原来持有的物体就会被丢开的情况。所以，要训练宝宝同时用双手分别拿东西的能力。

拾物训练

第8个月的宝宝已经能够扶着栏杆站起来了。此时，爸爸妈妈可让宝宝扶站在有栏杆的小床边，并在宝宝脚边放一个玩具，引导宝宝一只手扶栏杆，弯下腰用另一只手捡起身边的玩具。经常进行拾物训练，可使宝宝的手部动作与弯腰及直立身体等系列动作保持协调。

语言继续练

咿呀学语标志着宝宝开始学习说话了，爸爸妈妈应抓住这一时机，对宝宝进行发音训练。

教宝宝进行发音训练

通常宝宝喜欢模仿动物或汽车等叫声，爸爸或妈妈可以先教宝宝模仿这些声音，如小狗的"汪汪"声、小猫的"喵喵"声和汽车喇叭的"笛笛"声等。如果宝宝发音准确，家长就要及时表扬宝宝或者亲吻宝宝。

教宝宝听懂命令

这个时期的宝宝，喜欢模仿成人说话，会发单音节的词，也能够懂得一些简单的命令。如问宝宝"爸爸妈妈在哪儿"时，宝宝知道用眼睛去寻找，甚至用手去指。如果妈妈说，"宝宝把手伸给妈妈"，宝宝一般都会听懂，会把小手伸给妈妈。

说话时语速要慢，发音要准，并在宝宝模仿口型的同时，把手势动作和相应的词联系起来，如说"再见"时教宝宝挥挥手，说"欢迎"时教宝宝拍拍手等。

尽量开阔宝宝的眼界

这个时期的宝宝对外界环境和事物表现得越来越感兴趣。所以，爸爸妈妈要利用一切条件扩大宝宝的视野，开阔宝宝的眼界，使宝宝的视觉

和听觉更加发达，进一步增进宝宝认知事物的能力。只要天气晴朗就应带宝宝出去玩，让宝宝认识街上的行人、车辆，公园里的花草、树木。尽量多让宝宝到大自然中去，让自然界的各种动植物、自然景观给宝宝以丰富的感官刺激。户外活动时间可控制在每天 2~3 小时内，一般冬季在上午 10 点左右，夏季在 9~10 点，以及下午 4 点左右出去比较好。

如果天气不允许，也可以在阳台上让宝宝观察周围事物。

教宝宝辨识危险

宝宝的成长过程中，危险时刻都有可能发生，仅靠家长的看护和防范是远远不够的。因此，从这个月起爸爸妈妈要开始教育宝宝规避危险，以提高宝宝辨识危险的能力。

告诫体验法教宝宝辨识危险

比如在给宝宝热奶时，就可以告诉宝宝，牛奶很烫，不能碰，等晾凉了才能喝。如果这时的宝宝还不明白"很烫""不能碰"的含义，你不妨拿着宝宝的手让宝宝稍微接触一下热杯子，让宝宝明白什么是"烫"。宝宝有了切身体验，就会记住了。

视听联想法教宝宝辨认危险

教宝宝辨识危险还可以采用视听联想法。比如，每当你在宝宝面前使用剪子、刀子、针等锐利物品时，就要告诉宝宝，这个东西不是玩具，会扎破手的，只有大人才可以用。同时，你还可以假装用手指去碰剪刀的尖端，然后喊一声："哎哟！"迅速把手指缩回，并做出痛苦的表情。宝宝根据听到的和看到的情景，就会很快联想到剪刀是个危险的东西了。采用这样的方法，多换几样危险的物品，慢慢地宝宝辨识危险的能力就会提高了。

通过亲身实践和亲身体验所得到的直接经验，与通过别人告知而得到的机械记忆的间接经验相比，更能记得牢，并内化成个人知识的一部分。因此，爸爸妈妈最好让宝宝获得珍贵的直接经验。

芝宝贝
母婴健康
公开课

玩具卫生要注意

玩具是宝宝每天都能接触到的，如果玩具不卫生，宝宝就可能遭受病菌侵袭。玩具一定要定期清洗、消毒、曝晒。一般每2周清洗1次，清洗过的玩具，应在消毒水中浸泡10分钟。

聪明妈妈不要扼杀宝宝的好奇心

这一时期，宝宝的学习能力和兴趣是很强的。宝宝总喜欢东摸摸、西摸摸，什么都往嘴里塞。再稍微大一点的时候，就开始撕坏东西，弄坏玩具。对于宝宝的好奇心，爸爸妈妈一定要正确对待。

让宝宝去体验吧

曾有一个有趣的实验：在两个家庭进行"吃生饺子"试验。在第一个家庭，当宝宝抓起桌子上刚刚包好的生饺子要往嘴里送时，这个家庭的家长丝毫没有阻止，而是"眼睁睁"地看着宝宝把生饺子送进了嘴里，然后又看着宝宝把饺子吐出来。而另一个家庭的做法恰恰相反，在宝宝要拿刚包好的饺子时，家长马上制止，并告诉宝宝生饺子不能吃，等煮熟了才能吃。

这个试验结果表明，在第一个家庭，宝宝吃过1次甚至2次生饺子后，知道不好吃就不吃了。而第二个家庭的宝宝任凭说了多少次也难以制止。由此看来，直接经验往往会让宝宝记忆深刻。爸爸妈妈可以在安全的前提下，让宝宝亲自去体验。

别扼杀了宝宝的好奇心

现在，好奇心会促进宝宝四处活动，触碰他眼前的一切事物，这是他在探索周围的世界。这时，他能接受到各种各样的刺激，包括视觉、听觉和触觉等，探索的过程让他理解了很多因果关系，也大大增强了他的认知能力。所以，爸爸妈妈不仅不能专制地"妨碍"他，还要不断鼓励、引导他的好奇心，使他探索更多生活中有趣的事物。

宝宝每次"亲身尝试"，都会有所收获。即使遇到困难，宝宝也会自己想办法去克服。

如果宝宝事事都由爸爸妈妈代劳，或是爸爸妈妈对宝宝"不合规矩"的行为过分限制，或过分保护，则很难使宝宝获得自信心。

宝宝断奶 "综合征"

停吃母乳的过程中，如果爸爸妈妈的准备工作做得充分，宝宝情绪和身体反应就不会那么大；如果硬性给宝宝停吃母乳，宝宝的身体必然会出现不适应症状。

爱哭、没有安全感

母乳喂养对宝宝来说，除了满足身体发育的正常需求之外，还满足了宝宝正常的情感需要。如果没有一个循序渐进的断奶过程，硬性断奶，宝宝会因为没有安全感而产生母子分离焦虑，表现为只要妈妈一离开宝宝的视线，宝宝就紧张、焦虑，哭着到处寻找。这个时候的宝宝情绪低落，更害怕见陌生人。

消瘦、体重减轻

强行断奶，可能会使宝宝的情绪受到打击，加上宝宝又不适应母乳之外的食物，对断奶之后的新食物兴趣不大，吃饭时经常出现拒吃现象。这样，就容易引起宝宝脾胃功能紊乱，食欲差，每天摄入的营养不能满足宝宝身体正常的需求，以致出现了消瘦、面色发黄、体重减轻的症状。

抵抗力差、易生病

如果爸爸妈妈在宝宝断奶之前没有做好充分的准备，没有给宝宝喂食丰富的食物，很多宝宝会因此养成挑食的习惯，比如只食用牛奶、米粥等含碳水化合物的食物，不吃肉类、蛋类等含蛋白质、矿物质的食物，造成食物种类单调，从而影响了宝宝的生长发育，抵抗力较弱，爱生病，特别容易因缺钙而发生佝偻病。

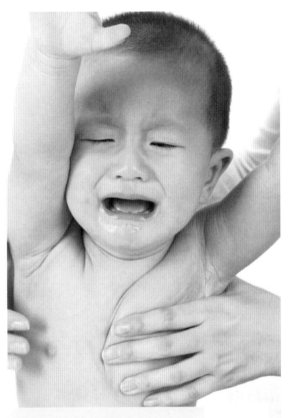

宝宝断奶要有过程

循序渐进地停止母乳的时间和方式取决于很多因素，每个妈妈和宝宝的感受各不相同，选择的方式也因人而异。如果宝宝对母乳依赖性很强，快速停止可能会让宝宝感觉不适，因此可以采取逐渐断奶的方法。从每天喂母乳6次，先减少到每天5次，等宝宝完全适应后，再逐渐减少，直到完全停止。

芝宝贝
母婴健康
公开课

断奶也要讲方法

宝宝出现了断奶不适应症状后，爸爸妈妈要有一个科学合理的解决办法，具体要做好以下四个方面的工作。

循序渐进，辅食逐渐多样化

给宝宝添加辅食时，要采取逐步增加的原则，每天最多1~2种，而且还要观察宝宝吃后的反应，若宝宝没有什么异常，就可再增加新辅食。可以通过改变食物的做法来增进宝宝的食欲，使宝宝对食物产生兴趣。若宝宝不愿意吃辅食就拿开，但这并不等于不给宝宝吃。不要喂宝宝其他食物，等宝宝饿了时，就会吃了。每次的量不要多，保持少食多餐。

注意不要在宝宝身体不舒服的时候，强迫宝宝进食新食物。

断奶，不要半途而废

既然已经开始给宝宝断奶了，就要坚持下去，不要半途而废。即使宝宝出现不适应症状，也不要因为宝宝哭闹就拖延断奶的时间。面对这种情况，爸爸妈妈要对宝宝进行情绪上的安抚——多抱抱宝宝，跟宝宝说话、玩游戏，陪在宝宝的身边。这样，宝宝情绪稳定了，就会逐步接受断奶的事实。

餐具很重要

让宝宝习惯用餐具进食，即使喂流质食物也要用餐具，比如，把母乳或果汁放入小杯中用小勺喂，让宝宝知道，除了妈妈的乳汁还有很多好吃的。

当宝宝习惯于用勺、杯、碗、盘等餐具进食后，会逐渐淡忘从前在妈妈怀里的进食方法。如果宝宝在断奶期间出现比较严重的症状，如身体发育迟滞、情绪焦虑等，应及时找医生诊治，千万不可掉以轻心。

停止给宝宝喂泥状食物

第9个月的宝宝可以开始吃一些比较粗粒的食物，有些片状的食物也可以。如果给宝宝长时间食用泥状的东西，宝宝会排斥需要咀嚼的食物，而愈来愈懒于运用牙齿去磨碎食物。这对于摄取多样化的营养成分以及宝宝牙齿的发育，会有很大的影响和阻碍。

要准备一双学步鞋啦

这个时期的宝宝，不仅喜欢站在妈妈或爸爸腿上又蹦又跳，能够扶着栏杆站起来，而且逐渐开始学步了。因此，选择一双合适的鞋子显得十分重要，这将有助于宝宝更好地学站、学走路。

鞋的材质很重要

应选择用透气性好的真皮或布等材质制成的鞋，不宜选择用塑胶材料制成的，或者有坚硬外壳的鞋。

鞋要轻便，鞋底要柔软富有弹性，最好是宝宝穿上鞋后，手隔着鞋底都摸得到宝宝的脚趾。

鞋底一般是经过防滑处理，可以帮助宝宝稳固重心，增加安全性。鞋垫需要吸汗、透气一些，否则宝宝可能穿出一双臭脚丫。

选择适宜的尺码

宝宝刚刚学步，选鞋时一定要注意尺寸合适。如果尺寸太小或刚刚合适，就可能挤压宝宝的脚，影响脚部的血液循环，甚至使脚形产生异常变化，同时也影响正确的走路姿势的形成。

如果尺寸太大，宝宝一活动就掉下来，还容易摔倒。

宝宝的鞋可以适当宽松一些。买鞋时，妈妈或爸爸可以用拇指压压，鞋的长度要以宝宝最长的脚趾和鞋尖保留拇指的宽度为宜。鞋的宽度应以脚部最宽的部分能够稍加挤压为宜，如果宝宝穿上后尚能挤压，宽度就足够了。

为了给宝宝的小脚丫留下发育的空间，妈妈或爸爸千万不要给宝宝穿太小、太紧的鞋子。最好选带鞋带的鞋，以便及时调整鞋子的大小。

此外，由于宝宝的脚长得特别快，通常2个月左右就需要换鞋了。所以妈妈一定要经常量一量宝宝脚的大小，以便及时为宝宝换上舒适合脚的鞋。

一双好的学步鞋对宝宝学走路的作用非常大，反之，则会影响宝宝学步，甚至造成足部发育不良，影响终生。

宝宝脚板很平是扁平足吗

八九个月的宝宝，脚底平平并非异常，而是正常的生理状态。为什么宝宝的脚底会是平平的呢？原因主要有三点：一是宝宝还没开始走路，脚底的肌肉尚未发展成拱形；二是宝宝的脚底肉肉较多，使脚底的形状难以显现出来，尤其是较胖的宝宝更不容易看出；三是当宝宝开始学走路时，会将两腿分开以求平衡，从而将更多重量加在脚掌上，使脚底呈平坦状。

芝宝贝
母婴健康
公开课

到处爬呀爬

爬行并不能作为宝宝发育情况的评测准则之一，因为不是每个宝宝都会经历这个阶段。但总的来说，爬行锻炼对宝宝的运动发育会有帮助，所以爸爸妈妈要尽可能对宝宝进行这一训练。

动；你可以在宝宝前方不远处放置宝宝最喜爱的玩具，来吸引宝宝向前爬。还要为宝宝准备护膝，以免太冷、太硬的地板或是磨人的地毯降低宝宝对爬行的兴趣。

选择合适的时间

爬行训练，可以在宝宝洗完澡或刚睡醒时做。先为宝宝抚触，这时宝宝会感觉到很舒服，会主动要求动一动了。让宝宝取俯卧位，妈妈只要用手掌轻轻抵住宝宝的足底，他就会试图向前爬，尽管开始时爬不了几厘米，但宝宝确实努力了。爬行训练的时间控制在每次1~2分钟，每天1~2次较为适宜。注意时间不要选在宝宝吃饱或饥饿的时候。

宝宝爬行的姿势

纵观宝宝们爬行的姿态，各有不同。有些会往后，或往侧边方向爬行，可就不往前；有的借助膝盖；还有的宝宝则是手和脚并行，这个姿态出现，离走路便不远了。然而，爬的方法并不重要，宝宝试图靠自己的力量移动才是重要的。在宝宝学爬之前，一定会坐了。至于两者之间的衔接如何，并无关系，除非宝宝在好几个部位有明显的发育迟缓。

要给宝宝提供爬行的机会

宝宝的爬行并不是自然而然学会的，而是经历一个逐步发展的过程。有些宝宝不是不会爬，而是没有机会学爬。因为有些家长总把宝宝放在宝宝床里、手推车上、宝宝背带、游戏围栏或是学步车中，宝宝没法展示自己的"才能"。因此，不要把宝宝圈起来，要尽量让宝宝在地上活

认知能力继续练

此时的宝宝对任何事物都感到新奇，并总是学着模仿别人。这也说明宝宝的意识范围扩大了，认知事物的能力增强了。所以，爸爸妈妈要借机加强宝宝的这一能力的培养。

培养宝宝的模仿能力

模仿是一种观察别人并付诸实践的行为，模仿能够促进宝宝的智力发展。爸爸妈妈在日常生活中，要充分利用一切机会，让宝宝模仿爸爸妈妈以及其他家人的行为，并有意引导宝宝跟着做。

比如当宝宝叫爸爸或妈妈的时候，爸爸妈妈就要在口头答应的同时，并对宝宝说："宝宝，看着妈妈（爸爸）。"然后开始上下有节奏地点头，看宝宝是否也在轻轻地点头。只要宝宝稍微动了一点，爸爸或妈妈就把点头的幅度增大一些，让宝宝模仿。然后，爸爸或妈妈叫声"宝宝"，仍可利用上述办法教宝宝模仿点头动作。先让宝宝用头部进行大致的模仿，过一段时间后，再教宝宝用手、嘴等其他身体部位进行模仿。

看图认物

准备儿童图书、卡片或者挂图等，教宝宝认识动物、人物、玩具、生活物品、蔬菜、水果等。还可以用图上带字的卡片，让宝宝大概知道字可以表示图的意思。

用游戏促进宝宝的认知

在地毯上放一块木板，然后拿一辆玩具汽车放在上面，让宝宝在上面推动。再把玩具汽车放到地毯上让宝宝推动。这种在不同的表面上推动玩具汽车的体验重复几次之后，宝宝就会发现，在木板上推动玩具汽车很容易，在地毯上推动玩具汽车就比较费力，于是宝宝就可能不再在地毯上推玩具汽车了。

多多表扬和鼓励

宝宝在9个月大时，受到夸奖时会高兴；受到批评时会哭泣；遇到陌生人要抱他时，也会极其不愿意，更加依恋父母。这都说明宝宝的情绪和社交能力正在发展着，宝宝需要更多的表扬和鼓励。

宝宝都喜欢听表扬

尽管宝宝只有9个月，但对爸爸妈妈的一些简单的语言和表情，都能够领会，尤其对爸爸妈妈的表扬，更能做出热烈的反应。

比如，妈妈伸出手，示意宝宝把手里的玩具给妈妈，宝宝知道了妈妈的意思，就会把玩具交给妈妈，妈妈拿到玩具后，面带笑容表扬宝宝"真听话"，宝宝知道了妈妈在表扬自己，就会高兴地把玩具反复送到妈妈手中，好像希望再多多得到妈妈的表扬似的。

从宝宝喜欢表扬可以看出，无论是谁，都希望得到别人的鼓励和表扬，即使是婴幼儿也不例外。

由此，可以给年轻的家长一点启示：在培养教育孩子的问题上，应该少指责，多教育；少批评，多表扬。

对宝宝的进步要及时鼓励

爸爸妈妈可以在宝宝为家人表演某个动作或游戏做得好时，称赞宝宝，宝宝就会表现出兴奋的样子，并会重复原来的语言和动作，这就是宝宝初次体验成功带来欢乐的一种外在表现。

每一次宝宝取得小小的成就时，爸爸妈妈都要及时给予鼓励，不断地激发宝宝的探索兴趣和动机，维持最优的大脑活动状态，促进智力发展，有利于形成从事智慧活动的良好心理背景。

宝宝的小情感

宝宝从出生后就有着丰富多样的情感，只是处于婴儿期的宝宝还不会表达这些情感，父母往往不知不觉忽略了这些情感，孩子只能选择抑制并埋藏。而日后当这些抑制和埋藏带来的副作用有所凸显的时候，已经为时晚矣。

不要对宝宝的情感漠不关心

有的爸爸妈妈认为不能宠坏宝宝，于是对宝宝的一些需求置之不理。这的确起到了不骄纵宝宝的作用，但并不是理智的做法。爸爸妈妈漠不关心宝宝情感需求，这会让宝宝认为他的情感对于家长来说是不重要的。那么，宝宝便不再表达出这些情感，把这些情感封闭在心里、埋藏在心里。逐渐地，宝宝长成了表面很乖、听话，但往往内心却是消极、压抑的孩子。

不要压制宝宝的情感

有的爸爸妈妈会无意或者故意压制宝宝的情感，这会给宝宝带来更严重的负面效应。当宝宝的想法、情感令家长生气，爸爸妈妈往往会对宝宝实行强行制止的手段，或大声呵斥令其改过。渐渐地，宝宝心生恐惧，越来越不在爸爸妈妈面前表达自己的情感，宝宝与家长之间的交流必然会受到影响。

不要让宝宝掩埋情感

当宝宝表达出的情感刚好不能被爸爸妈妈接受，爸爸妈妈便会对宝宝的情感进行压制。比如爸爸妈妈说"别烦人了"，宝宝会认为他所表达出的情感信息不能被家长所接受，于是开始沉默。宝宝逐渐变得不再打开心扉，拒绝表达自己。

弄清宝宝情绪波动的原因

宝宝因为小，很多时候不能控制情绪，出现发脾气现象。爸爸妈妈不要以为这只是小孩子脾气而置之不理，而应搞清楚宝宝出现这些情绪的原因，"对症改进"，让宝宝以后避免出现这种情况。

在宝宝要表达情感时，爸爸妈妈要先倾听宝宝的想法，要有耐心，并知道什么时候需要发言，让宝宝感觉到他的这些想法和情感对于你来说是重要的。

转眼过去
我的宝宝终于快一岁了
回想起你呱呱坠地的那一刻
仿佛还在昨天
然而，从你挣开我的手
独自迈出第一步的时候
我就明白
你已经是一个大宝宝了
今后的日子
让我们继续加油吧
……

第 10~12 个月

迈出第一步啦

跟妈妈说句悄悄话

妈妈，可能现在的我让你更加头疼了，因为我变得"不听话"了；让我坐学步车，我偏站起来；让我吃饭饭，我拼令摇头；让我往东，我就向西。或许你会感到疑惑，为什么我偏要和您对着来呢？其实是因为我的"个性"开始显露了，开始有自己的主见，不喜欢的东西，我会拒绝，喜欢的东西也会去追逐。

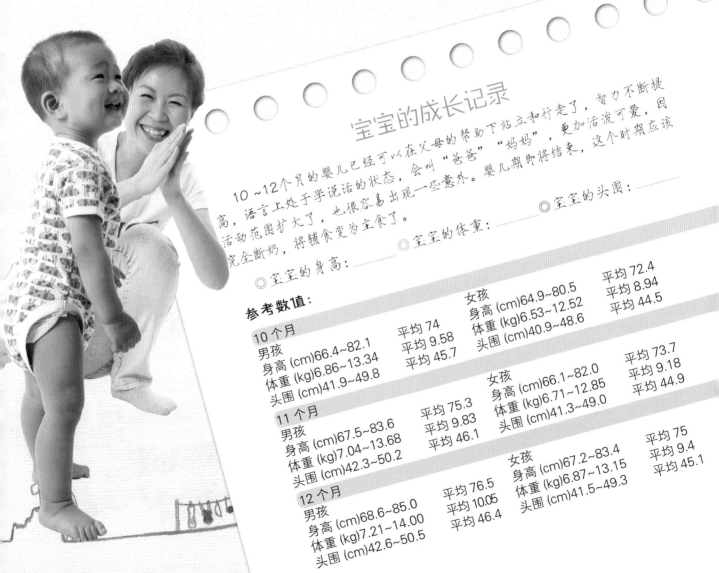

宝宝的成长记录

10~12个月的婴儿已经可以在父母的帮助下站立和行走了，智力不断提高，语言上处于学说话的状态，会叫"爸爸""妈妈"，更加活泼可爱，因活动范围扩大了，也很容易出现一些意外。婴儿期即将结束，这个时期应该完全断奶，将辅食变为主食了。

◎宝宝的身高：

◎宝宝的体重：

◎宝宝的头围：

参考数值：

10 个月

男孩
身高 (cm)66.4~82.1　　平均 74
体重 (kg)6.86~13.34　　平均 9.58
头围 (cm)41.9~49.8　　平均 45.7

女孩
身高 (cm)64.9~80.5　　平均 72.4
体重 (kg)6.53~12.52　　平均 8.94
头围 (cm)40.9~48.6　　平均 44.5

11 个月

男孩
身高 (cm)67.5~83.6　　平均 75.3
体重 (kg)7.04~13.68　　平均 9.83
头围 (cm)42.3~50.2　　平均 46.1

女孩
身高 (cm)66.1~82.0　　平均 73.7
体重 (kg)6.71~12.85　　平均 9.18
头围 (cm)41.3~49.0　　平均 44.9

12 个月

男孩
身高 (cm)68.6~85.0　　平均 76.5
体重 (kg)7.21~14.00　　平均 10.05
头围 (cm)42.6~50.5　　平均 46.4

女孩
身高 (cm)67.2~83.4　　平均 75
体重 (kg)6.87~13.15　　平均 9.4
头围 (cm)41.5~49.3　　平均 45.1

断奶后期吃些啥

宝宝已经到了断奶后期，爸爸妈妈在准备食物的时候，要注意让食物营养尽可能丰富，品种尽可能多样，数量还要有所增加。

牛奶

牛奶含大量蛋白质，而且还是维生素、钙等物质最上等的供应源。所以，可让宝宝多喝牛奶。同时，奶油、奶酪等乳制品，在不过量的前提下，也可以逐渐给宝宝 增加补给量。也可以把奶油涂在面包上让宝宝吃。

蔬菜类

小白菜、西红柿、南瓜、茄子等都是宝宝应该吃的食物。菠菜、青菜等富含膳食纤维的蔬菜，也应适当给宝宝吃，这对预防和缓解宝宝的便秘有好处。对于宝宝不喜欢吃的蔬菜，如洋葱、胡萝卜等，妈妈可以想办法把这样的蔬菜放入粥中，或者做成菜肉蛋卷给宝宝吃。

水果类

不同的水果其营养成分也不同，要尽可能地给宝宝吃多样性的水果，并且要均衡着吃，避免长期只吃某一种水果。给宝宝吃水果的时候，要洗净切成片状或条状，这样便于宝宝入口。水果以当地产的新鲜水果、时令果品为佳。

面食类

面食是宝宝的主要食物，爸爸妈妈可以变着花样地做给宝宝吃。如疙瘩汤、面片、馒头片、发糕、小包子、小饺子等，这样可增加宝宝对面食的兴趣。

海藻类

海藻中含有大量的无机盐，特别是碘和钙等，都是宝宝身体发育所必需的营养物质。但海藻类食品膳食纤维多，难消化，如紫菜、海带等，要弄碎、煮软了才能给宝宝食用。

挑食 偏食通通不要

宝宝挑食、偏食是不良的饮食习惯，长此以往，很可能会造成身体营养失衡，从而影响生长发育，所以应让宝宝从小养成良好的饮食习惯。

耐心纠正

宝宝对不喜欢吃的东西，即使已经喂到嘴里也会用舌头顶出来。之所以这样，主要是因为宝宝的味觉发育越来越成熟，对各类食物的好恶就表现得越来越明显。但是，宝宝的这种"挑食"并不同于大孩子的挑食。宝宝在这个月龄不爱吃的东西，到了下个月龄时就可能爱吃了。

所以，爸爸妈妈在纠正宝宝这一不良习惯时不能着急，要有耐心，如果宝宝不喜欢这种，可换另一种食物，过一段时间再把宝宝曾拒绝的食物给宝宝吃，也许宝宝就会接受。总之，不要强迫宝宝进餐。

三餐要规律

要让宝宝保持早、中、晚餐正常饮食的习惯，不要给宝宝过多零食吃，因为宝宝的胃容量小，如果胃里经常被食物填满，就可能会在正常吃饭时对食物挑挑拣拣。

爸爸妈妈要以身作则

宝宝有强烈地模仿心理，所以爸爸妈妈首先要以身作则，改变自己挑食、偏食的不良饮食习惯。如果有一样食物宝宝不喜欢吃，爸爸妈妈也可以表现出吃得津津有味的样子，这样会引导宝宝主动去吃；如果宝宝无论如何都不肯吃，也不要勉强，可以过一段时间再试着让宝宝吃。

如何引起宝宝的食欲

要引起宝宝的食欲，不妨培养他独立、愉快进餐的习惯。在吃饭时，可让宝宝自己捧饭碗、拿小勺，挑选自己爱吃的食物，食物最好做成适合宝宝用手拿着进食的大小，这样宝宝既学会了吃饭的本领，又增加了对吃饭的兴趣。

芝宝贝
母婴健康
公开课

吃得好不如吃得对

日常饮食中，爸爸妈妈为了让宝宝吃饱、吃好，往往会费尽心思，但有时宝宝还会出现营养不良的状况，这是为什么呢？

食品要多样化

给宝宝准备的饮食应做到膳食平衡，各种营养素均衡搭配，按照这个原则给宝宝准备饭菜，才能有益于宝宝的发育，避免宝宝出现营养不良的现象。

宝宝真正需要的营养

1、碳水化合物。一般来说，饮食中的谷物，也就是米、面等主食中所含的碳水化合物应占营养素摄入的60%。充足的碳水化合物摄入，可以给宝宝的活动提供足够的能量。否则，就会造成宝宝身体能量供给的不足，影响反应能力。

2、蛋白质。乳制品中富含的蛋白质不仅是大脑组织细胞的构成成分，它还能分解为氨基酸，作为神经递质参与宝宝大脑活动中神经信号的传输。需要提醒的是，脱脂奶和低脂奶只适用于肥胖宝宝，健康状况良好的宝宝，还是要喝全脂奶。

3、维生素。营养学家说："宁可一周无肉，不可一日无菜。"果蔬中富含的维生素会参与宝宝生长发育的新陈代谢，一旦维生素摄入不足，极易影响宝宝身体的健康成长。

4、脂肪。鱼肉，尤其是深海鱼含有DHA，作为一种必需脂肪酸，对宝宝脑神经的生长发育极为有利，而且可增强记忆力与思维能力，提高宝宝的智力。

变着花样吃

爸爸妈妈给宝宝准备饭菜时，要注意饭菜的多样化，避免食物重复出现。可以将多种原料混合做成一种食品，不仅可以提升宝宝的胃口，而且营养均衡。

宝宝自己动手吃饭啦

　　10个月以上的宝宝，已经有了很强的独立意识，吃饭时总想自己动手摆弄餐具，这正是训练宝宝自己进餐的好时机。

让宝宝独立进餐的好处

　　宝宝对食物的自主选择和独立进餐，是宝宝早期个性形成的一个标志，而且可以锻炼宝宝的手眼协调能力和自立性。

训练的方法

　　在宝宝吃饭前，妈妈最好在地上铺上一块塑料布，以防宝宝把汤水洒在地上。将宝宝的小手洗干净，然后把宝宝放在固定的专用餐椅上，并给宝宝戴上围嘴。

　　开始吃饭时，妈妈可以准备两套碗勺，一套自己拿着，给宝宝喂饭；另一套给宝宝，并在其中放一点食物让宝宝自己学着吃。妈妈最好同时与宝宝进餐，边吃边教宝宝拿勺子、往嘴里送饭、咀嚼，一步一步地完成进餐的整个过程。之所以这样，就是为了让宝宝从小就形成一套进餐的规范动作和程序，为今后拥有良好的进餐礼仪打下基础。

　　要注意的是，爸爸妈妈在训练宝宝吃饭时，不要强迫宝宝吃饭，要鼓励他独立吃饭。

让宝宝按自己喜欢的方式吃

　　宝宝喜欢用手抓东西吃，有些爸爸妈妈担心，怕宝宝因吃进不干净的东西生病，所以常会阻止宝宝这样做。其实这是不科学的。宝宝发育到一定阶段就会出现一定的动作，这是一种本能，一种进步。

　　宝宝能将东西往嘴里送，这就意味着宝宝已在为日后自食打下良好的基础，若禁止宝宝用手抓东西吃，可能会打击宝宝日后学习独立吃饭的积极性，不利于宝宝动手能力的锻炼；不利于宝宝身体各部分协调能力的发展和培养。

第 279~280 天 　淋巴结肿大不要怕

如果发现宝宝的耳朵后面到脖颈的部位(双侧或单侧),有小豆粒大小的筋疙瘩,用手按时,宝宝也没什么反应,不哭也不闹,好像也不痛的样子。宝宝有可能是淋巴结肿大了。

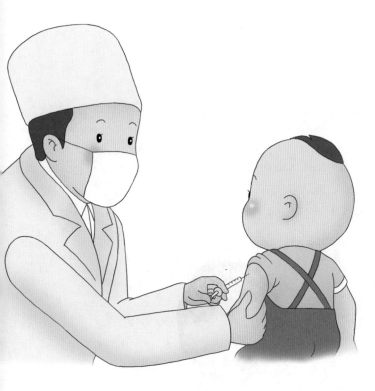

宝宝淋巴结肿大的原因

淋巴结肿大在夏季特别多见。造成淋巴结肿大的原因,可能是宝宝头上长痱子发痒,宝宝用手搔抓时,把痱子抓破,而宝宝指甲内潜藏着的细菌,又从被抓破的皮肤侵入到宝宝体内,停留到淋巴结处,淋巴结为了不让细菌侵入,于是就发生反应而肿大。

局部淋巴结肿大,说明相应部位的组织有炎症,比如头皮感染会引起枕后淋巴结和耳后淋巴结肿大;外耳道炎会引起耳前、耳后淋巴结肿大;扁桃体炎、牙龈炎、龋齿会引起颌下淋巴结肿大等。

看看解决办法吧

一般来说,这种筋疙瘩不化脓,也不会破溃,会在不知不觉中自然被吸收。不过,也有很长时间不消失的。

当发生化脓时,开始是淋巴结周围发红,一按宝宝就哭,说明宝宝痛。爸爸妈妈在平时还要随时观察宝宝耳后的筋疙瘩,如果发现逐渐变大、数量也不断增多,就必须带宝宝去医院了。

发热伴有颈部或其他部位的局部淋巴结肿痛,多半是因为局部炎症,给宝宝服用一点消炎药即可好转。如果发热伴有全身的淋巴结肿大,则应及时到医院进行检查,以便尽早做出诊断。

摇头晃脑要小心

有些宝宝，时不时地在床上或宝宝车中，用头撞东西或摇头晃脑，宝宝为什么会出现这种现象呢？爸爸妈妈又如何应对这一现象呢？

宝宝为什么会摇头晃脑

通常在没人抱的时候宝宝可能会发生撞头摇晃的现象。这是因为宝宝是想模拟爸爸妈妈抱着他们摇晃的感受。

如果宝宝在出牙时期出现摇头晃脑的现象，一般是因为疼痛，用撞头摇晃来缓解。通常等牙齿长出后，宝宝便停止这种性质的晃动。

此外，宝宝在上床睡觉时，或是半夜醒来时有时会有此行为，在断奶、学步、换保姆后也可能出现这种现象。这样的行为可能会因宝宝生活中某些外加压力而增强。性格暴躁的宝宝也会发生撞头现象。

爸爸妈妈该怎么做

平时，爸爸妈妈要多给宝宝一些关爱。白天也好，睡觉之前也好，可多为宝宝提供一些有节奏性的活动。如抱着宝宝一起坐在摇椅上，或教宝宝自己坐儿童专用椅；给宝宝一些玩具乐器，使宝宝敲出声音；陪宝宝玩拍手或做其他手指游戏。

让宝宝在白天尽可能尽兴地游玩，而入睡前要有足够时间让宝宝平静下来。建立一套睡前仪式，比如拥抱、抚摸，轻微的摇晃，但不能摇到其入睡。如果宝宝拿头撞婴儿床中的物体，就别太早放宝宝进去，等宝宝很困倦时再放进去。

为防止宝宝在小床里又蹦又跳或者撞来撞去受伤，最好在宝宝的小床下面铺一块厚厚的地毯，让小床远离墙壁或其他家具。可能的话，周围加上一些垫子以缓和可能发生的撞击。

"八字脚"，注意预防

有"八字脚"的宝宝一般都不爱走长路,总是嚷着让妈妈抱。这种情况一般到2岁就能慢慢恢复正常，但是如果一直这样,就可能是缺钙和缺维生素的迹象,需要及时治疗。

芝宝贝
母婴健康
公开课

所谓的纸尿裤导致"八字脚"，是无稽之谈

这是宝宝本身发育必经之路，完全和纸尿裤无关。一般到18个月后，宝宝的膝盖关节才会慢慢往外，2岁以后我们一直看到的"八字脚"就会逐渐消失。

造成"八字脚"的原因

所谓的"八字脚"是一种下肢的骨骼畸形，分为"外八字脚"（即X型腿）和"内八字脚"（即O型腿，一般人称"罗圈腿"）两种。一般"外八字脚"多见于学走路的宝宝，而"内八字脚"则多见于已经会走路的宝宝。

造成宝宝"八字脚"（即维生素D缺乏性佝偻病）的主要原因是缺钙，此时宝宝骨骼因钙质沉积减少、软骨增生过度而变软，加之宝宝已开始站立学走路，变软的下肢骨就像嫩树枝一样无法承受身体的压力，于是逐渐弯曲变形而形成"八字脚"。

另外，不适当的养育方式也可能导致"八字脚"的发生，如打"蜡烛包"、过早或过长时间地强迫宝宝站立和行走等。

爸爸妈妈该怎么做

为防止宝宝"八字脚"，首先要防止宝宝缺钙。爸爸妈妈要及时增加宝宝饮食中含钙丰富的食物，比如，乳类、豆制品等；另外，还应让宝宝多晒太阳或通过适当服用维生素D制剂来预防。若宝宝已经患"缺钙症"，则应带宝宝到医院进行检查和治疗。

在宝宝学习走路的时候，爸爸妈妈一旦发现宝宝有八字脚现象，应及时对其进行纠正。

按一按，赶走宝宝便秘

宝宝便秘多由于饮食不足，食物消化后的余渣少，奶中糖分缺乏，使得大便干燥；或胃肠积热、肠功能紊乱，使粪便在肠内滞留过久而致。下面这些按摩可在一定程度上帮宝宝缓解便秘。

按摩腹部

方法1：让宝宝仰卧于床上，妈妈用掌心或四指在宝宝腹部以顺时针做环形而有节奏地抚摸，用适度的力量按摩3~5分钟。

方法2：让宝宝仰卧于床上，妈妈用中指指腹放在同侧的天枢穴上，中指适当用力，顺时针按揉1分钟。

方法3：让宝宝仰卧于床上，妈妈两手掌放在宝宝身体两侧，然后用掌根从上向下推两侧肋部，反复做1分钟。

按摩腰部

推下七节骨。让宝宝俯趴于床上，妈妈两手五指并拢，以掌根贴于宝宝的腰骶部，适当用力自上而下地推擦数次，直至腰骶部发热。

揉龟尾。让宝宝俯趴于床上，妈妈用拇指或中指指腹，适当用力按揉宝宝尾椎骨端1分钟。

捏脊

妈妈用拇指、食指自宝宝肾俞穴至大椎穴由下而上将皮肤捏起，边捏边放，每捏3下可提起1次，自下而上为1次。共做5~7次，每隔一天做1次。

推三关

让宝宝坐在床上，妈妈用拇指指腹或食指、中指指腹沿着宝宝的手腕部推向肘部1分钟。

按揉足三里穴

让宝宝坐于床上，两膝关节自然伸直，妈妈用拇指指腹按在宝宝的外膝眼下3寸处足三里穴上，适当用力按揉1分钟。

宝宝何时排便并不重要

芝宝贝
母婴健康
公开课

如果宝宝现在乐意接受尿便的训练，那是再好不过，但爸爸妈妈也别高兴得太早，因为这也许只是宝宝一时的行为。

其实对宝宝控制排便的能力，爸爸妈妈不必太在意时间，也不必太在意过程，只要能获得好的结果，让宝宝渐渐地习惯使用便器，宝宝什么时候能够控制尿便并不重要。

超强记忆力，从小练起

正确的培养和教育能增强宝宝的记忆力，具有较强的记忆力可以使宝宝更好地学习和获得经验。下面几种方法可供爸爸妈妈参考。

多让宝宝观察

平时，可多让宝宝观察，让宝宝在观察中记忆具体的形象事物。比如爸爸妈妈带宝宝外出时，可以让宝宝尝试记住行走的路线、方向，注意观察周围环境特点等。也可以选取生动形象、颜色分明的物体作为宝宝的记忆材料。

图像记忆

让宝宝看一张画有数种动物的图片，并限定时间看完，开始时时间可以长些，之后逐渐缩短时间。还要培养宝宝在看图时学会分清类别的能力。

丰富宝宝的生活环境

从小爸爸妈妈就应给宝宝提供丰富多彩的生活环境，给宝宝玩各种颜色丰富的、有声的、能活动的玩具，多听音乐，多与宝宝讲话，给宝宝念儿歌、讲故事等，这些都会在他们的记忆中留下深刻印象，能在较长时间内保持记忆力。这些印象在遇到新的事物时会引起联想，让宝宝更容易记住新的东西。

指导宝宝增强记忆力的方法

记忆力不完全是天生的，是可以训练和提高的。爸爸妈妈要了解宝宝记忆的不足之处，弄清记不牢或记不正确的原因，要耐心帮助，多给予鼓励。

在幼儿时期，记忆保留时间短，机械记忆是记忆的主要方法。要宝宝记住某种内容就要不断重复，可教他们背诵一些儿歌、诗歌、绕口令，记住一些简单的科学常识。

用左手好，还是右手好

有些爸爸妈妈可能会发现自己的宝宝更倾向于使用左手而非右手，为此感到很困惑，甚至想强迫宝宝"改过来"，这样是不对的，因为这一习惯是先天决定的，不必强行纠正。

手的动作受大脑支配

手的动作受大脑的支配，人的大脑由左右两半球组成，大脑两半球的支配作用又有不同的分工。大脑的左半球为语言、逻辑思维的神经中枢，宝宝用左半脑控制人的右侧肢体活动。大脑的右半球为感觉形象思维，控制人的左侧肢体活动。

让宝宝双手同步活动

大多数人一般习惯于右手操作，但也有的宝宝从小就用左手活动，并逐渐成为习惯，这是先天发育或后天练习的结果。如果发现宝宝使用左手，没有必要纠正，因为习惯用左手并不影响宝宝的智力发育。理想的发展是锻炼宝宝的左右双手同步活动，从而促进大脑两半球的充分发展。

有5%~10%的人是左撇子。约有20%的宝宝能够灵活使用左右手，这能使左右大脑均衡发展，当然更好。

芝宝贝
母婴健康
公开课

爱用左手的宝宝更聪明吗

一项实验的研究结果表明：惯用左手还是右手在出生前就决定了。人类的大脑左右半球非常相似，它们处理的信息也大致相同。然而，在处理具体任务时，比如语言，大脑则倾向于只使用其中一个半球。大多数人的大脑左半球负责处理语言。而对习惯使用左手的人来说，大脑左右半球都可以处理语言，这让他们的语言能力更强。

我有我的主见

这个月里，宝宝自己玩耍的时间多了起来，宝宝感兴趣的东西也越来越多，对身边的一切东西都想玩一玩、试一试，这时宝宝的个性也初步显露出来了。

宝宝显露出某些倾向性

这时，宝宝已经显露出个体特征的某些倾向性。比如，有的宝宝不让别人抢走自己手中的玩具或吃的东西，显得很"自私"；有的宝宝见别人有什么玩具就想要什么玩具，不给就哭闹；有的宝宝则慷慨大方，能主动把自己的东西送给别的宝宝，与别的宝宝一起分享；有的宝宝整天不声不响，显得十分听话；有的宝宝则不让别人碰一下，遇到陌生人就会害怕得大哭。对于爸爸妈妈的逗引，不同的宝宝也会表现出不同的反应。如有的宝宝就喜欢让人逗自己，一逗就会高兴得"手舞足蹈"；而有的宝宝别人一逗就哭；还有的宝宝绷着脸对人不理不睬；也有的宝宝见人就打，还大喊大叫，以打人为乐。

一般来说，在婴儿期末宝宝就会显示出个性倾向，但这也不是固定不变的。随着宝宝逐渐长大，家庭、社会、环境都会影响着宝宝的个性发展。因此，父母要在宝宝小的时候，注重宝宝个性的培养，给宝宝塑造一个健全、完善的个性。

宝宝有了自己的主见

随着宝宝自我意识的增强，宝宝变得有自己的主意了。这时爸爸妈妈就会发现，如果宝宝不愿意坐小童车却硬把他放到里面，他就会站起来；对于宝宝不想吃的东西，如果硬喂给他，他就会摇头拒绝。这时，如果用一个让宝宝感兴趣的事情，如一件有趣的玩具或是一个突然的想法吸引宝宝，都能转移宝宝的注意力。比如宝宝不喜欢穿衣服，妈妈就可以给宝宝唱一首好听的歌，让宝宝乖乖地穿衣服；也可以在宝宝哭闹的时候，让宝宝看花草、小鸟等，宝宝就会忘记刚才的事情，而被眼前有趣的事情吸引住。

宝宝开始走路喽

　　10个月的宝宝虽然主要的运动仍然是爬，但身体较好的宝宝已经有了独自站立的要求，家长要鼓励和满足宝宝的这个要求，但要注意方法，不要怕宝宝摔着，也不要因急于求成而失去训练的耐心。

训练宝宝学走的方法

　　这个时期的宝宝，已经学会独坐和爬行，而且有了要行走的欲望。

　　爸爸妈妈可以利用一些玩具和家里的其他东西训练宝宝走路，这样不仅有利于宝宝的动作发育，还有利于宝宝的智力开发。

扶走法

　　可以在家里安置一个小栏杆，让宝宝扶着栏杆站立，爸爸妈妈在不同的位置用宝宝感兴趣的玩具逗引宝宝，鼓励宝宝扶着栏杆迈步。等宝宝走得比较稳了，再引导宝宝一只手扶床沿向前直走，也可以让宝宝双手扶着床沿站好，爸爸妈妈以同样的办法引导宝宝迈步。同时，家长站在床的另一头叫宝宝，说："宝宝，过来，找妈妈。"让宝宝扶床沿向前走。

推纸箱学走路

　　可以找一个比较坚固的纸箱，让宝宝在收拾干净的房间里推着纸箱走。随着宝宝的进步，可以逐渐往纸箱中装东西，逐渐增加纸箱的重量，锻炼宝宝腿部的力量。

　　经过一个阶段的纸箱训练，就可以让宝宝推带轮子的椅子和学步车了。

用木棒引导宝宝走路

　　为宝宝准备一根小木棒，爸爸或妈妈的双手分别拿着小木棒的两头，让宝宝的双手抓住木棒的中间部位，爸爸或妈妈一步步后退，引导宝宝向前走。训练时，也可以不拿小木棒，而由爸爸或妈妈双手分别握住宝宝的手，边退边引导宝宝向前走。

别总待在家哦

好动、爱玩和好奇是这个月宝宝的显著特点，适当带宝宝到广阔的天地尽情玩耍，既能增强宝宝的体质，也能发展宝宝的个性，满足宝宝身心健康发展的需要。

宝宝喜欢外出的原因

有时，宝宝不愿待在家里，总是哭闹着要到外面去，这也许是因为爸爸妈妈工作忙，好长时间没带宝宝出去，宝宝在家里待的时间太长了，所以就会闹着出去。

另外，如果爸爸妈妈经常带着宝宝到外面活动，宝宝的心玩"野"了，回到家里总觉得憋得慌，或是家里的生活过于单调、枯燥，宝宝在家感到无聊和寂寞，也会闹着要出去。

如何应对

如果你的宝宝有以上这两种情况，应该多带宝宝出去，不能让宝宝总待在家里。

爸爸妈妈最好带宝宝到公园玩耍，看各种动物、花草，玩一玩滑梯、木马等。

如果能让宝宝与别的宝宝一起游戏，还能增进宝宝与他人之间的交往。此外，还可以利用休息日或节假日到郊外观赏自然景色，扩大宝宝的眼界，丰富宝宝的见识。

在家里的时候，爸爸妈妈要给宝宝创造一个丰富的活动天地，充实宝宝的生活。

可以为宝宝买一些他喜爱的玩具、色彩鲜艳的图书以及播放宝宝爱听、爱唱的歌曲等。

在家要多和宝宝交流，给宝宝背儿歌、讲故事，和宝宝一起看图书、听音乐等。

还可以请邻居的宝宝到家里和宝宝一起玩。只要宝宝生活有规律、心情愉快，就不会感到无聊寂寞，自然也就不会总是哭闹着要出去了。

饿一顿会增加宝宝的食欲

如果有一顿饭宝宝不太想吃，就饿一顿，爸爸妈妈也不必太担心。因为宝宝并不像成人一日固定三餐，在下一顿，宝宝反而会显得相当有胃口。这样做也并不会让宝宝饿着或缺乏营养。

芝宝贝
母婴健康
公开课

引导宝宝吃蔬菜

宝宝长得越来越快，需要补充的营养也越来越多，众所周知，蔬菜中所含的营养元素非常丰富，爸爸妈妈都希望宝宝能多吃一点儿，然而事与愿违，很多时候宝宝并不是那么配合。

宝宝为什么不爱吃蔬菜

现在的宝宝不爱吃蔬菜主要有两个原因：

1. 因为宝宝开始吃辅食的时候，主要以粮食类、蛋奶类为主，宝宝已经习惯了这种饮食结构。因此，宝宝对新增的蔬菜会产生排斥感，但这个过程不会太久，随着宝宝逐渐长大，他会慢慢喜欢上蔬菜的。

2. 妈妈做的菜不合宝宝的口味。这个或许就让妈妈有点尴尬了，所以提升厨艺很重要哦。这也是引导宝宝吃蔬菜的关键点。

蔬菜制作要讲技巧

为了使宝宝喜欢蔬菜，妈妈在烹饪上得花一番功夫。比如，把蔬菜剁成馅儿，包成包子、饺子让宝宝吃。这样，不仅蔬菜有了，肉和面食也有了，营养非常丰富。

另外，在烹饪某些气味较大的蔬菜时，如胡萝卜，可以先在油锅中煎一煎，直到颜色变深材质变软，然后再和其他食物一起炒，这样气味就没有了，口感也更好。

冬季宜吃的蔬菜

冬天，人体需要更多的热量来抵御寒冷，对娇嫩的宝宝来说更是如此。因此，妈妈应该给宝宝吃些热量高、能御寒的食物。不要以为只有肉类能御寒哦，蔬菜也能。青菜、熟藕、芥菜、香菜、豆芽、扁豆、南瓜、白萝卜、番茄、卷心菜、花椰菜、黑木耳、洋葱、蘑菇等，这些蔬菜都有较高的热量。

坐坐学步车

为了让宝宝尽快学会走路，许多年轻的妈妈认为学步车是宝宝的好帮手。在学步车的帮助下，宝宝会很快地自由穿梭在厅堂之间。但是，也有不少爸爸妈妈认为学步车对宝宝的发育不利。这样的担心并不多余，事实上学步车确实有利有弊。

时间不能过长

给宝宝使用学步车，还要掌握好时间。这个时期的宝宝，骨骼中含钙少，胶质多，骨骼还比较软，承受力小，易变形，所以宝宝在学步车里的时间，每次最好不要超过30分钟。此外，由于宝宝足弓的小肌肉群发育尚未完善，练习时间太长易形成扁平足。

要仔细检查

给宝宝使用学步车，还要注意安全问题。

使用前要调节好学步车坐垫的高度，以免宝宝摔出去。要检查学步车各个部位是否牢固，以防在碰撞过程中发生车体损坏或车轮脱落等事故。

月龄限制

学步车只适合8~18个月大的宝宝使用，使用得过早会影响到宝宝其他运动能力的阶段性发展。有的宝宝没有经过爬的过程，就直接到了走，这样对宝宝的总体发育不利。在宝宝能够独立行走后，不要因为学步车能给妈妈带来方便而继续让宝宝使用学步车，这样就会限制宝宝的活动能力，影响宝宝的生长发育。

不要让学步车成为宝宝的临时保姆

宝宝坐学步车时，爸爸或妈妈不要离开。学步车在室内使用时，空间要尽量大一些，一些危险物品，如热水瓶、花盆、桌椅、餐具等要放在远离宝宝的地方。不要在门槛、楼梯等高低不平的场所使用，以免发生意外。

要保证学步车的卫生，凡是宝宝双手能触摸到的地方都应保持干净，使用完学步车后要给宝宝洗手。

小宝宝也会打鼾哦

在人们的印象中，只有大人才会打鼾。其实，打鼾在婴幼儿中也并不少见。让我们来看一下，如何解决宝宝的打鼾问题吧！

宝宝打鼾的原因

打鼾代表呼吸气流不顺畅，使体内氧气的获取与二氧化碳的排出都有困难。听打鼾人的呼吸，感觉要比正常人费力。为了克服呼吸道的阻力，时常会"暂时停止呼吸"，有些人甚至停很长时间，如果身旁有人拍一拍，马上又呼吸自如起来。

打鼾的人因为呼吸困难，在床上翻来覆去，意图改变头颈部位的姿势，以期能使呼吸顺畅些。但通常效果并不佳，反而会降低夜晚睡眠的品质；再加上体内长期缺氧，二氧化碳囤积，出现烦躁、哭闹、嗜睡等现象；严重者，心脏、肺脏及脑部的功能都会受到影响。

宝宝打鼾的解决办法

1. 改变宝宝的睡觉姿势。试着让宝宝侧着头睡，此姿势可使舌头不致过度后垂而阻挡呼吸通道，可降低打鼾的程度。

2. 给宝宝进行身体检查。请儿科医生仔细检查宝宝的鼻腔、咽喉、下巴骨部位有无异常或长肿瘤，宝宝的神经或肌肉的功能有无异常之处。

3. 肥胖也是打鼾的一个原因。如果打鼾的宝宝肥胖，先要想办法帮宝宝减肥，让口咽部的软肉消瘦些，呼吸管径变宽。变瘦的身体对氧气的消耗可减少，呼吸自然会变得较顺畅。

4. 手术治疗。如果宝宝鼻咽腔处的腺状体、扁桃体或多余软肉确实肥大到阻挡呼吸通道，严重影响正常呼吸，可考虑手术切除。

第 316~319 天 宝宝为什么还不会走

宝宝学会走路的时间是因人而异的，有些宝宝较早，也有一些宝宝较晚。宝宝走得晚，通常并不意味着有发育上的问题，和智力也毫无关系。

宝宝会走路的时间

大多数的宝宝是在1岁以后才开始会走，很多研究结果显示，宝宝开始行走的平均年龄为13~15个月。宝宝何时走路和基因有相当程度的关联，和宝宝的体格发育也有关。

灵巧健壮的宝宝肯定会比瘦弱的宝宝走得早；而拥有短而粗壮的腿的宝宝，通常也比腿又细又长的宝宝走得早，因为后者较难掌握平衡。另外，宝宝什么时候会爬、爬得好不好，也是影响何时学会走路的原因。

宝宝学走晚的原因

营养不良，或是缺乏环境的刺激，会延缓宝宝学走路的时间；宝宝因走路摔得厉害，可能让宝宝不敢独立行走；如果宝宝被心急的爸爸妈妈逼着练走路，易使宝宝拒绝学走；如果宝宝的耳朵发炎或其他疾病，会使宝宝走路的进度落后；常常让宝宝坐在宝宝车上，没有站的机会，也有可能使宝宝走得晚。

解决办法

爸爸妈妈要给宝宝足够的机会和场地让宝宝练习起身站立，沿着家具向前迈步。

宝宝练习走路的房间里，不要有突起的地毯或是太滑的地板，要有许多可以让宝宝安全攀附的家具，以便宝宝扶着前进。这样，宝宝就有一种安全感，对走路比较容易产生信心。一开始最好让宝宝光着脚，因为袜子太滑，鞋子则可能太硬、太重，影响宝宝走路。

纠正宝宝对奶瓶的"依赖"

这一时期，有的宝宝对于奶瓶好像有特殊的感情，不仅喝牛奶，就是喝水也非用奶瓶不可，甚至在睡觉或者玩耍的间隙也始终叼着奶嘴。宝宝过于依赖奶瓶，妈妈应该如何纠正他呢？

依赖奶瓶的坏处

从宝宝对奶瓶的"依恋"程度来看，宝宝是把奶瓶当作了自己的安抚物，奶瓶为宝宝提供了情绪上的安适和满足感。但是，长期用奶瓶喝奶或果汁，受到威胁最大的是宝宝的牙齿，不仅是那些还没长出的乳牙，甚至恒齿都会受到影响。比如若出现幼儿奶瓶性龋齿，将导致宝宝掉牙或口腔发育不良，进而干扰到正确的饮食习惯。

此外，宝宝1岁多仍不停地用奶瓶吃奶，很可能造成耳朵感染。加上整天拿着奶瓶喝奶或吸果汁，肯定会影响到宝宝的正常胃口。

解决办法

限制宝宝用奶瓶的时间、地点和频率。一天只给宝宝使用2~3次奶瓶，正餐间的点心或饮料则放在杯子里供应。

奶瓶中不装好喝的牛奶和果汁，只装白开水。这也有可能减低宝宝对奶瓶的兴趣，并能保护宝宝的牙齿。绝不允许宝宝带着奶瓶上床，或是爬行、走路以及游戏。规定宝宝只能在特定场合，如坐在爸爸妈妈腿上才能使用奶瓶，万一宝宝想溜下去，而奶瓶仍有剩余物时，可将奶瓶拿走不给宝宝喝。

口齿不清，慢慢练习

有的爸爸妈妈看到别的宝宝快满1岁时能口齿比较清楚地发音，而自己的宝宝只会说一些单字，爸爸妈妈就担心宝宝长大后，会口齿不清楚。

爸爸妈妈不要担心

就将12个月的宝宝而言,担心口齿不清这个问题似乎早了一点。有一部分宝宝在2岁前，便可以让外人听清楚他们所说的话，而许多宝宝得等到4~5岁才行。一般外人是不可能像爸爸妈妈一样，明了刚刚学会说话的宝宝在说什么。就像学习一种新语言，时间以及环境的熏陶是两大成功要素。宝宝口齿不清时爸爸妈妈先别忙着纠正发音，更别拿宝宝心爱的东西来"要挟"宝宝练习说话。否则，会引起宝宝的厌烦，不仅容易使宝宝不愿意尝试新字、新词，而且本来会讲的字或词，都可能闭口不言了。

妈妈！

掌握正确的应对方法

首先，爸爸妈妈要表示对宝宝努力的肯定，并且同时示范正确的发音。当宝宝指着电灯说"当"，妈妈可以抱着宝宝纠正说"很棒，那是'灯'"，让宝宝明白爸爸妈妈很喜欢听他说话。如果宝宝确实感受到这一点，宝宝就会相当踊跃地继续学下去。

有些词汇宝宝也许到2岁都还学不会，但是宝宝会很高兴妈妈接受了他的表达，同时宝宝也明白了，他自己的发音并不正确，有待改进。

如果宝宝是有先天性语言神经发音障碍，或因腭裂、兔唇等发音功能器官有缺陷而导致发音口齿不清，就需要找专科医院的医生来帮助。

布置一个属于宝宝的房间

宝宝快满1岁了，爸爸妈妈亲手给宝宝布置一个舒适的房间，这是给宝宝最好的礼物。同时也能够让宝宝尽快独立，拥有自己的生活空间。

房间设施柔软、环保

这个月，宝宝的活动能力较强，但宝宝身体发育不完全，抵抗有害物质的能力较弱，所以在宝宝房间设施和装修材料的选择上，应符合柔软、自然和环保的要求。尽量选用棉布、原木和符合环保标准的材料。

宝宝的房间应有柔和、充足的照明，这样可以烘托房间的温暖，使宝宝有安全感，有助于消除孤独感和恐惧感。

空间设计机动灵活

巧妙的设计能使宝宝的房间随时调整摆设。比如家具要能随意变换位置，最好也能重新组合，使宝宝对重新调整的空间充满新奇感。家具的颜色、图案或小摆设也要富有变化，使宝宝增加想象的空间。此外，在房间的设计上还要有预留展示的空间。因为这个月的宝宝喜欢在墙面随意涂画，如果在房间的某个区域，设计安装一块类似黑板样的空间，让宝宝可以随意涂画和张贴，不仅不会破坏整体空间的布局，而且还能激发宝宝的创造力，让宝宝获得成就感。

安全第一位

这个月的宝宝正处于活泼好动、好奇心较强的阶段，稍有不慎就容易发生意外，所以宝宝房间安全性的设计也是重点之一。如在窗户加设护栏；家具尽量避免棱角，尽量采用圆弧形收边等。

让宝宝自己入睡

对于快满1岁的宝宝来说，能够自己入睡是最理想的。以下方法或许可以帮助你的宝宝达到这个目的。

培养良好的睡眠习惯

在宝宝每晚上床以前，要遵循同样的规矩做每一件事。比如妈妈要在宝宝清醒时换上新的尿布，盖好被子；或者可以在睡前和宝宝来一个拥抱，放一段摇篮曲之类。这些都要在宝宝入睡前进行。如果妈妈能够长期坚持，一定会收到理想的效果。

爸爸妈妈要下点"狠心"

真正的独自入眠的习惯，只有靠宝宝自己一个人的力量完成才是最好的。所以爸爸妈妈要有思想准备，要下点"狠心"，准备承受一些宝宝的哭声。其实，这也是一种正常现象，这种哭声在几个晚上之后就会逐渐减弱，时间也越来越短，最终会完全消失。

此外，还有一种方法就是适当给宝宝增添一些小点心。妈妈可以在宝宝睡前增加一些小点心，但分量要少，比如一两块饼干、一片乳酪等，帮助宝宝入睡。但要注意的是，吃完小点心一定要帮宝宝漱口。

入眠氛围营造好

比如将卧室的光线弄暗，如果宝宝偏爱小夜灯的话，可以安上一盏。室内的温度要适中，不要太冷或太热。同时，家里要保持相对安静，声响以不影响宝宝睡眠为度。此外，还要让宝宝知道，爸爸妈妈就在宝宝附近，以使宝宝安心入睡。

磕磕碰碰，尽量避免

这一时期，宝宝的神经系统尚未发育完全，加上对自身运动控制能力还不够全面，以致在学走路的过程中容易摔跤，那么应该怎样避免宝宝摔跤呢？

宝宝什么时候容易摔跤

研究显示，在一天中，每天下午的三四点钟至傍晚，宝宝最容易摔跤。而在一年中的夏季和秋季，宝宝最容易摔跤。

因为夏季天气炎热，注意力难以集中，且出汗多，而在此时学走路的宝宝又因为天气炎热，着装很少，也较爱运动；在秋季的时候，因为天气凉爽，着装也不是很多，此时学走路的宝宝活动也会相对增多，从而使摔跤的概率增大。

不可高估宝宝，疏于防范

爸爸妈妈高估宝宝的运动能力，也会使宝宝容易摔跤。运动是宝宝最快乐的事情，只要宝宝一旦具备站立的能力时，就隐藏着摔跤的危险。

妈妈对宝宝过于放心，觉得天天和宝宝在一起，对宝宝的运动特征、生活习惯、个性都比较了解，对宝宝何时要活动已经了如指掌，恰是这种过度放心，让妈妈疏于防范，也容易导致宝宝摔跤。

避免宝宝摔跤的好方法

在训练宝宝走路时，要选择平坦安全的地方，并且是在爸爸妈妈的防护措施之下进行独立行走，让宝宝去体验并把握平衡。

爸爸妈妈可以让宝宝用学步车学步，平时还要经常训练宝宝做一些小游戏，以提升他们的感知系统和能力。还可以扶着宝宝，让他伸出两手保持平衡，然后原地转两圈，这也能对宝宝神经系统形成良好的刺激。

宝宝的操作能力越来越强啦

此时，宝宝可以靠着自己的能力，抓住或者扶着东西自己"旅游"了。此时，爸爸妈妈一面要加强锻炼宝宝的操作能力；一面要注意对宝宝安全的防护。

操作能力更加自如

当宝宝长到1岁的时候，爸爸妈妈就会惊奇地发现：你给宝宝一支笔，他就会用笔在纸上戳出好多窟窿来或者是画上很多笔画；如果你给宝宝一本书，宝宝就会把书翻开又合上，并用可爱的小指头不停地翻弄着，虽说不是一页一页地翻，但聪明的宝宝毕竟能按照自己的意愿随意翻书了，这真是了不起的进步。

可以随心做游戏了

当然，对于已经快满1岁的宝宝而言，"破坏"才是他的最爱。此时的宝宝喜欢将摆好的东西推翻或者将抽屉或垃圾箱掀翻。而玩积木是他最喜欢的游戏，虽然这个时候的宝宝还不可能知道积木的拼接方法，但是也知道在一块大的积木上面放上两块小的积木是不会倒的。这一切都表明宝宝的操作能力较之前更好了。

芝宝贝
母婴健康公开课

宝宝光脚走路更健康

让宝宝的双脚裸露在阳光和空气中，有利于足部汗液的分泌和蒸发，增加肢体的末梢循环，促进脚部以及全身的血液循环和新陈代谢，提高身体的抗病和耐寒能力，能预防感冒、腹泻等疾病。

有了自我存在感

此时的宝宝开始渐渐地意识到自我的存在，主要表现为宝宝会模仿了。细心的爸爸妈妈还会发现，宝宝比之前懂事多了。

宝宝会主动模仿了

虽然说模仿是宝宝的天性，但快满1岁的宝宝已经不单单被动地去模仿别人了，而是有了积极主动的成分。因为这时候宝宝已经逐渐懂得了自己与周围的人和物是有一些关系的，虽然不太明白，但也想参与进来。只要家长细心一点，应该就会发现宝宝在不经意间模仿自己。

比如，当宝宝看到妈妈用抹布擦桌子时，就会用自己的小手掌来来回回地划拉着桌面；看到爸爸用锤子砸东西，就会拿着吃饭的小勺子"当当"地敲着桌子；当妈妈给宝宝穿衣服的时候，宝宝会乖乖地把胳膊放进袖子里，或者主动地拿来自己的袜子，让妈妈给他穿上。

宝宝比以前懂事了

虽然宝宝在这个时候懂事了许多，但你也许会不时地发现：宝宝用笔在碗里不停地划拉，或者是在用筷子梳头等。所以，家长在宝宝面前做一些生活中常做的事情时，要告诉宝宝你在干什么和为什么要这么做，并且让宝宝多试几次，虽然宝宝还听不太懂，但几次过后，你就会惊奇地发现，宝宝犯错的次数越来越少了，他变得懂事多了。

芝宝贝
母婴健康
公开课

教宝宝认识自己

妈妈可以把宝宝抱在穿衣镜前，用手指着宝宝的脸，并反复地叫宝宝的名字，或者指着宝宝的五官以及头发、手、脚等部位让宝宝认识。宝宝通过镜子看到妈妈所指的部位，听到妈妈的声音，慢慢就会懂得头发、手、脚、眼睛、耳朵、鼻子和嘴等词汇的含义。再过几个月，就可以进一步和宝宝玩"你说什么，宝宝指什么"的游戏了。

站稳、投掷，练练大动作

宝宝经过几个月的"爬行热身"，快到1岁的时候就可以开始面对"站立"的挑战了。爸爸妈妈也应适时地给予训练，使宝宝站稳、行走。

训练宝宝站稳的能力

此时的宝宝，大多数都已经能够站立了。在训练宝宝走路的时候，要先让宝宝靠着床或其他家具，然后取一个宝宝喜爱的玩具给宝宝，当宝宝伸手来拿的时候，妈妈就把玩具拿得远一点，使宝宝不得不离开靠着的家具来取妈妈递过来的玩具。

让宝宝拿一些较大的、单手拿不住的玩具，比如皮球、气球等，宝宝想要拿住并且拿稳，就必须双手来拿，这时宝宝就会暂时把手离开扶着的东西来接玩具。这样做不仅锻炼了宝宝的平衡能力，也为宝宝将来迈出人生第一步打下了坚实的基础。

训练宝宝的投掷技术

这个时期的宝宝，已经开始对投掷活动产生浓厚的兴趣。投掷活动是一件娱乐和健身兼具的事情，如果让宝宝每天锻炼几个小时投掷，那么宝宝会更健康、更强壮。

在户外活动时，如果让宝宝进行投掷训练，需要爸爸或妈妈在旁边看护。如果宝宝站着投却投不好，就让宝宝一只手扶着墙或者是坐着，另一只手进行投掷。如果宝宝习惯用左手，那也没有关系，不必强迫宝宝非用右手不可，否则不仅影响宝宝的情绪，而且达不到健身的目的。这个方法不仅锻炼了宝宝对手的掌握能力和上臂力量，还能锻炼宝宝对整个身体协调性的控制。

让宝宝迈出第一步

首先要保证宝宝学走路时，周围的设施安全，以免宝宝发生意外，要保证宝宝即使在摔倒的情况下也不会受伤。

爸爸或妈妈可以拉着宝宝的小手让宝宝向前迈步或者是让宝宝扶着墙、栏杆往前走。当宝宝开始尝试着第一次迈步时，妈妈要先退后一步，伸开双手鼓励宝宝走过来。如果宝宝步履跟跄，妈妈就要去抢迎一下，防止宝宝第一次尝试就摔倒，从而产生恐惧心理。

芝宝贝
母婴健康
公开课

写写、画画，练练精细小动作

　　随着宝宝一天天的成长，宝宝手部的动作技能发展越来越迅速和熟练，宝宝会开合杯盖，也能把小玻璃球一个个地放入瓶中，还能拿着笔在纸上涂鸦。

用蜡笔画写

　　把旧报纸铺在桌上，拿一张大的纸放在桌子中间，让宝宝用左手扶着纸，用右手的大拇指和食指捏住笔，用中指托着笔，然后妈妈握着宝宝的小手在纸上画，宝宝看到纸上用笔画出来的线条，会十分兴奋，家长的手渐渐松开，让宝宝自己去画。

　　一旦宝宝能在大纸上画出一条长线，哪怕只有一个小点，宝宝都会很高兴。不久宝宝会很喜欢这个"玩具"。用蜡笔画写，可以测试宝宝用笔的能力。鼓励宝宝多练习，用多种方法画写，使双手配合良好，手腕活动灵活，为宝宝以后学画画和写字打基础。

配大小瓶盖或盒盖

　　拿出几个漂亮的空瓶子或空盒子，把盖打开，让宝宝试着把盖盖上或拧上。宝宝很喜欢玩各种瓶子和盒子，螺旋拧上的、拔开的、边上有个小键按开的。宝宝会试着按大小和式样将盖子先盖上然后拧上。这是宝宝最喜欢玩、又不必花钱的玩具。有时两个瓶子差不多大小，但瓶口不同，盖子的大小也不同，宝宝会试来试去。这种配瓶子、盒子盖的游戏也是手眼协调的练习。

剥开纸包法

　　让宝宝练习自己剥开小饼干的包装袋。妈妈可以先示范，让宝宝看到小包装上的标志，在有标志的地方动手撕开。因为宝宝发现自己打开小包装就可以吃到食物，就会积极地学习这种本领。这样做可进一步练习手眼协调能力，并锻炼宝宝的观察能力和判断能力。

不要轻视午后的小睡

影响宝宝成长发育有两个重要因素：营养和睡眠。午睡作为夜间睡眠的补充形式，对宝宝的生长发育有很大的益处。

可增强宝宝的免疫力

宝宝经历一上午的活动后，适当午睡可以恢复宝宝的精力和体力。高质量的午睡还可以促进消化，改善食欲，增强宝宝的免疫功能。需要注意的是，宝宝午饭后，不宜立刻入睡。爸爸妈妈要适当地陪宝宝玩一会儿。

有利于宝宝的生长发育

研究证明，宝宝入睡时是身高增长的最佳时刻。此外，宝宝大脑发育尚未成熟，半天的活动使身心处于疲劳状态，午睡将使宝宝得到最大限度的放松，使脑部的缺血、缺氧状态得到改善，让宝宝精神振奋。

科学培养午睡习惯

培养宝宝良好的生活习惯，要固定好午睡的时间，让宝宝形成条件反射，午睡时间一到，就会自动产生睡意，并慢慢养成自动入睡的习惯。爸爸妈妈还要提醒和督促宝宝午睡，而且要适时给予鼓励和夸奖。

爸爸妈妈还要注意合理控制午睡时间。午睡有益宝宝的身心健康，可午睡时间太久，就会影响宝宝晚上的睡眠质量，如何叫醒宝宝成了妈妈必须掌握的内容。要保证宝宝在午睡醒来至晚上睡觉前有4小时以上的清醒时间，这样才不会影响夜间睡眠。

宝宝入睡前，室内光线要调暗，可以拉上窗帘，避免午间阳光刺眼；放些舒缓的音乐，起到催眠平稳心态的作用；妈妈也可以试着轻轻拍打宝宝身体，或用手轻轻抚摸宝宝，以营造一个类似夜晚睡觉的安静环境。

别让宝宝玩手机

大部分宝宝都特别喜欢玩手机，如果不给他玩还会哭闹。然而众所周知，手机是有辐射的，遇到这种情况，爸爸妈妈应该怎么办呢？

手机危害你知多少

手机表面布满数以万计的细菌。原因在于，手机一般放在包或衣袋中，经常被顺手拿出来放在脸旁接听，换言之，手机接触过人们身体不同的部位，带有不少细菌，这些细菌在高温下易滋生、变异。如果再给宝宝玩，就容易影响宝宝的身体健康。

手机带有辐射，宝宝在玩手机时，因为宝宝的颅骨薄，所以大脑对手机电磁波的吸收量要比成人多2~3倍。手机电磁波的辐射，很可能会影响宝宝大脑的听觉神经发育。为谨慎起见，爸爸妈妈最好不要给宝宝玩手机。

可以用类似玩具取代手机

很多宝宝都喜欢带有按键的玩具，因此可以用一个与手机具有相同功能的玩具来取代。

比如，给宝宝买个玩具手机。其实宝宝爱玩手机，可能是被手机音乐铃声吸引，或者是因为看到爸爸妈妈打电话时而好奇。所以，爸爸妈妈可以和宝宝玩打电话的游戏，模拟打电话，既满足了宝宝的兴趣又可以增进亲子交流。

芝宝贝
母婴健康
公开课

制止宝宝有技巧

制止宝宝做不该做的事情（比如玩手机）时，要有一定的方法。如果妈妈制止的表情不严厉，宝宝就可能认为妈妈不是在对自己发脾气，如果让宝宝认为妈妈绝对不会对自己发脾气，那么妈妈的制止在宝宝眼中就只是一场表演，无足轻重，不会有任何作用。当然，对宝宝也不能总板着脸，批评要有度，要适当，否则容易让宝宝疏远妈妈。

宝宝智力全面开发

宝宝快满周岁了，现在可以从多个方面进一步开发宝宝的智力，儿歌、玩具，这些宝宝喜爱的东西都能让他变聪明哦。

用儿歌开发宝宝的智力

在用儿歌对宝宝进行智力开发的时候，如果能把儿歌与动作结合起来，就会有更全面的效果。比如把儿歌与宝宝握拳、伸手、晃手、拍手等动作相结合。如一只手，两只手(先后伸出两个巴掌)；握成两只小拳头(两手握拳)。只要能做的动作都可以结合起来做。

开发宝宝智力的玩具

为了开发宝宝的智力，妈妈和爸爸应该多和宝宝一起玩游戏，可以为宝宝挑选一些宝宝喜欢的玩具。下面的玩具可供选择时参考：

1. 组合玩具。早在宝宝学会说出圆形、方形或三角形的名称之前，宝宝就已经能辨识不少形状，并会玩组合玩具。比如积木，宝宝在玩积木的过程中，认识了图形、学会了正确分类。有的宝宝会按大小、长短把积木块分组，按红、黄、蓝、绿等颜色把积木块分类，然后把积木块配成对；有的宝宝还会按大小、长短、颜色多个标准统一起来，进行更复杂的分类组合排序的游戏，用积木块搭建正方体、长方体及"大楼"等。

2. 灵巧性玩具。这类玩具可以鼓励宝宝使用双手来扭转、推压、抽拉等。妈妈和爸爸可以买特别设计的玩具或利用家中现成的东西，如一些成套的各种小物件之类的玩具。让宝宝能将那些小物件放入小容器，如小筐、小盒等，然后再把它们取出来。或提供有盖子的小盒、小瓶等，让宝宝打开或盖上盖子。也可以选购一些套碗等套叠玩具，让宝宝将其拆开，再套上去，不一定要求按大小次序套好。

3. 其他玩具。比如简单游戏拼图、建筑模型，大的、底部较重但可推倒的充气玩具；可摇摆着发出声音的充气小丑等。

一起来看图画书

现在宝宝已经不像之前那样整天贪吃贪睡了，白天爸爸妈妈需要花更多的时间陪伴宝宝，一起玩耍、一起看书，促进宝宝的全面发展。

妈妈买书的标准

妈妈买书的首要原则是要去书店购买正版图书。有的家长图便宜，在路边摊买很多盗版图书，这样的图书字体、图片不清晰，会影响宝宝的视力，书中含铅过重，对宝宝的健康有危害。

专家介绍1岁宝宝只能接受单幅、不连贯的图片，图片上的色彩也不宜太复杂。

让宝宝翻看图书

翻看图书是宝宝主动学习的开始，也是早期阅读的基础。随着宝宝视觉运动的调节能力及觉察、辨认能力的提高，那些色彩鲜艳、画面有趣、形象生动的图书，可以为宝宝与外界的接触提供一种视觉刺激，有助于宝宝学习吸取符号化的信息。

在早期教育的过程中，妈妈和爸爸应适当地给宝宝提供画面较大、内容简单、与实物相近的图画书，让宝宝通过自己的双手把图画书翻开，找出自己喜欢的图画，体验手作用于图书而产生变化的乐趣，从而培养宝宝对图书的兴趣。

做图片与实物联系起来的游戏

妈妈和爸爸可以给宝宝选择一些常见物品的图片，做游戏时，先给宝宝看图片，再给宝宝看实物，并告诉宝宝实物的名称。经过多次反复对比观看之后，宝宝就会将图片与对应实物联系起来。

最后，妈妈和爸爸可以把宝宝熟悉的图片与其他图片混在一起；或是把某一个实物拿给宝宝；或是不拿实物，只是告诉宝宝实物的名称，让宝宝把相对应的图片找出来。如果宝宝做到了，妈妈和爸爸就给予宝宝表扬和鼓励，增强宝宝的自信心和学习兴趣。

现在的你

就像一颗稚嫩的幼芽，在茁壮生长

似乎每一天都有新的变化

你会走了

你会喊爸爸妈妈了

你会"搞破坏"了

每一天，我就像个陀螺似的忙个不停

但却一点也不觉得累

因为，你的成长就是妈妈最大的回报

......

1 岁 1~2 个月

稳步前行

跟妈妈说句悄悄话

　　不知不觉从我出生到现在已经整整一年了，从一个嗷嗷待哺的小婴儿变成了能爬能走、有想法、有主见、能咿咿呀呀的"小大人"了。妈妈，谢谢你让我来到这个世界，谢谢你的关心、爱护、照顾，让我健康快乐地成长。接下来的一年，让我们继续加油吧！

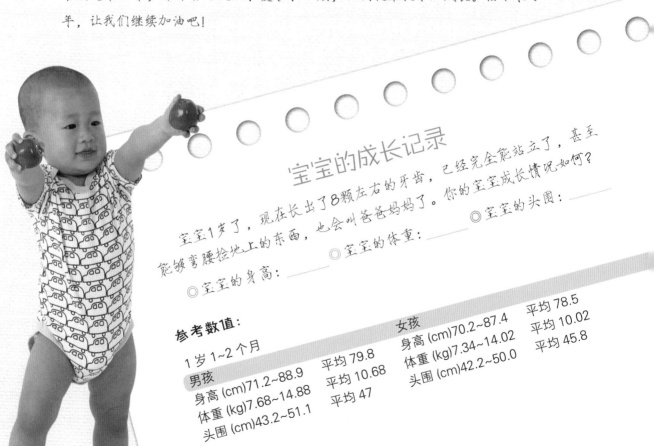

宝宝的成长记录

　　宝宝1岁了，现在长出了8颗左右的牙齿，已经完全能站立了，甚至能够弯腰捡地上的东西，也会叫爸爸妈妈了。你的宝宝成长情况如何？

◎ 宝宝的身高：

◎ 宝宝的体重：

◎ 宝宝的头围：

参考数值：

1 岁 1~2 个月

男孩

身高 (cm)71.2~88.9　　平均 79.8

体重 (kg)7.68~14.88　　平均 10.68

头围 (cm)43.2~51.1　　平均 47

女孩

身高 (cm)70.2~87.4　　平均 78.5

体重 (kg)7.34~14.02　　平均 10.02

头围 (cm)42.2~50.0　　平均 45.8

宝宝最新的成长指数

宝宝1岁了，机敏好动，随着接触外界环境的机会逐渐增多，宝宝的语言、动作等能力，每天都有新的变化。满周岁后的宝宝已经完全是幼儿的模样了，在这个阶段，宝宝生长发育的速度明显比1岁前减慢。

宝宝萌出了8颗左右的牙齿

此时的宝宝大多数已经萌出8颗左右的牙齿了。如果宝宝1周岁了还没有长出乳牙，医学上把这种现象称之为乳牙迟萌。乳牙迟萌的原因大致上有外伤引起的牙龈肥厚增生、腭裂，或者营养障碍、内分泌功能障碍、颅骨或锁骨发育不全等。

宝宝能走稳10步了

这个时期，宝宝不但能够自己弯腰后再站起来，而且还能独自行走了，能够走稳10步。有的时候宝宝走路还会稍微摇晃，也许还会摔倒，但经过多次练习，渐渐地可以越走越稳。由于营养、疾病、训练、遗传等因素的影响，宝宝开始学走的月龄是有个体差异的。经常让宝宝练习走路，宝宝的步履会逐渐自如起来。

宝宝开始扔东西

这时，宝宝手部的伸肌发育逐渐成熟了，可以自由地松手、抓握，如向前扔球等。

1岁后宝宝蛋白质补充不能少

芝宝贝
母婴健康
公开课

1岁后的宝宝变得更加活泼，不是总躺在床上的小宝贝了。这时候的宝宝需要更多的蛋白质来维持每日活动所需要的营养。一般来说，1~2岁的宝宝，每天所需要的蛋白质是35克左右，而3~4岁的宝宝需要的蛋白质是40克左右。每天可以给宝宝多吃一些富含蛋白质的食物，比如牛奶、鱼肉、豆制品等，如果能够保证每天给宝宝喝一杯牛奶就更好啦！

宝宝饮食的新原则

为了满足宝宝身体快速发育、大脑快速发育的需要，对于刚满1周岁的宝宝来说，遵循科学的饮食原则无疑很重要。

营养要全面均衡

对于这一时期的宝宝来说，一周内的食谱最好不重复，同时还要注意进行多样化的营养搭配，比如荤素搭配、粗细粮交替。避免出现食谱面窄、忽视粗粮、零食度日、早餐简单、热量不足、晚餐过于丰盛等问题。

谷类与豆类搭配

这一时期，谷类应继续成为宝宝的主食，这是因为谷类中的碳水化合物、某些B族维生素、蛋白质等营养物质很丰富。主食可以以大米、面制品为主，同时加入适量的杂粮。但是，由于谷类中含人体所需的氨基酸比较少，而豆类中这类营养物质含量丰富，所以可以谷类、豆类一起补充，起到互补效果。

乳类食品要适量

乳类食物是优质蛋白、钙、维生素B_2、维生素A等营养物质的重要来源。其中，乳类中的钙含量高、易吸收，可促进宝宝骨骼的健康生长。但由于乳类中铁、维生素C含量很低，脂肪以饱和脂肪为主，过量摄入乳类会影响宝宝对谷类和其他食物的摄入，不利于饮食习惯的培养，所以在补充时需要适量。

肉蛋类食品营养好

肉类、蛋类食物不仅为宝宝提供丰富的优质蛋白，同时也是维生素A、维生素D、B族维生素和大多数微量元素的主要来源，因此应经常出现在宝宝的餐桌上。

总而言之，宝宝的膳食安排应尽量做到全面、品种多样化，爸爸妈妈要给宝宝吃各种食物，并合理搭配，以保证宝宝健康成长。

1岁宝宝吃什么呢

如何让宝宝吃得既营养又美味是每一位妈妈最关注的事情，下面就让我们来共同学习几种适宜这一时期宝宝的营养食谱吧！

鸡蛋饼

【原料】面粉200克，鸡蛋2颗，食用油、盐、葱末各适量。

【做法】将鸡蛋打散，加入面粉、盐和适量的水，调成糊状，再将葱末放进去充分搅匀。饼铛烧热，刷油，舀入一大勺面糊摊成薄饼，用小火将薄饼两面烙至浅黄色即熟。

奶香三文鱼

【原料】三文鱼30克，牛奶20毫升，黄油、洋葱、盐各适量。

【做法】三文鱼切片，用牛奶和盐腌20分钟左右。将黄油在炒锅里加热，放洋葱煸香，倒在三文鱼上；将三文鱼放在蒸锅里蒸7分钟即可。

胡萝卜香菜肉末面

【原料】面条、肉末、胡萝卜、香菜、葱丝各适量，食用油、酱油、盐各少许。

【做法】将胡萝卜切成细末，香菜切粒。锅内放油，油热后放葱丝，爆出香味，再放肉末翻炒，加入胡萝卜同炒，加盐、酱油，炒至胡萝卜软烂后即可盛出。锅里放水烧开，面条下入煮熟，捞在碗里，浇上卤，撒点香菜，即可给宝宝食用。

海带肉末粥

【原料】海带、大米各30克，20克肉末，香油、姜末、盐各少许。

【做法】海带洗净切丝，剁碎，与肉末、姜末拌匀，待用。大米洗净后浸泡1个小时左右，然后放入锅中煮至黏稠，加入肉末和海带，边煮边搅动，煮5分钟左右，放入盐、香油调味，即可盛出。

烧鱼

【原料】鳕鱼肉30克，食用油、盐各适量。

【做法】将鳕鱼肉洗净，入锅煎片刻，加少量水，加盖焖烧约15分钟即可。

虾仁菜花

【原料】菜花60克，虾仁3颗，水1杯，盐适量。

【做法】菜花放入开水煮软切碎，虾仁切碎，加水，入锅煮成虾汁，倒入碎菜花、盐。搅拌即可。

营养与智力密不可分

蛋白质、脂肪、碳水化合物、矿物质以及维生素不仅是身体所需的营养物质，也是大脑发育和维持大脑功能所必不可少的保证。

芝宝贝
母婴健康
公开课

吃得不对，才会营养不良

营养不良是由不适当或不良饮食造成的，导致的原因往往不是宝宝摄入营养过少，而是摄入营养的方式不正确。

营养不良的表现

宝宝营养不良，最初表现为体重不增或略有下降、皮下脂肪变薄，继而出现消瘦、皮肤干燥、弹性下降、肌肉松弛等症状，以及精神萎靡或烦躁、发育迟缓、生长停滞等状况。最后，表现为皮下脂肪完全消失，几乎呈皮包骨状，体重下降明显，体温偏低，心跳缓慢，反应迟钝，对周围事物不感兴趣，食欲差等。

营养不良多出现于3岁以下的宝宝。对于1岁的宝宝来说，如果有挑食、偏食的不良饮食习惯，或者不能很好地消化食物、吸收营养，就会使得宝宝营养和热量长期摄入不足，造成营养不良。爸爸妈妈要警惕。

妈妈该怎么应对

对于与饮食喂养有关的营养不良，应改善对宝宝的喂养方法，纠正其不良饮食习惯；而对于因疾病导致的营养不良，应积极治疗。可逐步给宝宝喂半脱脂奶、豆浆、鱼、蛋、肉末、肝末、植物油、米汤、粥、糕点等，或按医生的意见口服促消化药等。

同时，由于这一时期的宝宝消化能力较弱，在给宝宝补充营养时，切忌过多、过快，以免加重消化功能紊乱，应遵照"循序渐进、逐步充实"的原则，蛋白质、脂肪、碳水化合物、维生素、微量元素及总热量的补充量需要经过科学计算。具体实施时，还应根据宝宝食欲和特殊状况进行酌情调整。

芝宝贝
母婴健康
公开课

让宝宝适当运动

1岁大的宝宝，应该让他在饮食之后进行适当的运动。比如让宝宝蹲着或跪着，拉住宝宝的双手，使其立起。这样重复多次，不仅可以锻炼其下肢肌肉，而且有助于食物消化，增强营养吸收能力，还不易发胖，一举多得。

还不能让宝宝和宠物做朋友

虽然活泼可爱的宠物可能会很吸引宝宝，但由于宠物对宝宝的健康存在着很多威胁，爸爸妈妈要尽量让宝宝远离宠物。

宠物身上的细菌威胁宝宝健康

宠物身上携带多种细菌，这些细菌会通过间接接触，从宝宝的皮肤、呼吸道、肚脐三个途径进入宝宝的体内。有的宝宝爱啃手指，细菌便可能乘虚而入，从小猫、小狗的身上进入宝宝口中，严重的甚至会引起肠炎等疾病。

利爪尖牙的危险

小狗、小猫虽然温顺可爱，但它们尖利的牙齿和爪子对宝宝来说也是潜在的不安全因素。宝宝年龄小，可能会出于好奇而拽猫、狗的尾巴，这样就难免被这些宠物的爪子抓伤，甚至有时候猫、狗在

被拽疼后会猛回头咬宝宝一口，这样宝宝不但会被咬伤，还有可能受到惊吓。

寄生虫的危害

几乎所有宠物身上都会有寄生虫。不仅有体表寄生虫，还有肠道寄生虫。体表寄生虫一般藏在宠物的毛发下面，如跳蚤、虱子，即使经常给宠物洗澡，也不能完全将之清除；而肠道寄生虫寄宿在宠物体内，如蛔虫、蛲虫等。这些寄生虫在宠物体外能适应各种环境和温度，生命力很强。如果没有把宠物的排泄物及时地清理干净，或者爸爸妈妈的生活习惯不好，如不洗手就直接喂宝宝吃东西等，都容易把寄生虫传染给宝宝。总之，最好等宝宝再长大一些，对细菌有一定抵抗力，对宠物有一定的防御能力后再养宠物。

预防宝宝肠道疾病

芝宝贝
母婴健康
公开课

爸爸妈妈首先要把住"病从口入"这一关，一是尽量不要给宝宝吃剩饭、剩菜，即使吃也一定要经过高温加热之后再吃；二是真空包装袋的食物打开后，一定要在70小时内吃完，超过日期的食品一定要丢弃掉；三是瓜果一定要洗干净，能削皮的最好削皮后再吃；四是冷饮要限量饮用，即使宝宝喜欢冷饮，妈妈也要加以控制。

安全隐患要牢记

如果父母安全意识淡漠，家里往往也隐藏了危害宝宝的危机。为了宝宝的顺利成长，爸爸妈妈一定要排除家中的所有安全隐患。

地板要防滑

如果家中地面铺的是地板砖，就要注意防滑。因为地板砖本身很光滑，而如果地面洒有水或油就更滑了。为了防止打滑，爸爸妈妈可以在地面铺上几块小地毯，并及时清除洒到地面上的液体。

防磕碰

家具的棱角以及尖锐的东西容易碰伤宝宝，应该把这些棱角用泡沫或布条包起来，把尖锐的东西移开。

远离窗户阳台

不要让宝宝靠近窗户、阳台等，切勿抱着宝宝在窗户边往下探身，以防宝宝不慎坠落。

防扎伤

家长在使用刀、剪、锥子、改锥等工具后，要及时收好，不要放在宝宝容易拿到的地方。掉在地上的图钉要随手捡起，以免宝宝踩到扎伤。

防夹手

房门、柜门、窗户、抽屉等在开关时容易夹到手。而这一时期的宝宝活泼好动，爱翻抽屉，为避免宝宝在开关这些家具时因动作过猛而夹伤手，在宝宝拉抽屉的时候家长要在一旁保护。

防烫伤

暖瓶、开水壶等物品要放妥当，应放在宝宝接触不到的地方，以免宝宝不慎碰到而烫伤。

防噎、防呛

家里的一些小物品如纽扣、玩具小零件、坚果等要收纳好，以避免宝宝放入口中，导致噎住或呛入气管中等危险的发生。

爸爸妈妈必须掌握的急救知识

虽然我们会想尽一切办法让宝宝避免意外伤害，但如果还是不慎发生了，迟迟不做处理或处理不当，都可能会终生遗憾。所以，爸爸妈妈掌握一些必要的急救知识很重要。

人工呼吸方法

让患儿取仰卧位，胸腹朝天，在颈后部（不是头后部）垫一软枕，使其头部稍向后仰。

救护人站在其头部的一侧，深吸一口气，对着患儿的口（两嘴要对紧不要漏气）将气吹入，造成患儿吸气。为使空气不从鼻孔漏出，此时可用一手将其鼻孔捏住，在患儿胸壁扩张后，即停止吹气，让患儿胸壁自行回缩，呼出空气。这样反复进行，每分钟进行14~16次。

心脏按压方法

让患儿仰卧，头稍微后仰，在其背部垫一块硬板，急救者位于患儿一侧，面对患儿，右手掌平放在其胸骨下段，左手放在右手背上，借急救者身体重量缓缓用力，不能用力太猛，以防骨折，将胸骨压下4厘米左右，然后松手腕（手不离开胸骨）使胸骨复原，反复有节奏地（每分钟60~80次）进行，直到心跳恢复为止。

骨折的处理方法

如宝宝发生撞伤，当怀疑是骨折，送宝宝去医院时一定要用门板之类的平板抬送。

有的爸爸妈妈往往因为缺乏这方面的常识或者疏忽大意，用绳索或帆布等软担架抬送患儿；有的爸爸妈妈对患儿采用或背或抱的办法送医院，这些都会使得患儿的脊椎骨折，甚至会造成休克，加重病情。所以，发生意外事故后先做什么后做什么是必须要掌握的。

宝宝运动拉伤、扭伤如何急救

首先取几块冰用小毛巾包住，局部冷敷10~15分钟，然后帮宝宝绑上绷带，让宝宝放松，尽量不要做其他动作，以免加速血液流动，这样可以减轻青肿和淤血的程度。

宝宝不生病，妈妈有妙招

找到宝宝不生病的窍门，首先需要注意宝宝的饮食和睡眠等生活习惯。这需要爸爸妈妈建立正确的养护观念，按照科学的营养知识喂养宝宝，让宝宝在科学的生活方式下成长，远离疾病。

科学合理的喂养

营养不可摄取过少。如果宝宝有充分的营养，这些营养便可为宝宝一生的健康打下基础，包括智力、体力和免疫力等。反之，营养不良不但会影响宝宝的生长发育，而且对宝宝的智力、骨骼、性格等方面有着不容小视的深远影响。比如，出现逐渐消瘦、精神萎靡、神经衰弱、皮肤干燥、机体抵抗力低等状况。

营养不可摄取过多。宝宝在婴幼儿时期生长速度是一生中最快的，因此，非常需要全面均衡的营养来支持。但一些父母生怕自己的宝宝营养不够，便使劲给宝宝补充营养，殊不知营养物质摄取过多，会使宝宝出现营养过剩的情况。

此外，还要避免甜食摄入过量，不能把垃圾食品当成营养食品。一些对宝宝的营养完全没有益处的垃圾食物都有共同特点——高糖、高脂，而蛋白质、纤维素、矿物质低，如炸薯条、炸洋芋片、炸鸡和可乐等食物，因含有过多油脂、盐分和糖分以及较多的香精、色素、防腐剂，会对宝宝的胃肠道有所损害，甚至还有致癌作用。

健康良好的生活习惯

生活习惯包括很多种，如果存在不良的生活习惯，要注意纠正并避免。同时，让宝宝有个好的睡眠也很关键，只有让宝宝休息好，宝宝才有好的体力来抵挡疾病的侵袭。睡觉时要注意避免宝宝受凉，比如可以让宝宝睡觉时盖好被子。

平时给宝宝穿衣也要注意，不能太薄也不能太厚，太厚会导致宝宝出汗太多，减少气血。而且如果出汗的时候进风，会导致宝宝感冒。不能突然脱、突然穿，让宝宝忽冷忽热，这样也容易导致疾病发生。

宝宝用药有原则

给宝宝用药时要遵循科学的原则，不仅在剂量上需要注意，在用药的种类和方式上也要多加斟酌。

根据年龄用药

儿童时期是一个具有特殊生理特点的年龄阶段，从新生儿期（出生后至28天）、婴儿期（28天后至1岁前）到幼儿期（1岁后至3岁前）等各个不同时期，儿童的器官不断发育成熟，其功能也不断完善，对药物的反应也不尽相同，不可让婴幼儿吃成人的药。因此，应在医生建议下按宝宝年龄用药。

用药要及时、正确和谨慎

此时期宝宝正处于不断生长发育的过程中，脏腑功能不像成人那样成熟，因此很容易生病，并且变化快。用药要谨慎，若用药不当，可能会损伤脏腑功能，进一步加重病情。

要给宝宝谨慎用药

宝宝机体柔弱，对药物的反应较成人灵敏，用药时要根据患儿的个体特点与疾病的轻重区别对待。俗话说"是药三分毒"，任何药物都有不良反应，无论是中药还是西药，长期服用对宝宝健康不利。

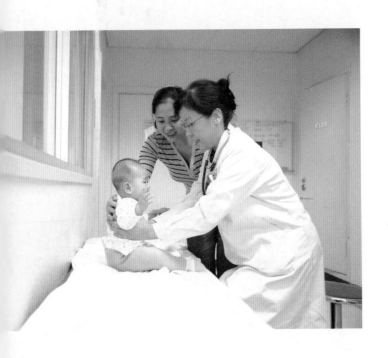

宝宝用药剂量的计算方法

芝宝贝
母婴健康
公开课

按体重计算：

药物剂量（每天或每次）＝药量/千克×体重（千克）。

若不知实际体重，可按下列公式估算体重：

1~6个月婴儿体重（千克）：出生体重（千克）+月龄×0.7。

7~12个月婴儿体重（千克）：6千克+月龄×0.25。

1岁以上体重（千克）：8千克+年龄×2。

例如，剂量及服法是0.3ml/千克/次，一个6岁体重20千克的儿童，应按每次6毫升，每天3次服用。

用药误区要避开

宝宝生病了，爸爸妈妈如何给宝宝正确用药呢？下面介绍几种常见的用药误区，希望爸爸妈妈尽量避免。

不要滥用抗生素

抗生素对多种细菌有着强大的杀灭和抑制作用，但如果使用不当就会产生很多问题。例如，抗生素对病毒是无效的；抗生素剂量不足或反复换药等可产生细菌耐药性；部分抗生素可损伤肝肾、神经、血液等系统器官功能；长期使用抗生素还可引起二重感染。

不要滥用糖皮质激素

糖皮质激素临床应用范围很广，具有抗感染、抗过敏、抗毒、抗免疫和抗肿瘤等作用，但也有很多不良反应，如抑制免疫功能、抑制生长发育等，长期应用会造成骨质疏松、免疫力下降、股骨头坏死等。

不要滥用营养药品

维生素在人体的生理活动中起着重要的作用，对于这一时期的宝宝来说，每天需维生素A 1500~2000国际单位、维生素D 400~800国际单位，过量服用会造成不良后果。长期服用维生素A，可出现中毒症状，如烦躁、食欲减退、口唇皲裂等；过量服用维生素D，其中毒症状为烦躁、呕吐、腹泻、尿频等。另外，有些营养品还含有激素等禁用成分，宝宝长期服用可出现性早熟等症状。

不要迷信新药、贵药、进口药

治疗疾病应针对病因合理用药，爸爸妈妈不要迷信新药、贵药及进口药。一般来说，新药的疗效评价需要长期观察，如青霉素的过敏性休克是在它诞生10年后才被发现。而贵药和进口药在原料、生产工艺等方面要求较高，不良反应可能较少，疗效有的确实很好，但有的疗效尚难评价，使用时一定要从医疗价值上出发，以免延误宝宝病情。

这些药，家里都有吗

宝宝处于生长发育阶段，各项生理功能尚不完善，且自我保护意识差，容易出现感冒、发热、伤食、腹泻、外伤等状况，这里简单推荐一些宝宝常用药物，以备不时之需。

感冒药

感冒初起大部分是由病毒引起的，可准备一些抗病毒药，如利巴韦林颗粒；中成药品种很多，如健儿清解液、小儿清热颗粒等。

抗生素

抗生素现多为头孢菌素或阿奇霉素。

开胃止泻药

乳食积滞可选小儿化食丸、小儿胃宝丸等；如果宝宝总是便秘，食欲不好，可选择服用小儿消食片；治腹泻的常用药物，可选蒙脱石散、妈咪爱、乳酶生、黄连素、口服补液盐等。

其他家庭常备药

咳嗽痰多可选息可宁等，如果痰黄、黏稠，要加用消炎药；常用退热药有布洛芬混悬液、对乙酰氨基酚混悬液等。

抗过敏药可选氯苯那敏、氯雷他定；外用止痒药可准备炉甘洗剂；宝宝烫伤亦常见，家中可备京万红烫伤膏或紫花烧伤膏等。

此外，在春季时应多准备一些板蓝根颗粒，因为春季病毒多，板蓝根可以抗病毒。同时，要给宝宝补充维生素C，增强宝宝机体的抗病能力。

喂药的方法

可将药粉溶于少许糖水中，让宝宝服用。口服液多是苦的或微甜的，也可用少许糖水稀释后喂服。片剂不好吞服，可研成粉末调服。若宝宝能吞服药片，就让宝宝将药片放到舌根区，然后大口喝水，随吞咽动作将药片服下。丸剂可以揉碎，用温开水在小勺中化成汤液给宝宝喂服。宝宝拒服较苦的汤药时，可固定其头手，用小勺将药液送到舌根部，使之自然吞下，切勿捏鼻，以防呛入气管。

芝宝贝
母婴健康
公开课

"吃错药了"怎么办

宝宝由于年幼，一些药品的色彩、形状以及甜味往往吸引宝宝误服；如果家中药品摆放的位置不妥，也有可能被宝宝误服；或者是家长在给宝宝喂药的时候不小心喂错，这些都有可能导致宝宝出现中毒现象。

查明误吃药物的种类

一般来说，误服药物后，宝宝会出现异常症状。比如宝宝误服安眠药或含有镇静剂的药物，会无精打采、昏昏欲睡等。

家长首先要辨明宝宝吃的是什么药物，如果不清楚，就要将装药品的瓶子及宝宝的呕吐物一同带往医院检查。某些药品的不良反应或毒性小，如维生素类药，即使是吃错了或多吃了一两片，问题也不大；而有的药物误服后，后果会很严重，如有一定的剂量限制的安眠药及某些解痉药、退热药等，宝宝吃多会出现昏迷、心跳加快（或减慢），甚至休克的症状；另外，一些外用药品大多具有毒性及腐蚀性，如果吃错了应及时处理。

可行的急救措施

催吐。催吐的目的在于尽量排出误入胃内的药物，减少其吸收。如果是2岁以下的患儿，可一手抱着患儿，另一手伸入患儿的口内刺激咽部使其将药物吐出来；若是2岁以上的患儿，可先给其大量的清水饮下，然后刺激咽部使其吐出来。催吐必须及早进行，若超过三四个小时，药物已经进入肠道，催吐也就失去了意义。需要注意的是，已经昏迷的患儿和误服汽油、煤油等液体的患儿不能进行催吐，以防发生窒息。

如果误服强碱药物，应立即让其服用食醋、橘汁等；误服强酸，应让其服用肥皂水、生蛋清，以保护胃黏膜；如果误喝了碘酒应赶紧给患儿喝米汤、面糊等淀粉类流质，以阻止人体对碘的吸收。

早教，让宝宝更加聪明

早教是宝宝身心全面发展的重要保证，对宝宝的智力发育有重要影响，具体如下。

早教对心理发展的作用

对于宝宝来说，早教是有目的、有计划、有系统的，相比于自然的生长环境来说，其教育效果更加显著；早教对于宝宝来说，可以更灵活、更充分地发挥环境、遗传中的有利因素，克服不利因素，让宝宝心理更好地发展。

早教对语言表达能力的作用

宝宝在真正会说话之前，曾多次与父母进行各种各样的沟通试验，如牙牙学语、倾听和模仿，这期间经历了一个漫长的语言发育准备过程，宝宝大脑积累了大量语言信息，最后才逐渐说出完整的语句。父母经常给宝宝做语言方面的训练，不仅可以使宝宝的语言表达能力、理解能力和智力得到发展，还能使宝宝的身心感到舒适、满足。

锻炼思维能力的好办法

父母在日常生活中的点滴教育，比如把生活中一些东西按照颜色、形状、性质等分类，教给宝宝；或把生活中一些群体名称告诉宝宝，如桌子、床属于家具；从大到小、从硬到软等顺序；桌上的茶杯、桌下的皮球等空间概念，都是锻炼思维能力的好办法。

早教能提高宝宝智龄

智龄是智力年龄的简称，也称"心理年龄"。早教所带给宝宝的刺激和智力开发，已经使宝宝的智龄有所变动。只要父母对宝宝进行适当的、科学的早教，宝宝的智龄就能提高。

抓住发育敏感期

宝宝的发育敏感期稍纵即逝，爸爸妈妈要抓住宝宝发育的敏感期，最大程度激发宝宝潜能。

亲子依恋敏感期

亲子关系在妈妈怀孕后、产前就已经产生了，并会一直延续到宝宝2岁，且在2岁前一直呈上升趋势。在这个敏感期里，宝宝与父母的依恋关系对于宝宝的大脑发育来说是很重要的。

感官敏感期

宝宝从生下来，就可以靠自己的听觉、视觉、味觉、嗅觉等来感知这个世界。所以说感官发育是宝宝智力发育的基础。尤其是在宝宝3岁前，主要是依靠自己的感官来获得生活上的实践经验。

动作敏感期

3岁之前是宝宝大肌肉动作发育的敏感期。宝宝在此期间一直都是活泼好动的，他逐渐从在床上活动手脚发展到会爬、会走、会跑。1岁半后，宝宝的手也进入了发育的敏感期。手眼协调能力逐渐加强，更加"不老实"。

语言敏感期

宝宝开始"自言自语"发音时，就已经进入了语言敏感期。这个时期里，大脑主要准备学习语言，宝宝在这种自然状态下，会轻松地学会母语。如果宝宝要学习第二语言，也最好在这时进行，这比过了敏感期后再学习要轻松、容易得多。

语言情绪又有新变化啦

这段时期，宝宝逐渐能够听懂日常生活中简单的对话。对于有方向性的命令式语言，宝宝不用借助任何手势或面部表情就可以完全理解了。

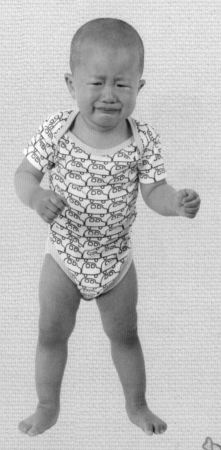

宝宝的恐惧心理

宝宝1岁到1岁半期间，其恐惧心理是最强的。甚至许多在大人看来很正常的东西和事情，也会把宝宝吓得哇哇大哭。不过爸爸妈妈不用担心，这是宝宝认知在健康发展的标志之一。

这个时期的宝宝害怕声音大的东西，如突然响起的电话铃声、汽车的喇叭声、东西砸碎的声音等，这些声音一般会把宝宝吓哭。

当宝宝睡醒了发现父母不在身边，也会哭起来；如果哭了很久都没人来身边，宝宝会从此非常害怕离开父母身边。

爸爸妈妈在平时要注意不要使宝宝受惊，好好保护宝宝，并多给宝宝做些锻炼，让宝宝感到自己是有力量的，自信起来。同时要正视宝宝的恐惧心理，给宝宝足够的安全感。

宝宝会叫的称呼多了

到了这个时期，宝宝除了会叫爸爸妈妈，还会叫更多称呼了。会叫爷爷、奶奶、阿姨，还可能会叫叔叔、哥哥、姐姐，一般能够叫4个以上称呼。但有时可能只会发出单个字，比如"哥""姐"。经常让宝宝学叫就会渐渐熟练起来。而且有的宝宝还有了把称呼按年龄分类的能力，比如，看到年长的老年人，宝宝会叫爷爷、奶奶，与爸爸妈妈年龄相仿的则会叫叔叔、阿姨。

宝宝可不是被"吓大的"

这一时期的宝宝有了自己的情绪和主见，有时候说不吃就不吃，说不走就不走。这种情况下，如果爸爸妈妈失去耐心吓唬宝宝，就会给宝宝心理带来阴影。怕事，也是1岁宝宝一个显著的特点，宝宝一旦被什么事情吓着，就会好长时间也缓不过来，所以爸爸妈妈切忌吓唬宝宝。

芝宝贝
母婴健康
公开课

越玩越聪明

在游戏中，宝宝享有充分的自由，没有任何来自外界的压力和强迫，宝宝能一直保持愉快、稳定、积极的情绪，游戏时动脑筋也促进了智力的发育。

游戏可以促进宝宝感知、观察力的发展

宝宝在做游戏的时候，可以直接接触各种材质的玩具，通过具体的实践活动，宝宝得以发展各种感觉器官和观察力。

游戏可以促进宝宝记忆能力的发展

游戏往往多为宝宝初次接触，所以宝宝会不断地重复去做着同一种游戏，这也就自然而然起到加深知识理解和巩固记忆的作用。

游戏可以促进宝宝思维能力的发展

在不断做游戏的过程中，宝宝会不断摸索出新的玩法，所以游戏并非是以往经验的简单再现，而是一个积极、主动的再创造过程。宝宝通过游戏，积极思考，不断解决所遇到的各种问题，从而使思维能力得到锻炼和提高。

游戏可以促进宝宝想象力、创造力的发展。在一些需要情节和分配角色的游戏中，宝宝会把自己想象成另外一个人，并不断地变换身份；也可能会把某一物体想象成另一物体，甚至另一人，比如"过家家"的游戏。这种假想性的游戏为宝宝的想象提供了广阔的天地，也使他们的创造力得到极大的发展。

游戏可以促进宝宝语言能力的发展

爸爸妈妈可能会发现，即使宝宝独自一人玩游戏，嘴里也在不断地说着一些让大人听不懂的话。如果是几个宝宝一起玩游戏，彼此之间交流的机会就更多了，这样也就促进了宝宝语言能力的发展。

应付宝宝的小脾气

几乎所有的宝宝在1~2岁阶段都喜欢发脾气，这源于宝宝正常的成长和性情，爸爸妈妈不用感到苦恼，首先要弄清宝宝发脾气的原因。

宝宝不会其他表达方式

这时期的宝宝语言能力还不好，只能说少数的词，但是宝宝已经有了各种感受。面对挫败的时候，宝宝不会表达，只能用发脾气来表达。

宝宝的思维还不合逻辑

这个阶段的宝宝还没有能力知道自己的行为会带来什么后果。有时爸爸妈妈怕宝宝受伤害或者破坏东西，自然会去阻止宝宝的某一个行为。但是宝宝还无法理解爸爸妈妈的"苦心"，他只能将想做这件事情的强烈情感，以发脾气的方式发泄出来，这都是因为宝宝的思维还不合逻辑。

宝宝在学步期的挫折

宝宝出现发脾气的1~2岁这一阶段，正好是学步期。学习走路对于宝宝来说，是一个复杂的大工程。在学习中，宝宝难免会摔倒，而当这种挫败感降临，宝宝自然会情绪激动，大叫大嚷地发脾气。

应对方法

不管出于哪种原因，爸爸妈妈都不能忽视宝宝的情感，要意识到宝宝发脾气说明宝宝需要帮助。爸爸妈妈应伸出手来帮助宝宝、安慰宝宝。在帮助宝宝摆脱困境的同时，也增添了爸爸妈妈在宝宝心中的信任感。一个好的处理方式，就能把发脾气转换成增进彼此亲密关系的好机会。

玩具要选安全的

爸爸妈妈在选购玩具时，往往注重玩具的外形与色彩，而很少考虑玩具的安全性问题。殊不知，玩具中其实隐藏着很多容易被忽视的隐患。

易掉漆的玩具危害大

铅是目前公认的影响中枢神经系统发育的环境毒素之一。而现在许多玩具都要喷漆，如金属玩具、涂有彩色油漆的积木、注塑玩具、带图案的餐具等，这些漆内含有大量的铅。宝宝由于年龄小、好奇，往往在玩玩具的过程中啃食玩具，接触漆层而导致铅中毒。

铅中毒会影响宝宝的思维判断能力、反应速度、阅读能力和注意力等，使宝宝学习成绩不好。

还有些玩具的表面会涂有金属材料，这些材料中含有砷、镉等活性金属，宝宝喜欢舔、咬玩具，这些金属就会进入宝宝体内，对宝宝身体的危害很大。砷进入机体后易与氧化酶结合，会造成宝宝营养不良，易冲动，也可引起胃溃疡、指甲断裂、脱发；镉进入宝宝体内后会产生慢性中毒，可能会引发贫血、心血管疾病和骨质软化；汞会对宝宝的脑组织有一定危害。

噪声大的玩具不要买

随着新奇玩具的大量出现，许多玩具都会发出各种声音，有的玩具噪声竟高达120分贝以上。这些玩具对婴幼儿的听力危害非常大，如果噪声经常达到80分贝，宝宝会产生头痛、头昏、耳鸣、情绪紧张、记忆力减退等症状。

总之，爸爸妈妈在给宝宝选购玩具时要注意玩具的安全性，最好不要给宝宝选购容易掉漆的玩具、噪声过大的玩具。

你会给宝宝补钙吗

有的爸爸妈妈觉得很奇怪，为什么一直给宝宝补钙，宝宝还是出现了缺钙的情况，这是什么原因呢？

缺钙会有哪些表现

钙是人体内含量最多的矿物质，大部分存在于骨骼和牙齿之中。钙和磷相互作用，制造健康的骨骼和牙齿；钙和镁相互作用，维持健康的心脏和血管。宝宝缺钙，一般会有以下表现：

1. 多汗、夜惊。有些宝宝总出汗，比如晚上睡觉时，就算气温不高，宝宝也总是出汗，头部总是摩擦枕头，逐渐在脑后形成枕秃圈。有的宝宝还会在晚上啼哭、惊叫，出现"夜惊"，这些是宝宝缺钙的警报。

2. 厌食、偏食。许多厌食、偏食的宝宝，多是缺钙所致。因为钙能够控制各种营养物质穿透细胞膜，也能控制宝宝吸收营养物质的能力。在人体消化液中有许多钙，如果钙元素摄入不足，就容易导致宝宝出现食欲不振、智力低下、免疫功能下降等症状。

3. 出牙晚、牙齿不齐。缺钙在1岁的宝宝身上，还表现为出牙晚。如果缺钙，牙床内质的坚硬程度降低，使宝宝咀嚼较硬食物产生困难，还容易在宝宝牙齿发育过程中出现牙齿排列不齐、上下牙不对缝、容易崩折、过早脱落等现象。

4. 骨质软化。在宝宝学步期间，如果宝宝缺钙，容易导致骨质软化，宝宝站立时难以承受身体重量而使下肢弯曲，会出现X型腿、O型腿等。

帮助宝宝正确补钙

此时的宝宝每天需要钙的摄入量为400~600毫克。在宝宝缺钙时，应及时给宝宝添加含钙丰富的食物，如牛奶、鱼、大骨汤、虾皮、海带等。一般来说，只要注意补充，缺钙不严重的宝宝很快就能改善缺钙症状。

如果症状较重，可听从医生意见，适量补充钙剂和维生素D。补钙时，不能忽略维生素D的摄取。

让宝宝学会简单的自理

这个时期的宝宝已能独立行走，眼、脑、手的协调性也有了很大的进步。在生活中，爸爸妈妈可以有目的地锻炼宝宝照顾自己的能力。

自己脱鞋帽

从外面回到家后，让宝宝自己把帽子、鞋脱掉，最好放到熟悉的固定位置。

自己大小便

满1岁的宝宝可以独立行走，并能听懂大人的话了，此时爸爸妈妈就可以训练宝宝自己坐盆大小便。最好选择在温暖的季节训练宝宝自己坐盆大小便，以免在天气寒冷时，宝宝的小屁股接触冰冷的便盆时产生抵触情绪。

一般来讲，1岁以后的宝宝每天小便约10次。大便前宝宝往往有异常表情，如面色发红、使劲、打颤、发呆等。只要爸爸妈妈注意观察，就可以逐步掌握宝宝大便的规律。

爸爸妈妈首先应掌握宝宝排大小便的规律、排便前的表情及相关的动作等，发现宝宝有大小便意时立即让宝宝坐便盆。训练宝宝大小便前向爸爸妈妈做出表示，如果宝宝每次便前都能做到主动表示，爸爸妈妈要及时给予鼓励和表扬。如果气候温暖，宝宝出汗多，小便便会少，且间隔时间会比较长。爸爸妈妈对宝宝大便的规律比较容易掌握，可以让宝宝练习坐便盆，坐盆大便的时间不宜过长，一般以不超过5分钟为宜。便盆在用后要及时清洗和消毒。

1岁以后，宝宝的大便次数一般为一天1～2次，有的宝宝2天1次，只要宝宝大便很规律，大便形状也正常，爸爸妈妈就不必过于担心。

开始训练宝宝坐盆大小便时，爸爸妈妈可以在宝宝旁边给予帮助，随着宝宝逐渐长大和活动能力的增强，以后宝宝就能学会自己主动坐盆大小便了。

时间在不断的流逝

我亲爱的宝贝也在不断长大

现在的你已经渐渐有了自己的"小情绪"

在未来的日子里你还会经历好多喜乐悲欢

希望你能永远保持一个快乐的心境健康成长

妈妈也会握着你的手

和你一起向前

加油，我的宝贝！

1 岁  3~5 个月

宝宝情绪不容忽视

跟妈妈说句悄悄话

　　亲爱的爸爸妈妈，现在我已经进入了体能发育的"快车道"，就像一辆小车在快速前行，相信你们会为我的成长感到惊喜，但同时别忘记，我需要补充更多、更全面的营养才能保持健康，否则我就会生病哦！

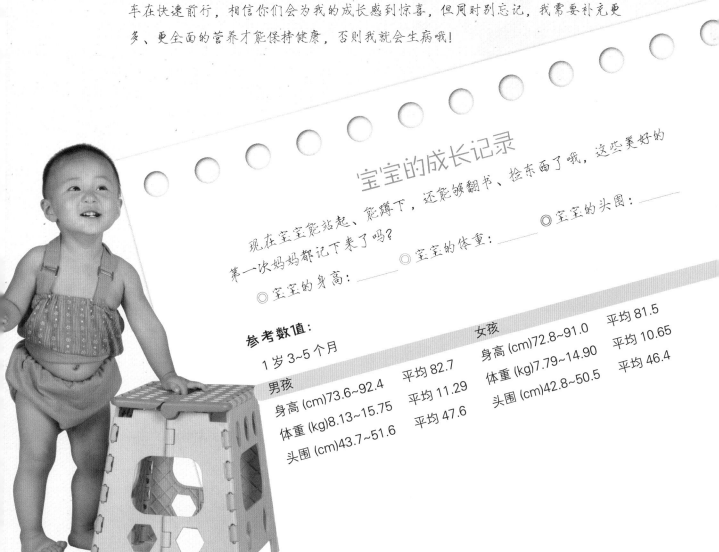

宝宝的成长记录

　　现在宝宝能站起、能蹲下，还能够翻书、捡东西了哦，这些美好的第一次妈妈都记下来了吗？

◎宝宝的身高： _____　　◎宝宝的体重： _____　　◎宝宝的头围： _____

参考数值：

1 岁 3~5 个月

男孩

身高 (cm)73.6~92.4　　平均 82.7

体重 (kg)8.13~15.75　　平均 11.29

头围 (cm)43.7~51.6　　平均 47.6

女孩

身高 (cm)72.8~91.0　　平均 81.5

体重 (kg)7.79~14.90　　平均 10.65

头围 (cm)42.8~50.5　　平均 46.4

第61~64天 宝宝成长的最新指数

此时的宝宝已经完全是幼儿的模样了。在这个阶段，宝宝的一些生长发育特征已经很明显了，比如前囟门逐渐闭合，会用拇指和食指捏拿食物，等等。

宝宝的前囟门逐渐闭合

这个时期，宝宝的前囟门已经逐渐闭合，有的宝宝在1岁时前囟门就已经闭合；有的宝宝前囟门要到1岁半左右才闭合，这都是正常的。

如果宝宝囟门关闭过早，而头围又明显小于正常值范围，说明宝宝可能患有头小畸形；如果囟门关闭得过晚则可能患有佝偻病、呆小病或脑积水。

有些宝宝虽然囟门早闭，但随着脑部的发育，头围依然会继续生长，一般不会影响智力的发育。爸爸妈妈不必太过担心。

宝宝能捏拿东西了

现在，宝宝可以用拇指和食指来捏拿东西了，比如馒头、包子等。如果宝宝拿包子时还是一把抓，可以告诉宝宝"不要这样拿，会把馅弄到手上"，然后教宝宝用拇指和食指捏拿。

宝宝能翻书了

在这个时期，妈妈在给宝宝讲故事，需要翻书的时候，宝宝会自己动手翻，这说明宝宝的手已经有了良好的运动技巧了。也许有时还会一翻翻好几页，但是妈妈要耐心让宝宝翻。

灵活手指多练习

宝宝的手指虽然已经很灵活了，但还需要继续训练，因为宝宝的手指灵活性的进一步提高，可以促进宝宝的大脑发育。训练宝宝用手指拿比较小的物品，如硬币、树叶、饭粒等（大人必须在旁边，以免宝宝塞到嘴里）。

芝宝贝 母婴健康公开课

214

补充营养的新指标

现阶段在饮食方面，应尽量做到让宝宝吃各种食物，以保证身体的生长需要。一周内的食谱最好不重复，以保证宝宝良好的食欲。

蔬菜、水果不可少

蔬菜、水果是维生素C、β-胡萝卜素、维生素B₂、无机盐和膳食纤维的重要来源。一般深绿色叶菜和橙黄色的果蔬含维生素C和β-胡萝卜素较高。蔬菜、水果不仅可提供营养物质，而且具有良好的感官性状，可促进宝宝的食欲，防治便秘。

饮用含维生素的强化豆奶

这段时间，宝宝可以吃强化豆奶了。强化豆奶中的维生素B₁₂含量很多，有些不吃肉类食物的宝宝，可以从强化豆奶中摄取此营养。而且强化豆奶含有钙和维生素D，提供自然脂肪，不含任何动物蛋白和乳糖，引起过敏的可能性要比牛奶小得多。

多摄入动物性蛋白

宝宝在成长过程中需要特定的氨基酸。氨基酸在面包、米饭中很少，而在鱼、肉、蛋类等动物性蛋白中比较多。所以，爸爸妈妈应鼓励宝宝多吃这类食物，做到牛奶不要断，鱼、肉类的补充要充足，主食要适量。

补充含钙多的食物

含钙多的食品有牛奶、酸奶等乳制品，豆腐、豆浆等豆制品，虾皮、海带、海鱼等水产品。蛋黄、排骨汤、芝麻也含有较多的钙质。爸爸妈妈要注意给宝宝补充。

补充维生素D

宝宝的骨骼最初以软骨的形式出现，需要钙、磷，还需要维生素D来促进钙、磷的吸收和利用。因此，在宝宝生长发育时期，应让宝宝多晒太阳，多给宝宝吃些富含维生素D的食物，以防宝宝发生佝偻病。

第69~72天　不是什么都能吃

将近1岁半的宝宝已有一定的咀嚼和消化能力了，在宝宝的饮食上，应当营养搭配合理，有些食物宝宝虽然也要吃，但是不应多吃。

避免吃含味精过多的食物

有的爸爸妈妈为了增进宝宝的食欲，在烧菜时会加入较多味精。但1周岁左右的宝宝如果食用味精过多，有可能引起脑细胞坏死，这是处于智力增长迅速时期的宝宝必须避免的。而且大量摄入味精会使宝宝出现缺锌情况，长期食用还会使宝宝出现厌食情况。即使宝宝大了，父母也要尽量少给他吃味精含量多的食物。

避免吃汤泡饭

爸爸妈妈可能有时会用馒头蘸汤或在软饭里加汤喂给宝宝。其实这种食用方式是很不可取的，它会导致宝宝的咀嚼能力变差。同时，汤水还会冲淡胃液，影响宝宝的胃肠消化功能。长期这样食用，可能会使宝宝营养不良。

避免吃过咸的食物

过咸食物不但会引起高血压、动脉硬化等疾病，而且还会损伤动脉血管，影响脑组织的血液供应，造成脑细胞缺血、缺氧，导致记忆力下降、智力迟钝。宝宝每天摄入的盐要在3克以下，甚至更少才健康。在日常生活中，爸爸妈妈要少给宝宝吃含盐较多的食物，如咸菜、榨菜、咸肉、豆瓣酱、咸味小食品等。

避免吃过甜、过酸等刺激性食物

避免给宝宝吃过甜、过酸等刺激性食物。虽然宝宝现在已经可以吃成人食物了，但对于过甜、过酸等刺激性食物，宝宝在味觉上还不能适应。由于消化机能还没有发育成熟，消化道也很难适应这些食物。因此，父母要尽量给宝宝喂食易消化的食物。

宝宝缺锌易厌食

锌是人体生长发育必不可少的物质。此时的宝宝辅食添加应充足，喂养要适当，以免引起宝宝缺锌。

宝宝缺锌的表现

锌是人体必需的微量元素，它参与体内多种酶的合成以及基因表达，有稳定细胞膜、改善食欲、维持免疫功能、调节激素代谢等功能。因此，如果缺锌，宝宝就会出现许多问题，如食欲下降或厌食，这是由缺锌导致的味蕾功能减退、味觉下降所致。

锌缺乏还会导致核酸和蛋白质合成减少，加之食欲下降，从而影响宝宝生长发育。智力也会受到一定影响，如理解能力、记忆力下降等。同时，缺锌会使机体免疫力下降，使发生感染的概率增加。据多数发展中国家病例资料统计，缺锌儿童补充锌可降低腹泻和肺炎的发病率。此外，缺锌还可造成皮疹、口腔溃疡、白内障、性发育迟缓等问题。

怎样给宝宝补充足够的锌

此时的宝宝膳食营养搭配应合理，按阶段添加蛋黄、菜泥、瘦肉、鱼泥、猪肝等辅食。坚果类食品含锌量也比较高，可作为补充。必要时，可在医生的指导下服用硫酸锌或葡萄糖酸锌等制剂。

关于锌的摄入量，此时的宝宝每天摄入量应为6~8毫克。

宝宝缺铁易贫血

婴幼儿时期的宝宝，每天铁的需要量为10~12毫克。如果宝宝铁摄入量不够，就会出现营养性或缺铁性贫血。

宝宝缺铁危害大

铁是人体必需的微量元素，我们全身都需要它，它是许多酶的重要成分。铁存在于红细胞中，向肌肉供给氧气。铁是造血原料之一，铁元素缺乏所造成的最直接危害就是缺铁性贫血，会让宝宝出现疲乏无力、脸色苍白、皮肤干燥、头发易脱且没有光泽、指甲出现条纹等情况。缺铁严重的宝宝还会出现喜食泥土等"异食癖"，或精神分裂并伴有智力障碍。

如果缺乏铁，除了会造成贫血，还会导致体内代谢过程受到影响，使组织和细胞的正常功能受到损害，危害全身。比如使消化系统受影响，宝宝会出现口腔炎、舌炎、厌食、胃肠消化吸收功能减弱等症状。

给宝宝补充足够的铁

缺铁性贫血多发生在宝宝半岁到3岁之间。父母应该从宝宝4个月起就给宝宝补充铁。富含铁的食物有动物肝脏、心、肾、蛋黄、瘦肉、鲤鱼、虾、海带、紫菜、黑木耳、南瓜子、芝麻、豆类制品、绿叶蔬菜等。相比来说，动物性食物中的铁要比植物性食物的铁更容易吸收。另外，动植物食品混合吃，铁的吸收率可以增加1倍，因为富含维生素C的食品能促进铁的吸收。

蛋类也含有很丰富的铁，但蛋类中的铁质不但很不容易被吸收，还会妨碍其他铁质的吸收。可以在喂宝宝吃蛋时，加一杯番茄汁或柳橙汁。

不做"小胖子"

面对宝宝的肥胖问题，爸爸妈妈要认真对待，在控制宝宝体重的同时，不能影响营养物质的正常吸收，继而保证宝宝健康快乐地成长。

小儿肥胖症的成因及影响

体内脂肪积聚过多会形成肥胖症，这是常见的营养性疾病之一。宝宝摄入营养过多，使摄入热量超过消耗量，多余的热量以脂肪形式储存于体内可致肥胖。还有错误的饮食习惯，如有的爸爸妈妈过早给宝宝吃高热量的食物就会造成宝宝肥胖。

过量食用牛奶、肉类、蛋类等物质，还会加重宝宝消化系统和肝脏的负担，加速胰腺、胃液等消化液的分泌，逐渐引起消化系统、内分泌系统功能失调，还会对心脏造成过大压力。此外，营养过剩还容易导致宝宝出现弓形腿、扁平足等畸形情况。

宝宝过于肥胖，也会产生自卑、孤僻等不良心理。而宝宝一旦肥胖，便贪吃、不愿意运动，形成恶性循环。

帮助宝宝远离肥胖

对于患肥胖症的宝宝，可多给宝宝吃热量少、体积大的蔬菜、水果，少给宝宝吃甜食、淀粉类及高脂肪食物，同时加强宝宝的体格锻炼。

对于体重正常的宝宝，爸爸妈妈也要做到及早着手，给宝宝均衡、科学的营养摄入，不要过分关注和担忧宝宝的营养补充，要根据宝宝的实际需求给予。不用担心是否给予过少，因为宝宝饿的时候是会表达情绪的，这样还能锻炼宝宝的情绪表达能力。

苹果片

神经性厌食症

神经性厌食症是小儿常见症状，发病率高，长期厌食会对宝宝的生长发育造成严重影响，甚至影响智力发育。爸爸妈妈要有所注意。

神经性厌食症的表现和成因

神经性厌食症以较长时间的食欲减退甚至消失为主要特征。长期营养物质摄入不足，可造成营养不良和免疫功能下降，不仅影响宝宝的生长发育，还会给疾病以可乘之机。

神经性厌食症多见于1~6岁的儿童，轻者仅表现为精神差、疲乏无力；重者表现为营养不良和免疫力下降，如面色欠佳、体重下降、皮下脂肪减少、毛发干枯、贫血和容易感染等。不良的饮食习惯、一些消化道疾病及锌缺乏都可能引发神经性厌食症。

通常来说，导致宝宝神经性厌食症有两种原因：一种是因消化道或全身性疾病造成消化功能紊乱，另一种是中枢神经系统对消化功能的调节失去平衡作用。

神经性厌食症如何应对

首先应明确宝宝厌食的原因，积极并且有针对性地治疗原发病。同时，爸爸妈妈要帮宝宝建立良好的饮食习惯，如平时少吃零食，不要偏食、挑食，少吃高糖、高蛋白食品，以及养成定时吃饭的习惯等。中药调理、推拿和针灸治疗等疗效也很好，但宝宝可能会对针灸疗法有抵触心理。必要时还可采用口服药物进行治疗。

不要盲目给宝宝补充营养品

芝宝贝
母婴健康
公开课

现在，市场上为宝宝提供的各种营养品很多，有补锌的、补钙的、补充赖氨酸的、开胃健脾的、补血滋养的，等等。给宝宝服用哪一种更好呢？

其实，这些营养品并不都适合每个宝宝，也并非对人体的各方面都有功效。这些营养品的一些成分在食物里就有。人体并不可能每种微量元素都缺乏，即使缺乏，量也不一样。盲目地补充对宝宝的身体也是无益的。不正当或过量食用补品还会对宝宝的身体造成危害。

宝宝患了急性扁桃体炎怎么办

急性扁桃体炎是指腭扁桃体的急性感染，是宝宝在此时期的常见疾病，发病率高。以冬春两季发病较多。爸爸妈妈要密切注意。

急性扁桃体炎的症状

急性扁桃体炎发病急，患病的宝宝会突然畏寒、高热，还可能伴有头痛、四肢酸痛、食欲不振等症状。尤其是咽痛，起先疼痛在一侧，继而波及对侧，吞咽、咳嗽时加重。可能有同侧耳痛或耳鸣、听力减退等现象。

急性扁桃体炎经4~6天后，症状若无好转，就会发生体温上升，一侧咽痛加剧，尤其是吞咽时加重，疼痛常可牵连同侧耳部，还伴随下颌淋巴结肿大等症状。

调理方法

患病期间饮食宜清淡，忌吃辛辣刺激性食物。

平时要鼓励宝宝经常锻炼身体，提高抵抗力，特别是冬季，应多让宝宝参加户外活动，增强对寒冷的适应能力。

★ **扁桃体发炎食疗：金银花粥**

【配制】金银花15克，大米100克，白糖适量。将金银花洗净，加清水适量，浸泡5~10分钟后，水煎取汁，加大米煮粥，待熟时调入白糖。再煮沸即成，每天1~2剂，连续3~5天。

【功效】金银花有清热解毒、宣散风热、凉血止血的作用。

长痱子是件麻烦事儿

痱子是夏季常见病，主要是由于外界气温增高且湿度大，身体出汗不畅导致。根据皮疹形态可分为以下3种类型。

红痱

红痱是最常见的一种痱子。由汗液在表皮内稍深处溢出而形成。皮损处为针尖大密集的丘疹或丘疱疹，周围绕以红晕，自觉烧灼及刺痒。好发于宝宝手背、腋窝、胸、背、颈、头部、面部及臀部等处，天气凉爽时皮疹可自行消退，消退后有轻度脱屑。

白痱

白痱又名晶状粟粒疹。由汗液在角质层内或角质层下溢出而形成。为非炎性针头大透明的薄壁水疱，易破，无自觉症状，1~2天内消退，有轻度脱屑。好发于颈部及躯干等处，常见于体弱、高热、大量出汗的宝宝。

脓痱

脓痱又名脓疱性粟粒疹。在丘疹的顶端有针尖大小的浅表性小脓疱。好发于宝宝头颈部和皱褶部。脓疱内一般无菌，或是非致病性球菌，但溃破后有可能导致感染。

调理方法

宝宝起了痱子后，要少给宝宝吃油腻和辛辣刺激性食物，在夏季要多给宝宝喝水或绿豆汤，让宝宝多吃青菜和瓜果。注意保持宝宝所处室内通风，衣着宽松；保持皮肤清洁、干燥；炎热季节勤洗澡、勤换衣、扑痱子粉。

患脓痱的宝宝，除了保持皮肤清洁外，要对其进行有效的抗感染治疗。如果有皮肤感染且出现发热情况，要及时就医。

芝宝贝
母婴健康
公开课

痱子粉别扑太多

宝宝长痱子，可以适当扑点痱子粉来缓解症状。但是有的爸爸妈妈喜欢在宝宝长痱子的地方扑上厚厚一层粉，以为这样痱子好得更快。其实不然，在宝宝长痱子的位置扑太多痱子粉，会有阻塞毛孔的危险，导致病情加重。

简单游戏，让宝宝聪明又快乐

对于1岁以上的宝宝来说，训练身体协调能力和培养相互合作的意识尤为重要。下楼梯和玩球类游戏就是两种很好的锻炼方式，可以让宝宝变得聪明又快乐。

带宝宝下楼梯

由于宝宝现在还掌握不好身体的平衡，训练时，爸爸妈妈可以先拉着宝宝的手，让宝宝站在楼梯上面体会高和低的感觉。训练一段时间，等宝宝不害怕后，就可鼓励宝宝自己扶着栏杆下楼梯，爸爸妈妈要在楼梯旁边保护宝宝。如果宝宝不敢自己扶着栏杆往下走，爸爸妈妈可扶着宝宝练习，等宝宝能够掌握台阶的深浅之后，再放手让宝宝自己练习。下楼梯一般比较危险，训练时，爸爸妈妈要慎重，一定要确保宝宝的安全。到了最后一级台阶时，也可以双手拉着宝宝，让宝宝双脚一起跳下来。

和宝宝一起玩球

可以和宝宝做以下几种玩球游戏：

1. 捡球。爸爸或妈妈先将球放在宝宝前面，再让球滚出去，让宝宝边追边捡，之后逐渐拉长滚球的距离，让宝宝去捡。

2. 扔球。让宝宝自己把球扔出去再捡回来，练习跑、捡、弯腰等动作，训练时可逐渐加长距离。

3. 踢球。可以把较大的充气塑料球放在宝宝脚前，让宝宝把球踢出去，做边走边踢的动作，使宝宝提高下肢动作的灵活性和稳定性。

这些游戏能促进宝宝的走、跑、扔、投掷、弯腰捡拾等基本动作的发展，使宝宝上下肢肌肉得到很好的锻炼，动作更加灵活协调；锻炼平衡能力、动作协调能力，培养宝宝的注意力、观察力。还可以让宝宝和其他小朋友一起玩球，通过集体活动与他人建立良好的关系，培养相互合作的意识。

家长必学的急救措施
——宝宝触电了

宝宝由于年纪小，活泼好动，对什么都好奇，爸爸妈妈要注意避免宝宝触电，同时了解触电后的急救措施。

触电后有何表现

触电，大多数是因人体直接接触电源所致，人体触电后有头晕、脸色苍白、心悸、四肢无力，甚至昏倒等反应。严重者会昏迷、心跳加快、呼吸中枢麻痹以致呼吸停止，皮肤有烧伤或焦化、坏死等情况。

触电急救措施

发现宝宝触电时，要先用不导电的物体，如干燥的木棍、木棒等尽快使宝宝脱离电源，急救者一定要注意救护的方式、方法，防止自身触电。当宝宝脱离电源后，根据宝宝的症状，马上采取相应措施进行急救。

轻症：让宝宝就地平躺，仔细检查身体，暂时不要让宝宝起身走动，防止继发休克或心衰。

重症：若呼吸停止、心跳存在，应将宝宝就地放平，解松衣扣，做人工呼吸，也可以掐人中、十宣（即十个手指尖）、涌泉等穴。心搏停止，呼吸存在者，应立即做胸外心脏按压；呼吸心跳均停止者，则应施行人工呼吸的同时施行胸外心脏按压，并以1：5的比例进行，也就是人工呼吸做1次，心脏按压5次。抢救一定要坚持到底。

封住家中插座

家长必学的急救措施
——宝宝溺水了

　　幼儿溺水是常见的意外，爸爸妈妈在带宝宝戏水，比如划船、游泳时，一旦照看不周，就有发生溺水的危险，所以爸爸妈妈一定要掌握急救办法，做到有备无患。

溺水症状

　　溺水主要是气管内吸入大量水分阻碍呼吸，或因喉头强烈痉挛，引起呼吸道关闭而窒息。溺水者面部青紫、肿胀，双眼充血，口腔、鼻孔和气管充满血性泡沫。肢体冰冷，脉搏细弱，甚至抽搐或呼吸、心跳停止。

溺水急救措施

　　首先将溺水宝宝抬出水面后，立即清除其口腔、鼻腔内的水、泥及污物，用纱布裹住手指将溺水宝宝的舌头拉出口外，解开宝宝的衣扣、领口，以保持呼吸道通畅，然后抱起溺水宝宝的腰腹部，使其俯卧进行倒水；或者抱起溺水宝宝的双腿，将其腹部放在急救者肩上，快步奔跑使积水倒出；或急救者取半跪位，将溺水宝宝的腹部放在腿上，使其头部下垂，并用手平压背部进行倒水。

　　如果宝宝心跳停止，应先对其进行胸外心脏按压。让溺水宝宝仰卧，背部垫一块硬板，头稍后仰。急救者位于溺水宝宝一侧，面对溺水宝宝，右手掌平放在其胸骨下段，左手放在右手背上，借急救者身体重量缓缓用力（不能用力太猛，以防骨折），将胸骨压下4厘米左右，然后松手腕（手不

离开胸骨）使胸骨复原，反复有节律地（每分钟60~80次）进行，直到心跳恢复为止。

　　现场若有较好的医疗条件，可对溺水宝宝进行吸氧；若没有，则可用手按宝宝的人中穴位。

　　同时一定要拨打急救电话，配合医生进行急救。

　　经初步抢救，若溺水宝宝的心跳已经逐渐恢复了，爸爸妈妈可以准备适当的温水或其他营养汤汁给宝宝喝，然后尽量让宝宝仰卧。

家长必学的急救措施
——宝宝被毒虫咬伤了

在城市里生活的宝宝一般不会有毒虫咬伤的可能，但如果外出旅游就要注意这个问题。带宝宝出行前，家长要配备一些日常生活中的物品，以备不时之需。

毒虫咬伤，迅速处理

毒虫咬伤主要包括：蜈蚣咬伤、蝎子蜇伤、蚂蟥叮咬、毛虫蜇伤、毒蛇咬伤等。

如果宝宝不慎被毒虫咬伤了，皮肤会出现红肿、灼热、剧痛和刺痒感，轻者皮疹数天即可消退，重者除局部皮肤发生红肿或局部组织坏死外，有时整个肢体会出现紫癜，还可能伴有呕吐、头晕、昏迷及抽搐等全身中毒症状。

被咬伤后可用肥皂水冲洗伤口，挤出毒液，然后外敷蛇药或六神丸等药物。若在野外，可用清热解毒的草药（如鱼腥草、蒲公英等）外敷。若症状严重则应到医院救治。

如果宝宝不慎被毒蛇咬伤了，除了用上述处理方式之外，还要注意是否有毒牙残留。如果伤口内有毒牙残留，应迅速用消过毒的小刀或碎玻璃片等尖锐物挑出毒牙。以牙痕为中心做十字切开，深至皮下，然后用手从肢体的近心端向伤口方向及伤口周围反复挤压，促使毒液从切开的伤口排出体外。边挤压边用清水冲洗伤口，冲洗、挤压、排毒须持续20～30分钟。然后用嘴吮吸伤口排毒，但吮吸者的口腔、嘴唇必须无破损、无龋齿，否则会有中毒的危险。

吸出的毒液随即吐掉，吸后要用清水漱口。排毒完成后，伤口要湿敷以利毒液流出。

宝宝如果出现口渴，要给足量清水饮用。经过切开排毒处理的宝宝要尽快用担架、车辆送往医院做进一步的治疗，以免出现无法处理的严重情况。转运途中要消除宝宝的紧张情绪，保持安静。

预防措施要做好

蚊虫活跃的夏季要给宝宝挂上蚊帐，既可以隔绝蚊虫，又能过滤空气。

带宝宝外出时，尽量不要去水草多的地方；出去散步时，给宝宝涂上防蚊液，带上扇子，减少毒虫的袭击；尽量避免在草丛中穿行；去野外时还应常备解毒药品，以防不测。

室内要保持清洁卫生，宝宝的房间要定期打扫，不留卫生死角；开窗通风时不要忘记用纱窗做屏障，防止毒虫。

郊游时要给宝宝穿长袖衣裤，尽量避免鲜艳的衣服；不要带宝宝去河边、湖边、溪边等靠近水源的地方扎营。

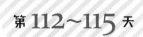

家长必学的急救措施
——宝宝呛到了

气管异物是这时期的宝宝经常发生的意外事件。宝宝在进食或玩耍时，常因跑闹、惊吓、跌倒或哭笑将食物或小玩具误吸入气管而发生危险。

异物呛入气管的表现

当异物呛入气管后，宝宝会有如下反应：突然剧烈咳嗽、呼吸困难、声音嘶哑、面色苍白，继之变为青紫，甚而昏倒在地。若不及时抢救，异物完全堵塞气管，则会危及生命。

一般情况下，异物呛入气管最突出的症状是剧烈的、刺激性呛咳，出现气急和憋气。也可因一侧的支气管阻塞，而另一侧吸入空气较多，形成肺气肿；较大的或棱角形的异物可把大气管阻塞，短时间内即可发生憋喘。

此外，吸入软条状异物后，其刚好跨置于气管分支的嵴上，像跨在马鞍上，虽只引起部分梗阻，却可能会成为长期的气管内刺激物，将引发宝宝长期咳嗽、发烧，甚至导致肺炎、肺脓肿等疾病。

急救措施

当宝宝出现异物呛入气管的情况时应马上处理。

爸爸妈妈可采用以下两种方法尽快清除异物：对于婴幼儿，爸爸妈妈可立即倒提其两腿，使其头向下垂，同时轻拍其背部。这样可以借助异物的自身重力和呛咳时胸腔内气体的冲力，迫使异物向外咳出。

对于年龄较大的幼儿，可以让宝宝坐着或站着，救助者站在其身后，用两手臂抱住患儿，一手握拳，大拇指向内放在宝宝的脐与剑突之间；用另一手掌压住拳头，有节奏地使劲向上向内推压，以促使横膈抬起，压迫肺底，让

肺内产生一股强大的气流，使之从气管内向外冲出，逼使异物随气流直达口腔，将其排除。

若上述方法无效或情况紧急，应立即将宝宝送往医院。

防患于未然

意外伤害是对宝宝的最大威胁，爸爸妈妈必须绷紧防范这根弦，丝毫不能大意，更不能心存侥幸，因为很多意外就是这样不经意发生的。要尽力消除一切可能发生意外的隐患。

227

家长必学的急救措施
——宝宝被烫伤、烧伤

小儿烧伤、烫伤在急诊中占较大的比例。轻者在烫伤部位留下疤痕，重者危及生命。小儿机体器官的发育尚不完全，即便受到轻微的烧伤、烫伤，也会非常痛苦。爸爸妈妈要注意避免或把伤害降到最低。

烧伤、烫伤的症状

如果烧伤、烫伤占全身表面5%以上，就可以使身体发生重大损害。烫伤后局部血管扩张，血浆从伤处血管中流出，很容易引发炎症。

烫伤、烧伤急救措施

立即消除致伤的原因，包括脱去衣物，用冷水或冰水浸泡、冲洗约10分钟，这是最有效的烫伤急救方法。如果皮肤已出现水疱，可用消毒针刺破水疱，挤放出液体；如果水疱已破或已剥落，可暂时用已消毒的凡士林纱布包扎。

如果致伤的部位不能包扎，宜采用暴露法，使创面干燥，以减少感染的可能。

如果致伤的程度深、范围较大，或部位重要，就应紧急处理后立即送医院做进一步的处理。

不要扯下伤口处的粘连物。除了用冷水外，不要让其他任何东西覆盖伤口。

给受伤的宝宝补充水分，给他喝些果汁或糖盐水。

预防是关键

1、电饭锅、电暖壶、热水器、饮水机等加热电器，热锅、汤碗、热水瓶、茶壶等热源一定要放置在宝宝触碰不到的地方。

2、桌布、锅垫等物品不要放置于宝宝能拉扯到的高度，防止宝宝拉扯带倒桌上的热饭菜或汤水。

3、给宝宝使用电热毯、热水袋等取暖设备的时候，要注意防止漏电或漏水而导致烫伤，平常要经常检查是否漏水、漏电。

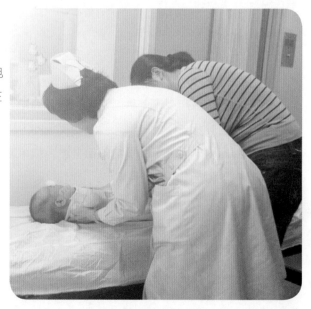

警惕这些药物，它们会影响宝宝的肝肾功能

由于自身的生理特点，宝宝的内脏器官功能均未完善，用药时要斟酌，避免或减少使用毒性较大的药物。

肾功能受损的表现

大部分药物被人体摄入或吸收后，都要经过肝脏代谢，最后由肾脏排出，所以肝肾起着非常重要的作用。肾功能受损会出现蛋白尿、管型尿、血尿、尿少、氮质血等症状，严重者可导致肾功能衰竭。

对肾脏有毒性作用的药物

抗生素。以氨基糖甙类为主，按肾毒性由大到小排列为新霉素、卡那霉素、丁胺卡那霉素、庆大霉素、妥布霉素、链霉素等。在第一代头孢菌素中部分药物有肾毒性，但目前使用已不太多。第二代、第三代头孢菌素肾毒性都非常小。抗真菌药物中的两性霉素B，毒性较大，可引起不同程度的肝

肾及其他器官损害，已逐渐被不良反应少的药物所取代。多粘菌素类抗生素中多粘菌素E的肾毒性明显较多粘菌素B少。

解热镇痛类。如阿司匹林、扶他林、对乙酰氨基酚等。

抗肿瘤药。如顺铂、氨甲蝶呤等。

重金属解毒剂。如青霉胺等。

免疫抑制剂。如环孢霉素A等。

中药。如含有汉防己、关木通等成分的成药，可引起马兜铃肾病。

其他药物。如甲氰咪胍、感冒通等。

对宝宝使用上述药物，必须严格依照规定的用药剂量，用药期间最好进行药物毒性反应监测和血、尿监测，如有异常情况应及时停药并做相应治疗，尽量减少或避免宝宝出现肾脏损伤。

芝宝贝
母婴健康
公开课

宝宝应该慎服哪些中成药

1. 六神丸。六神丸含有蟾酥，宝宝服用后可能引起恶心、呕吐、惊厥等症状。

2. 琥珀抱龙丸和珍珠丸。琥珀抱龙丸和珍珠丸均含有朱砂，宝宝服用后可能诱发齿龈肿胀、咽喉疼痛、记忆衰退、兴奋失眠等不适。

3. 牛黄解毒片。牛黄解毒片如果长时间服用可导致白细胞减少。

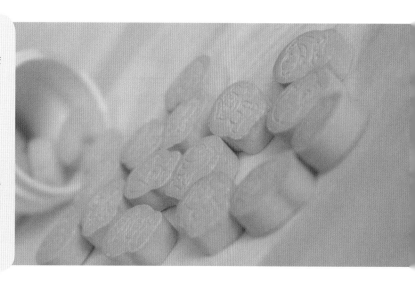

你知道吗，
这些药物可能造成宝宝耳聋

有些药物使用不当会造成宝宝耳聋，不仅影响将来的生活、学习和就业，也给家庭和社会带来不小的负担。所以在用药方面，要为宝宝避免这些危害的发生。

药物性耳聋的原因及表现

引起耳聋的原因有多种，有先天遗传、后天感染或药物中毒等，其中药物中毒是可以减少或避免的。药物性耳聋是指因使用某种药物治病或接触某种化学制剂而引起的耳聋。宝宝用药后因不会表达往往表现为过分安静，因而本病具有一定的隐蔽性。

临床表现为耳鸣、进行性听力下降。听力下降常为双侧性的，先对高频率声音反应下降，然后对低频率声音反应下降，最后完全丧失听力。此外还可能有眩晕、走路或站立不稳等表现。

会导致耳聋的药物

目前已发现近百种耳毒性药物，常见的有庆大霉素、链霉素、卡那霉素、丁胺卡那霉素、新霉素、小诺霉素、红霉素、多粘菌素、万古霉素、利福平、保泰松、阿司匹林、消炎痛、碘酒等药物，其中以庆大霉素、链霉素、卡那霉素、新霉素的损害最大。毒性反应的程度与剂量、疗程大致成正比，即剂量越大、疗程越长，则发生率越高。

口服方式毒性反应比注射方式要轻一些。为尽量减少和避免毒副作用的发生，卫生部专门颁布了《常用耳毒性药物临床使用规范》，规定了30种耳毒性药物的使用标准。药物性耳聋是永久性的损害，受损部位是位于耳蜗的感知声音的毛细胞，受损后其功能很难恢复，但早期发现并采取干预措施可防止病情加重。

宝宝发热了怎么办

发热不是一种疾病，只是一种症状，更像是一种"警报"，它表示身体出现了问题，需要及时就医。

辨别发热

宝宝的正常腋下体温应为36～37℃，只要超过37.4℃就是发烧了。但是宝宝的体温在某些因素的影响下，也常常会出现一些波动。如在下午时，宝宝的体温往往比清晨时要高一些；宝宝进食、哭闹、运动后，体温也会暂时升高；如果衣被过厚、室温过高等，宝宝的体温也会升高一些。如果宝宝有这种暂时的、幅度不大的体温波动，只要情绪良好，精神活泼，没有其他症状和体征，通常不会有什么问题。

治疗措施

对于宝宝发热，临床上常用的降温方法主要有两种：物理降温、药物降温。不管采用何种方法帮助宝宝降温，都要根据宝宝的年龄、体质和发热程度来决定。

对于此时期的宝宝来说，一般感染所致的发热最好先采用适当的物理降温措施。若仍无效或当体温达到38.5℃以上时要考虑加用退热药物。如果使用药物降温，要注意剂量不要太大，以免使宝宝出汗过多而引起虚脱或电解质紊乱。儿科常用的退热药物种类很多，不管使用哪种退热剂，都要在医师的指导下进行。

宝宝发热了！

正常体温参考值

部位	正常温度范围
口腔	36.7～37.7℃
腋窝	36.0～37.4℃
直肠	36.9～37.9℃

宝宝能说短句子啦

这一时期，宝宝说话的积极性逐渐提高，掌握的词汇量也不断增加，在原来只会讲单字的基础上，开始会说词组、会讲自己的名字和说一些简单的句子。

宝宝把注意力集中在语言上

经常听儿歌的宝宝，在妈妈念儿歌时，可以说出儿歌后面押韵的字。比如当妈妈念道"小白兔，白又白"的时候，宝宝可以说"白"。爸爸妈妈可以渐渐让宝宝说后面的2个字或是3个字。

宝宝不仅会说一些短句，而且概括能力也增强了，懂得不同的老年人都是"爷爷"，不同的女人都是"阿姨"了。这可以说是"一名多物"。另外，宝宝也懂得了"一物多名"，比如，除了知道自己的名字和小名之外，也知道"宝宝""乖乖""小心肝""小胖子"等都是指自己。宝宝还喜欢听爸爸妈妈讲故事，一个简单的故事常常要听许多次。

宝宝发音不清楚的原因及解决办法

宝宝现在会说一些完整的话了，但有的爸爸妈妈却发现，宝宝出现了发音不清楚的现象，如把"狮子"说成"私自"，把"吃饭"说成"七饭"，把"舅舅"说成"豆豆"，把"苹果"说成"平朵"等。

一般来说，这个年龄的宝宝发音不清楚是常有的事情，随着宝宝发音器官功能的逐步完善，尤其是爸爸妈妈及时准确地对宝宝进行发音指导和反复的发音练习，宝宝的发音会逐渐清晰正确，爸爸妈妈不用太过担忧。

教宝宝学说话的小窍门

芝宝贝
母婴健康
公开课

现在，对于有方向性的命令式语言，宝宝不用借助任何手势或面部表情就可以完全理解了。生活中，爸爸妈妈可以给宝宝下达一些命令，比如"把板凳拿过来""把小熊拿给妹妹玩一会儿"。当宝宝做到后，要及时表扬宝宝，鼓励宝宝。

让宝宝模仿动物的叫声，如小猫"喵喵"，小狗"汪汪"，小鸭"嘎嘎"等。这样可激发宝宝开口说话的兴趣。

让宝宝吃饭香香

　　这个时期，宝宝突然对食物挑剔起来，稍微吃一点就将头扭向一边，或者到了吃饭的时间拒绝到餐桌旁。这是为什么呢？如何让宝宝把饭吃得香呢？

正确应对食欲下降

　　当宝宝出现食欲下降的现象，应该让宝宝选择想吃的食物，尽可能变换口味并保持营养。如果宝宝拒绝吃任何食物，可以等到他想吃东西时再让他吃。但是，在宝宝拒绝吃饭以后，不能允许他吃饼干和甜点等零食，否则会使他对正餐的兴趣下降。要让宝宝意识到，现在不好好吃饭，过一会儿就没东西吃了。

让宝宝自己用勺子

　　这个时期的宝宝可以自己用勺子了。先给宝宝戴上大围兜，在宝宝坐的椅子下面铺上不用的报纸等，准备较重的不易掀翻的盘子，或者底部带吸盘的碗。刚开始时，给宝宝拿一把勺子，爸爸或妈妈自己拿一把，教他盛起食物，再喂到嘴里，在宝宝自己吃的同时，爸爸或妈妈也喂给他吃。

　　要能容忍宝宝把食物弄得到处都是，还要照顾到宝宝的实际能力。当宝宝吃累了，用勺子在盘子里乱扒拉时，爸爸或妈妈就把盘子拿开。不过，可以在托盘上留点东西，让他继续做"实验"。

多鼓励宝宝吃饭

　　培养宝宝独立吃饭，并及时给予鼓励和表扬。如果宝宝的依赖性很强，可采取这样的做法：连续几天给宝宝做他最喜欢吃的饭菜，把饭菜盛好放在宝宝面前，爸爸或妈妈暂时离开几分钟，再回到宝宝身边。

　　如果宝宝能吃上几口，则给予表扬；如果宝宝仍不愿意自己吃，要帮助他把饭吃完。

你一点一滴的小变化

都承载了爸爸妈妈满心的期待

你每一个成长的细节

都是家里最重要的话题

你急躁的爸爸几乎按捺不住

念叨着要带你去登山、看海

而聪明如你

也似乎能听懂一般

想要加入我们的话题

满屋子的欢声笑语

谢谢你的到来

······

1岁 6~8个月

小小"模仿家"

跟妈妈说句悄悄话

　　现在的我进入了一个新阶段，迫切地想要融入周围的世界，想知道爸爸妈妈你们在说什么，忙什么。有时候你们做什么我就做什么，你们说什么我就说什么，看见周围的人捧腹大笑了我也很开心，和大家一起玩真有意思！

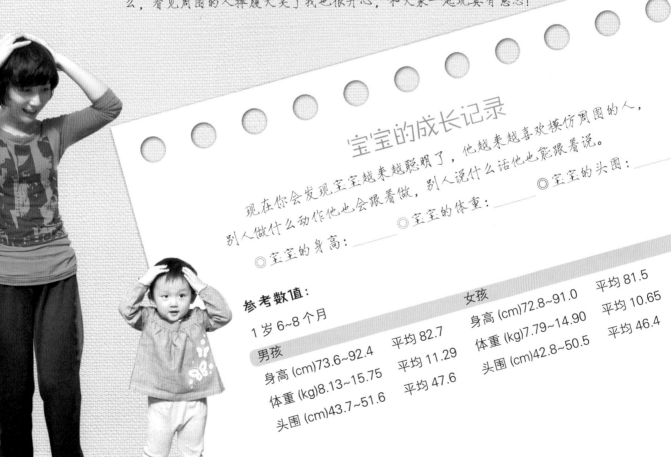

宝宝的成长记录

　　现在你会发现宝宝越来越聪明了，他越来越喜欢模仿周围的人，别人做什么动作他也会跟着做，别人说什么话他也能跟着说。

◎宝宝的身高：＿＿＿＿　◎宝宝的体重：＿＿＿＿　◎宝宝的头围：＿＿＿＿

参考数值：

1岁 6~8个月

男孩
身高 (cm)73.6~92.4　　平均 82.7
体重 (kg)8.13~15.75　　平均 11.29
头围 (cm)43.7~51.6　　平均 47.6

女孩
身高 (cm)72.8~91.0　　平均 81.5
体重 (kg)7.79~14.90　　平均 10.65
头围 (cm)42.8~50.5　　平均 46.4

高烧不退，小心惊厥

高烧是引起小儿惊厥最常见的原因，多见于6个月到5岁大的宝宝，且多见于夏秋季节。

发病主要是因为宝宝大脑发育不够成熟，神经组织发育不健全，遇有刺激，脑组织广泛发生反应。

小儿惊厥的原因有很多，大致可分为两类：一类为有热惊厥，往往是细菌或病毒感染所引起，如脑膜炎、扁桃体炎、呼吸道感染和菌痢等；另一类为无热惊厥，常发生在一些非感染疾病，如颅内出血、脑水肿、癫痫、脑发育不全、脑积水、小头畸形以及营养障碍、代谢紊乱(如低钙惊厥)、低血糖症、食物中毒、药物中毒及某些农药中毒等。

调理方法

鼓励宝宝多饮水或果汁。发热时应及时进行退热处理，在服退热药的同时，物理降温也很重要。除了多喝水，若有高烧，可在患儿的前额上放一块冷湿的毛巾，并经常更换。也可用30%~50%的酒精擦浴腋下、后背、头颈、大腿内侧2~3遍。

惊厥的症状和原因

惊厥一般发病突然，全身或局部肌肉强直、痉挛或阵发性抽搐。发作时，宝宝意识丧失，神志不清，烦躁不安，双眼向上翻、口吐白沫、呼之不应，一般持续时间不长，少则几秒钟，多则数分钟。大便稀臭或夹有脓血，舌质红，苔黄腻。

> ### 饮食调理之山药粥
>
> 【原料】山药30克，对虾1~2只，粳米50克，盐适量。
>
> 【做法】先将山药、粳米煮粥，待粥将熟时，放入洗净的对虾，加适量盐即成。
>
> 【服法】每日2餐，间隔服食。
>
> 【功效】含有蛋白质、脂肪、钙、磷、铁以及维生素B$_1$、维生素B$_2$、维生素B$_5$等营养成分，主要用于惊厥恢复期。

这样大的宝宝宜穿满裆裤

宝宝出生后，为了便于更换尿布，一直是穿开裆裤的。1岁前，宝宝多半时间在室内活动，不是被爸爸妈妈抱在怀里，就是在婴儿床上。随着宝宝活动范围的不断扩大，为了宝宝小屁屁的健康卫生，宝宝要开始穿满裆裤了哦。

为什么现在应该穿满裆裤

宝宝满1周岁以后，妈妈应给宝宝穿满裆裤了。因为宝宝已经能自由行动，户外活动也相应多了起来，随便什么地方都坐。如果穿开裆裤，地面上的细菌等脏东西很容易从肛门、阴道及尿道侵入宝宝体内，引起尿道炎、阴道炎及外阴炎等。特别是女宝宝，因为阴部敞开，尿道短，阴道上皮薄。

另外，这个年龄的宝宝还容易感染蛲虫。由于蛲虫在肛门周围产卵，患儿乘坐的大型玩具或公共坐便器易受污染。如果穿开裆裤的健康宝宝坐患儿坐过的滑梯或公共坐便器，就很容易感染。

宝宝出汗时要及时更换衣服

由于宝宝活动量增大，新陈代谢快，如果衣服穿得太多容易出汗，不及时更换就容易受凉感冒。

夏季宝宝易中暑

中暑多发于夏季，宝宝现在快满2岁，中暑的病因与症状接近成人，爸爸妈妈要在夏天护理好宝宝，避免宝宝出现中暑的情况。

中暑的症状

刚中暑时，宝宝可能出现恶心、心慌、胸闷、无力、头晕、眼花、汗多等症状。

轻度中暑，可有发烧、面红或苍白、发冷、呕吐、血压下降等症状。重度中暑的症状不完全一样，可分以下三种：第一，皮肤发白，出冷汗，呼吸浅、快，神志不清，腹部绞痛；第二，头痛、呕吐、抽风、昏迷；第三，高烧、头痛、皮肤发红。

调理方法

夏季可多吃一些苦味的食物，选择性地补充一些富含维生素的食物。平时要特别注意给宝宝补充水分，不要让宝宝身体因水分丧失过多而导致脱水，进而引发中暑。

少食用油炸或刺激性食物以免增加烦渴程度，使发热、口干、多尿等症状加重。

户外活动最好安排在早上或黄昏，并且给宝宝穿上宽松且颜色浅的衣服，戴上阔边帽子或撑上一把遮阳伞。

饮食调理之冬瓜粥

【原料】冬瓜400克，薏米90克，粳米适量，鲜荷叶1张、盐适量。

【做法】将冬瓜洗净切块，加入薏米、粳米、鲜荷叶，同煮成粥，放少许盐调味。

【服法】分次服食。

【功效】辅助治疗暑夏汗多、小便短赤、烦渴难解、发热后口干以及饮食不思等症状。

饮食调理之三豆粥

【原料】绿豆、黑豆和红豆各适量，大米少许。

【做法】将绿豆、黑豆、红豆和大米洗净，放一起同煮至烂熟即可。

【服法】放凉后分次服用。

【功效】具有解暑清热、和中除烦的功效。

"猫猫狗狗"并不安全

有些家长喜欢让宝宝和宠物一起玩，尤其是小猫、小狗，但有些猫、狗并不安全，如果宝宝被咬了，家长要及时处理。

猫、狗咬伤症状

被狗、猫咬伤后发病时间不定，可短于10天，亦可长至数年，一般是1~2个月。

前驱期表现有低热、头痛、乏力、咽痛、焦虑、易怒、食欲不振等症状，还有怕声、怕光、怕风，喉部有紧缩感等症状。咬伤部位感觉异常。

兴奋期表现为体温升高，躁动不安，害怕饮水，听见水声或被风吹可诱发局部或全身抽搐；口中唾液增多，常伴呼吸困难，但神志清楚。

麻痹期表现为抽搐停止，由暴躁转为安静，神智淡漠，呼吸循环衰竭，最后完全麻痹死亡。

急救措施

彻底冲洗伤口。狗咬伤的伤口往往是外口小里面深，这就要求冲洗的时候尽可能把伤口扩大，并用力挤压周围软组织，设法把粘在伤口上的动物唾液和伤口上的血液冲洗干净。若伤口出血过多，应设法立即止血，然后再送往医院急救。

冲洗伤口要分秒必争，以最快速度把沾染在伤口上的狂犬病毒冲洗掉。记住：千万不要包扎伤口。

伤口反复冲洗后，再送医院做进一步伤口冲洗处理（牢记：到医院伤口还要认真冲洗），接着应接种预防狂犬病疫苗。这里特别要指出的是，千万不可在被狗、猫咬伤后，不做任何处理，而在伤口处涂上红药水包上纱布，这样做更有害。切忌长途跋涉赶到大医院求治，而是应该立即、就地、彻底冲洗伤口，在24小时内注射狂犬病疫苗。

鼻腔异物，小心处理

宝宝生性活泼好动，有时玩耍时无意中将小豆子、纽扣、珠子、笔帽等微小物品放进鼻腔。如果处理不好，会给宝宝带来很大的痛苦和危险。

一棉签

宝宝鼻腔有异物的表现

细小的异物进入宝宝鼻腔后若没有被及时发现，可能数周或数月没有症状。

而尖锐、粗糙的异物，可损伤鼻腔，发生溃疡、出血、流脓和鼻塞。豆类进入鼻腔因膨胀，会引起鼻塞、打喷嚏，腐烂时有脓性分泌物及异臭味。

紧急处理方法

异物不同，处理方法也不一。

异物刚进入鼻腔，大多停留在鼻腔口。若异物擤不出或已经进入鼻腔深处，特别是圆形异物，一定不能用镊子去夹，以免越来越深，应立即送医院处理。如果是尖锐异物刺入，或异物过大，应送医院处理。

如果是蚊、蝇等飞虫吸入鼻中，切勿乱挖，只能用擤鼻涕的方式把它擤出。把鼻翼捏紧，把蚊、蝇挤死，然后再与鼻涕同时擤出。

利用气压吹出异物是最安全、最简单、最有效的方法，家长可以教孩子学会这种方法。顺序如下：用力吸气→闭紧嘴巴，手指压住未塞住异物的鼻孔→使劲用塞住异物鼻孔吹气。一次不成功，再反复2~3次。吹出异物的一部分后，便可用手指试着取出异物。要小心，不要又将异物塞回鼻中。

如何预防异物入鼻

在预防方面，家长要教育宝宝吃饭时不要讲话或玩耍；不要把食物、玩物、瓜皮、果壳等塞入鼻腔；及时发现玩具上将要脱落的部件，加以紧固。

教宝宝正确擤鼻涕

芝宝贝
母婴健康
公开课

宝宝自己不会擤鼻涕，往往用衣服袖子随意一抹，或者使劲一吸又咽回肚子里，鼻涕中含有大量病菌，这样会影响身体健康。爸爸妈妈要教宝宝正确擤鼻涕的方法，用卫生纸盖住鼻孔，先按住一侧鼻翼，擤另一侧鼻孔里的鼻涕，然后用同样的方法擤另一侧鼻孔。如果两个鼻孔同时用力很容易引起细菌入耳，导致中耳炎。

异物入耳别害怕

由于无知和好奇，宝宝有时会将手里玩的小东西塞到耳朵里去，如圆珠子、小豆子、小石块等，形成外耳道异物。爸爸妈妈要注意看护好宝宝。

有异物进入耳朵的表现

异物入耳多指小虫误入耳道，少数是因为游泳、玩耍时将异物置入耳道。小虫入耳，耳孔内会有跳动爬行感，宝宝会感到有难以忍受的声音和疼痛；大的异物可引起听力障碍、耳鸣耳痛和反射性咳嗽；豆类遇水膨胀可刺激外耳道皮肤发炎、糜烂，并会有剧烈的疼痛。

紧急处理方法

告诉宝宝千万不要紧张与害怕，小虫飞进耳朵时要马上用双手捂住耳朵并张大嘴，这样可以防止耳朵的鼓膜被震伤。

如果小虫飞入宝宝耳道，应马上到暗处，用灯光或手电筒光等照有虫子的耳道，小虫有趋光的习性，虫见光会自行出来。或者用食用油（甘油亦可）滴3～5滴入耳，过2～3分钟，把头歪向患侧，小虫会随油淌出来。也可取食醋适量，滴入耳内，虫即自出。

耳道进水时，将头侧向患侧，用手将耳朵往下拉，然后用同侧脚在地上跳数下，水会很快流出；也可用棉签轻轻插入耳中，将水分吸干。当游泳或洗澡时耳道不慎进水，应及时使耳道内水流出，防止引起中耳炎。

豆入耳道时，选一根细竹管，其直径与耳孔一样大小（如毛笔竹套），轻轻地插入耳道，然后嘴对着竹管外口，用力吸气，豆子会被吸出来。耳道内滑进小圆珠、玻璃球时，不要用钳子取，钳子容易将异物送入耳道深部。

不要用尖锐的物质挖捣耳内异物，以免造成耳内黏膜和鼓膜的损伤。豆、玉米、米麦粒等干燥物入耳，不宜用水或油滴耳，否则会使异物膨胀更难取出。异物进入耳道多日，或疼痛较重时，不宜延误，应立即去医院治疗。

煤气中毒怎么办

煤气中毒，即一氧化碳中毒。一氧化碳是无色、无味的气体。煤气中毒多数发生在用煤球和煤饼取暖的家庭。另外，家用煤气使用不当也会造成煤气中毒。

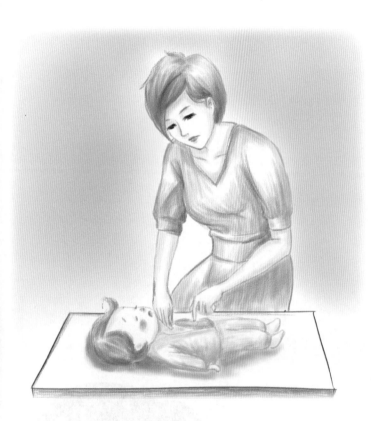

煤气中毒的表现症状

轻度煤气中毒后，宝宝会感到头晕、头痛、恶心呕吐、神志不清。重度中毒后，宝宝口唇呈樱桃红色，全身皮肤潮红，神志不清，或者昏迷、呼吸短浅、四肢冰凉，甚至大小便失禁。

煤气中毒的急救措施

发生煤气中毒后，应立即打开门窗，把宝宝搬到室外空气流通的地方。

然后松解领口和腰带，清除口鼻中的分泌物，使其呼吸不受限制，吸入新鲜空气，排出一氧化碳。

可按压人中、太阳、涌泉等穴位。轻、中度中毒者，一般可以恢复。

要注意保暖，最好用厚棉被将宝宝包裹好。症状轻的，一般1~2小时即可恢复。

症状严重的，如果出现恶心、呕吐不止、神志不清以致昏迷，应及时送医院抢救，最好送到有高压氧舱设备的医院。如果拖延时间较长，昏迷的宝宝可能会受到不同程度的大脑损伤。

护送途中要尽可能清除宝宝口中的呕吐物或痰液，将头偏向一侧，以免呕吐物阻塞呼吸道引起窒息。

如果宝宝呼吸不匀或呼吸微弱，可进行人工呼吸施行抢救。

如果呼吸和心跳都已停止，可在现场做人工呼吸和胸外心脏按压，即使是送医院途中，也要坚持抢救。

煤气中毒的后续调养

宝宝煤气中毒后一定要在医院进行高压氧治疗，同时爸爸妈妈要注意在饮食上给宝宝补充维生素、蛋白质，越早越好，这样是为了预防和减轻煤气中毒可能引发的脑水肿。

警惕宝宝食物中毒

食物中毒多发生在夏秋季，主要是由宝宝误食了细菌污染的食物而引起的一种以急性胃肠炎为主症的疾病。

食物中毒症状

最常见的食物中毒为沙门氏菌类污染，以肉食为主。葡萄球菌引起中毒的食物多为乳酪制品、糖果糕点等，嗜盐菌引起中毒的食物多是海产品，肉毒杆菌引起中毒的食物多是罐头肉食制品。禁食霉腐变质的食品可预防食物中毒发生。

食物中毒以呕吐和腹泻为主要表现，常在食后1小时到1天内出现恶心、剧烈呕吐、腹痛、腹泻等症状，继而可能出现脱水和血压下降而致休克。肉毒杆菌污染所致食物中毒病情最为严重，可出现吞咽困难、失语、复视等症状。

急救措施

1. 催吐：如果食物中毒发生的时间在1~2个小时内，可以多给患儿喝白开水，然后用手指或筷子伸入喉咙进行催吐，以尽量排出胃内残留的食物，防止毒素进一步被吸收。

2. 导泻：如果中毒已经超过2个小时，且患儿精神尚好，则服用一点儿泻药，促进中毒食物尽快排出体外。

3. 解毒：如果是吃了变质的鱼、虾等引起的食物中毒，取食醋100毫升，稀释后服下；若是饮用了变质的饮料，最好的办法是服用鲜牛奶或其他含蛋白质的饮料。

4. 禁食：食物中毒早期应禁食，但时间不应该过长。

可以给宝宝吃肥肉吗

芝宝贝
母婴健康
公开课

肥肉可以吃，但不宜给宝宝吃太多。肥肉脂肪含量很高，脂肪是人体内重要的供热物质，给宝宝吃点肥肉，有利于脂溶性维生素的吸收和利用，对宝宝的生长发育有好处。但是，如果长期给宝宝食用过量的肥肉，就会引起肥胖，宝宝长大以后还容易罹患肥胖症、高脂血症、高血压等心脑血管疾病。

手足口病危害大

手足口病是一种由病毒感染引起的急性传染病，婴幼儿普遍易感染，夏季发病居多。主要表现为口腔炎和手足皮疹。

手足口病的表现

手足口病一般潜伏期为4~7天，先有低热、流口水、食欲下降等表现，随后在舌、颊黏膜、硬腭或齿龈等部位出现小米粒大小的小水疱，水疱马上破裂形成溃疡。手足皮疹可同时或先后出现，手脚居多，掌背均有，也可见于臂、腿。皮疹呈斑丘疹，后转为疱疹，数目少的几个，多则几十个，皮疹消退后无斑痕或色素沉着。本病病程较短，一般在1周内痊愈。

手足口病传播途径

在患儿的水疱液、咽部分泌物或粪便中可分离出病毒，主要是柯萨基A型病毒。传播途径是通过消化道或呼吸道传播，尤其可通过被患者碰触过的玩具和生活用品传播。

隔离护养要到位

应采取隔离措施，直至皮疹完全消退，口服抗病毒药。对日常用品，如玩具、餐具等严格消毒，用84消毒液等进行擦拭。注意口腔卫生，进食后用淡盐水漱口。口腔溃疡者可征求医生意见后外用金因肽，促进溃疡愈合。饮食宜清淡、易消化，忌辛辣油腻之物。

平时养成良好的饮食卫生习惯。水杯、毛巾、餐具等物品要专人专用。

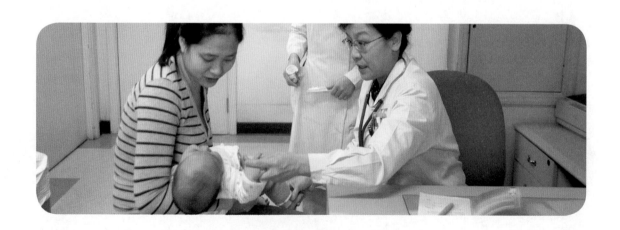

颈部、头部撞伤了怎么办

宝宝活泼好动，有时难免滑倒或从高处跌落，如果颈部受到强烈的撞击是很危险的。因为颈椎中有脊髓通过，如果颈部神经受损，轻者造成瘫痪，重者危及生命。

沉着应对

遇到宝宝颈部、头部撞伤这种情况后，要让宝宝平躺，因为水平躺着，可使背部伸直，但不要移动宝宝的头部和颈部。最重要的是不要让宝宝坐着。

对于意识清醒的宝宝，要用温柔的语言安慰他，消除他的紧张情绪，不能摇晃他，表现出很焦急的神态不利于宝宝保持安静。

急救措施

1. 面部淤血多是由于跌伤、钝器打击或碰撞引起。头皮血肿一般不需要特殊处理。受伤后不要反复揉搓肿起的包块，只需要局部按压或给予冷敷即可。用冷毛巾或冰块冷敷淤血或肿胀处，这样可消除肿胀和疼痛。对于比较严重的头皮血肿应去医院检查治疗。

2. 固定颈部。将毛巾或衣物等卷成圆筒状放在颈部的周围固定，以防止颈部移动。若必须移动时，一定要几个人同时抬起宝宝，轻抬轻放，千万小心。

3. 保持身体温暖。当宝宝出血较多时，宝宝身体会特别冷，所以要加盖毛毯、被子等物品，使身体保持温暖。

4. 消毒。用双氧水消毒伤口，如有出血，可覆盖干净的纱布，加压止血。

5. 保持安静，细心观察。头部、面部受伤的宝宝，表面上虽没有什么症状，但有时经过一段时间后情况会恶化，所以要让宝宝安静休息1天左右，以便观察。

6. 垫高头部平躺，尽量不要移动。如需要移动，可由2~3人平稳地抬起宝宝，轻轻搬运。

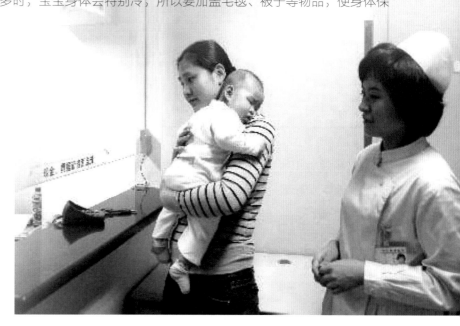

过年过节，小心鞭炮

鞭炮声既刺激又新鲜，往往很吸引小孩子。但是鞭炮虽然好玩却很容易造成伤害。宝宝多因未能及时躲开，捡"瞎炮"，使用伪劣产品或意外爆炸而受伤。受伤多见于手、面、眼、耳部。

爆炸性耳聋

伤后一侧耳或双耳听力下降或听不到声音。

急救措施

如身上着火，应迅速脱掉宝宝身上着火的衣服，用自来水冲洗伤口。

如手部或足部被炸伤流血，应该迅速用双手卡住出血部位的上方，可以用云南白药或三七粉撒上止血；高举手或脚用干布包扎伤口，皮肤表面有异物要立即取出。

如果炸伤眼睛，千万不要去揉擦，也不要乱冲洗，可滴入适量的消炎眼药水；眼睛受伤时要平躺急送医院。还应检查一下鼻毛有无烧焦（可能会烧伤呼吸道），如有要及时告知医生。

注意预防

在燃放烟花爆竹之前，爸爸妈妈就要做好相应的防范措施，防患于未然。

1. 不要让宝宝单独燃放鞭炮或烟花。
2. 告诉宝宝要远离燃放着的鞭炮及烟花。
3. 要严格按照产品使用说明进行燃放。
4. 千万不要购买质量不好、来源不明的鞭炮和烟花。

手伤

轻者伤口小、浅，有少量出血；较重者可伤及肌腱、神经、肌肉、骨及关节；严重者手掌、手指大部分被炸掉失去原形。

眼伤

轻者伤后多剧痛，眼中有异物；重者眼球脱出，眼内出血，视物不清。

宝宝尿床怎么办

虽然宝宝尿床属于正常的生理现象，是非常常见的事，但宝宝夜晚频频尿床也总让爸爸妈妈头疼不已，有没有什么办法解决呢？

宝宝尿床的原因

由于宝宝的神经系统发育还不完善，在熟睡时不能察觉到体内发出的信号，所以才会经常发生夜间尿床的现象。这是每一个宝宝必须经历的一个生理发育阶段，要想让宝宝一次也不尿床几乎是不可能的。但是宝宝尿床并非不可避免。只要方法得当，尿床可以被解决。

避开让宝宝尿床的因素

要尽量避免可能使宝宝夜间尿床的因素，比如晚餐不能太稀；入睡前半小时不要让宝宝喝水；上床前要让宝宝尽量大小便等。

掌握宝宝的尿床规律

要掌握好宝宝夜间尿床的规律，并定时叫醒宝宝起床排尿。夜间排尿时，一定要在宝宝清醒后再坐盆。因为不少5岁以后的宝宝还尿床的原因之一，就是由小时候经常在还没有完全清醒的情况下排尿造成的。

此外，克服宝宝尿床要有一个过程，只要妈妈和爸爸有耐心并且方法得当，时间一长宝宝就不会再尿床了。即使偶尔把被褥尿湿了，妈妈和爸爸也不要责备宝宝，以免伤害宝宝的自尊心，造成心理紧张，反而使尿床现象变为疾病。

咬断了体温计

按规定给宝宝测体温可将体温计放在腋下或肛门部位测试，也有一些家长喜欢把它放在宝宝的口中测试。然而宝宝控制能力较差，很容易咬断体温计，继而使体温计中水银被吞入胃里，这时家长应该怎么办呢？

注意事项

如果给宝宝测体温时，宝宝不慎咬断体温计，应立即让宝宝将碎玻璃吐出，并用清水漱口，清除口内的碎玻璃。

如已吞下碎玻璃，可让宝宝吞吃一些含纤维素多的蔬菜，使碎玻璃被蔬菜纤维包住，随大便排出。只要没有大块碎玻璃被吞下就不会有任何危险。

如果宝宝将水银吞入，家长不要惊慌，一般这种情况不会引起水银中毒，由于金属汞比重大，不溶解于胃液，因而很容易随粪便排出。但保险起见，家长还是不要给宝宝喂牛奶、豆浆或鸡蛋清，因为水银会和这些食物中的蛋白质结合，加快水银被吸收而使宝宝中毒。

急救措施

因为水银是一种重金属，化学性质很不活泼，所以不会在胃肠道内被吸收而中毒。只有离子状态的水银可以在肠道内被吸收，误食后可引起中毒。通常情况下，误咽体温计内的水银后，少则几小时，多则十几小时，即可从粪便中排出。对于散落在地的水银要及时清除，因为水银在常温下即可挥发成气态汞，大量吸入后可引起中毒。

如果宝宝在咬断体温计后出现剧烈腹痛，应立即送医院抢救。

测试宝宝的体温

口温测试适合较大的宝宝，宝宝正常口温可较成人高0.5℃，为36~37.5℃。幼小宝宝最常用的体温测量方法是测肛温，测量时要用手捏住肛表的上端以防滑落和折断，肛门正常体温为36.8~37.8℃；测腋温要在测量前先用干毛巾将腋窝擦干，然后让宝宝屈臂夹紧，腋下温度为36~37℃为正常。在给宝宝测体温前，要事先察看体温计是否有破损。

芝宝贝
母婴健康
公开课

小鼻子出血了

鼻出血在幼儿中比较常见，一年四季都有可能发生，如果气候干燥，这种现象更易频发。

导致鼻出血的原因

为什么鼻子容易出血呢？首先，因为鼻子里的血管丰富且曲折；其次，鼻腔是呼吸道的门户，容易受病菌和外伤等因素的侵袭。

比如不适当地掏挖鼻屎，就常会造成鼻子流血。宝宝用手挖鼻孔，挖破鼻黏膜而引起出血或伤到了鼻腔，鼻黏膜下血管破裂而流血。

此外，当天气干燥，宝宝穿衣过多时，内热有火，鼻黏膜干燥等常会引起鼻腔出血；当宝宝发烧、感冒时，鼻黏膜充血、肿胀，黏膜下浅表血管糜烂出血。

宝宝把异物置于鼻腔，刺激鼻腔黏膜糜烂出血；患有鼻腔肿瘤或血液系统的疾病，也会有鼻出血现象。

宝宝挑食、偏食等不良饮食习惯导致体内长期缺乏维生素C和维生素K也会引起鼻出血。

白血病、血友病、再生障碍性贫血等鼻出血往往是首发症状。如果宝宝鼻腔反复出血，建议父母及早带孩子进行血常规检查。

急救措施

宝宝出鼻血后，虽然不一定要马上去医院，但爸爸妈妈仍然需要做出紧急处理。

1. 爸爸妈妈首先要保持冷静，不要恐慌，让宝宝坐直，头略前倾，将流入口腔的鼻血吐出，以免刺激胃部导致呕吐。

2. 用拇指捏紧并压迫鼻翼10~15分钟，可以止住轻度出血。

3. 用冷毛巾擦拭后颈部及额头，或用纸巾蘸冷水按摩鼻梁，以减缓血流速度、加快血小板凝结。

4. 对于出血量大，无法判断出血位置的可以用纱布或者止血海绵填塞前鼻腔，同时需要观察咽部是否出血，填塞时间不宜过长。

鼻出血的原因虽然有很多，但是首先做的应该及时止血，以免引起并发症。如果是鼻炎引起的出血，要治疗鼻炎；外伤或者异物引起的出血要治疗外伤，取出异物；疾病引起的出血，要针对疾病及时治疗。对于采取紧急治疗后仍不能止血的宝宝，建议去医院治疗。

第 220~224 天　语言能力大有长进

随着宝宝月龄的不断提高，发音器官的日趋成熟，宝宝进入了言语活动积极发展的阶段。这个年龄的宝宝，能听懂的词也多了。宝宝在理解语言的基础上，说话积极性逐渐增高，掌握的词汇也越来越多。

抓住宝宝语言训练的契机

生活中处处有语言，处处存在发展语言能力的机会，爸爸妈妈要抓住宝宝语言训练的契机，随时随地对宝宝进行语言训练。比如给宝宝穿衣时可以教宝宝几个词或一两句话，边穿衣服边练习；或在和宝宝逛动物园时，告诉宝宝一些动物的名称，有什么样的特征。

在教宝宝说话时，应结合宝宝的兴趣和情绪，让宝宝在学习语言中感到乐趣，并自然、主动地学习。此外，在教宝宝说话时一定要有耐心，不要随便批评宝宝，在宝宝遇到困难时，父母要耐心给予帮助，当宝宝取得进步时应及时鼓励。

说短句

鼓励宝宝自己表达感觉，多说一些含有名词和动词的短句。如"喝水""吃饭""我不要"等。鼓励宝宝学会说自己的名字，同时在生活中多给宝宝说一些词汇，从而增加宝宝的词汇量，比如经常对宝宝说"扫地""洗手""推车"等词。

分辨声音

在看电视或者在生活中教宝宝分辨各种声音，如鼓声、汽车声、风声、雨声、雷声、动物叫声等，并教宝宝学会说"下雨""刮风""敲鼓"等词。

宝宝进入了语言活跃的发展阶段

这个时期，宝宝进入了语言活跃的发展阶段，宝宝的语言能力在逐渐地发生着质的飞跃，1岁半之前，宝宝只会说单个字，现在已经开始会说简单的词组、会讲自己的名字和一些简单的句子了。

250

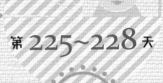

认知能力越发加强

生活中，对宝宝认知能力的训练无处不在。爸爸妈妈可以通过让宝宝认识生活物品、搭积木、看图画书等方式来提高宝宝的认知能力。

认识生活物品

爸爸妈妈可以给宝宝办一个家庭"博览会"，认识家中的生活物品及其用处。宝宝对新鲜的东西都很有兴趣，在领宝宝看家中的物品时，可以随时问宝宝一些问题，如"肥皂是干什么用的""毛巾有什么用"等。宝宝回答不上来时，可以告诉宝宝这些物品的用途，在使用的过程中让宝宝看着。

积木建筑游戏

积木是宝宝非常喜欢的玩具，刚开始时爸爸或妈妈可以用积木搭一些简单的造型给宝宝看，宝宝感兴趣之后，引导宝宝自己动手搭积木。可以随意地把积木搭高或搭长，搭高楼或火车，也可以把积木摆成小椅、小桌等形状。

整个游戏过程发展宝宝手部的精细动作，促进了宝宝的想象力，了解了积木的形状、颜色，搭成物体的名称、用途和简单结构等，丰富宝宝的创造力。

翻书找画

由于经常给宝宝看画册，宝宝对其中的内容已经有了印象。在这种情况下，妈妈可以合上画册，让宝宝找其中一页。如问宝宝"小鸡吃米在哪一页"，让宝宝自己翻到那一页，开始时可以帮助宝宝一起回忆，教宝宝从前往后翻书，渐渐地训练宝宝自己独立查找的能力。

鼓励宝宝模仿

爸爸妈妈要多鼓励宝宝模仿，比如和宝宝一起玩玩具的时候，让宝宝模仿爸爸妈妈投球入瓶、用绳穿珠子等动作。

EQ 锻炼很重要

现阶段宝宝的EQ锻炼主要还是体现在社交方面。此时的宝宝，独立性与依赖感并存，爸爸妈妈要帮宝宝养成一些事情靠爸爸妈妈、一些事情自己做的好习惯。

独立性与依赖感并存

这一时期，不管是自己能做的还是不能做的，宝宝都想自己去做，不愿别人帮忙。

比如宝宝大小便时可以自己脱裤子，吃饭的时候可以自己拿勺子，喝水也可以自己拿杯子喝。

但在某些方面还是依赖爸爸妈妈的，比如入睡前要缠着妈妈；遇到害怕的事会躲到爸爸妈妈的怀里；宝宝自己吃饭时，不愿意妈妈在他吃饭的时候离开；宝宝想走路时，不愿要妈妈的帮忙和扶持，但若妈妈真的离开他，他就会感到恐慌，失去练习的兴趣和信心。

有的爸爸妈妈认为，让宝宝自己做事比较耽误时间，也会很麻烦。其实这时应该在安全的前提下，让宝宝自己动手、自己体验，做成后表扬宝宝，让宝宝享受成功的快乐。

同时，适度的依赖感可以安慰宝宝幼小的心灵，也可以增进爸爸妈妈与宝宝之间的亲密关系。

给宝宝下达命令

生活中，爸爸妈妈应继续给宝宝下达命令，让宝宝自己做一些比较简单的事，这也是锻炼宝宝的社会交往能力的方法之一。

比如在妈妈回家后，让宝宝拿拖鞋；吃饭之前，让宝宝去搬小板凳；让宝宝拿来报纸，或者其他东西。宝宝做成后，及时表扬。

大人要善于教育宝宝

对宝宝进行教育，父母之间的配合很重要。特别是宝宝刚刚开始懂事的时候，父母对他的态度和教育方法，对宝宝性格的塑造和为人处世有深远的影响。对幼小的宝宝来说，他不知道什么事情该做，什么不该做，父母要各自发挥优势，耐心地教育引导。

芝宝贝
母婴健康
公开课

健脑食物多吃点

宝宝聪明与否，主要取决于大脑和智力的发育。除了先天素质外，后天的营养与智力的关系最为密切。

大脑迅速发育期

这个阶段的宝宝身体各部位发育速度以大脑最快。宝宝对因果关系等理解力有所进步，并且已经颇具想象力，记忆力也有很大进步，会数1~10甚至更多，喜欢问更多的"为什么"。家长应该牢牢抓住这个智力发育的关键期，让宝宝更加聪明。

适合宝宝的健脑食物

合理的、足够的营养是宝宝大脑发育的保证，也对宝宝大脑发育起着促进的作用。现在，宝宝的大脑正快速发育着，新生儿的脑部重量只有350克，长至1岁时，脑部重量已达1000克，而一般成人也大概只有1350克。因此，父母在做日常饮食安排时，要记得给宝宝吃些健脑食物。

1. 动物内脏、瘦肉、鱼肉。动物内脏、瘦肉、鱼肉等含有人体不能合成的必需脂肪酸，它是婴幼儿生长发育的重要物质，对中枢神经系统、视力、认知的发育起着极为重要的作用。

2. 水果。特别是苹果，不但含有多种维生素、无机盐和糖类等构成大脑所必需的营养成分，而且含有丰富的锌，锌与增强宝宝的记忆力有密切的关系。所以常吃水果，不仅有助于宝宝身体的生长发育，而且可以促进智力的发育。

3. 豆类及其制品。豆类及其制品含有丰富的蛋白质、脂肪、碳水化合物及维生素A、B族维生素等。蛋白质和必需氨基酸的含量尤其高，以谷氨酸的含量最为丰富，它是大脑赖以活动的物质基础。

4. 硬壳类食物。硬壳类食物含脂质丰富，如核桃、花生、杏仁、南瓜子、葵花子、松子等均含有对发挥大脑思维、促进记忆和智力活动有益的物质。

预防果汁综合征

　　果汁酸甜可口，大多数宝宝都爱喝，很多爸爸妈妈也认为果汁维生素含量丰富，又解渴，所以就由着宝宝喝，结果就喝出了毛病。凡事都要有个度。给宝宝喝果汁要避免以下误区。

拿果汁当水喝

　　不给宝宝喝水，宝宝渴了就拿果汁喝，时间长了宝宝就会出现食欲减退、呕吐、头晕等症状。这是因为长期大量饮用果汁，导致了低血压和高颅压，即所谓的果汁综合征。这也是1~2岁幼儿发生营养不良和惊厥的病因之一。

不加水稀释

　　为了口感和营养，有些爸爸妈妈给宝宝喝果汁的时候不加水稀释，这是不正确的。如果长期给宝宝喝高浓度、不稀释的果汁，一是会使宝宝出现贫血现象。因为果汁饮料中的电解质和糖分阻碍了人体对铜的吸收，而人体缺铜，会影响血红蛋白的生成，因而会出现贫血现象。二是如果宝宝过多地饮用高浓度的果汁，还可能形成果汁尿。果汁中大量的糖分如果不能被人体所吸收利用，就会从肾脏中排出，使尿液发生变化，久而久之，容易引起肾脏病变。因此，给宝宝喝果汁一定要加以稀释，不能拿来就喝。

喝果汁不要过度加热

　　因为果汁在榨汁的过程中已经破坏了不少维生素，如果再过度加热，其中的维生素含量就微乎其微了，宝宝喝了能获取的营养所剩无几。如果宝宝比较小，就喝常温下保存的果汁。

芝宝贝
母婴健康
公开课

跑跑跳跳，越发好动

这个时期的宝宝，步态明显平稳许多，行走自如，此时的宝宝已经可以做许多运动了。现在，宝宝已经会跑了，但跑起来仍然摇摇晃晃不太稳，步幅小、步子快，容易摔倒。宝宝还能有目的地投掷球，爸爸妈妈要鼓励宝宝多做运动。

自己上下楼梯

这一时期，可以继续让宝宝练习自己上下楼梯或台阶。要先让宝宝从稍矮一些的楼梯或台阶练起。上下楼梯或台阶的时候，让宝宝练习自己扶着栏杆，逐渐不再扶人。

跑

爸爸妈妈可以和宝宝玩捉人等追逐的游戏，在游戏里锻炼宝宝的跑和停。教宝宝在跑的时候放心地向前跑，以此避免因为头重脚轻或速度快而摔倒。再逐渐教宝宝学会在跑步停下之前先减慢速度，再慢慢停下来站稳。

抛球

爸爸或妈妈其中一人站在宝宝的对面，或2人分别站在宝宝两边，让宝宝把球抛过来。

户外锻炼身体

户外活动时，可以让宝宝玩水、玩沙子；如果居民小区有滑梯、跷跷板等设施，也可以让宝宝玩，使宝宝能从小有各种不同的体验，并认识周围的自然景物；还可以让宝宝学着骑三轮童车，培养宝宝的动作协调能力、平衡能力及独立生活能力。

宝宝一定很爱和爸爸妈妈玩捉迷藏的游戏，爸爸妈妈不妨多陪宝宝玩，可以让宝宝多活动身体，还能培养宝宝的思维能力。爸爸或妈妈可以先藏起来让宝宝找，等宝宝找到后，再轮到宝宝藏，爸爸或妈妈去找。刚开始，宝宝可能会藏在爸爸或妈妈刚才藏的地方，逐渐地，宝宝就会自己找地方藏了。但是藏之前要告诉宝宝哪些地方危险不能藏。

宝宝，你知道吗

你的手臂越来越有力

你的吐字越来越清晰

可你也越来越"叛逆"

你总是摇头

总是说不

总是要去做危险的事

妈妈懊恼，不知道该如何处理

有人说，这是成长的必经阶段

妈妈知道，自己还需要加倍努力

……

1 岁 9~12 个月

能说会唱小达人

跟妈妈说句悄悄话

妈妈，现在我已经能独立行走了，开始喜欢探索未知的世界，也越发地调皮，也许我的"不消停"让你和爸爸倍感头疼，也许我还是离不了你们的细心呵护，但是请不要过分限制我的活动，也不要什么都替我做，我更喜欢自己动手！

宝宝的成长记录

多吃蔬菜、水果、蛋、肉、鱼，少食高脂肪、高糖食物，预防肥胖症。增加跑、跳、攀登、投接球活动，会双足跳。学会看图讲故事，回答问题，复述见闻。

◎宝宝的身高：

◎宝宝的体重：

◎宝宝的头围：

参考数值：

1 岁 9~12 个月

男孩

身高 (cm)76.0~95.9　　平均 85.6

体重 (kg)8.61~16.66　　平均 11.93

头围 (cm)44.2~52.1　　平均 48

女孩

身高 (cm)75.1~94.5　　平均 84.4

体重 (kg)8.26~15.85　　平均 11.3

头围 (cm)43.2~51.0　　平均 46.9

宝宝的最新成长指数

这个时期宝宝的成长速度仍比上一年慢。到了1岁9个月时，宝宝的体重较上一阶段可增加1千克之多，身高也可增长2厘米，有16~20颗牙齿。宝宝现在的胸围稳定。

宝宝运动灵活

这个时期里的宝宝，步态明显平稳许多，行走自如；如果爸爸妈妈让宝宝捡起地上的玩具，宝宝会轻松地蹲下，然后把玩具拿起来送到爸爸妈妈的手上；宝宝还能有目的地投掷东西，用脚踢球；大部分宝宝可以扶着栏杆上下台阶，能自己爬上滑梯然后滑下来；有的宝宝已经会跑，但跑起来仍然摇摇晃晃不太稳，步幅小、步子快，容易摔倒。

手的动作更加灵活

现在，宝宝手的动作更加灵活了，能用拇指和食指捏东西；会穿木珠；能搭起4~8块积木；能握笔在纸上乱画；有的还能模仿画直线；能自己拿着勺子吃饭了。拧开水龙头后，宝宝可以自己搓洗小手。而且，随着宝宝模仿能力的增强，宝宝的小手也不闲着，一会儿开关一下冰箱门，一会儿把椅子推来推去，有时还会模仿爸爸妈妈拿着抹布擦桌子。

宝宝的身体比例开始发生根本性变化

身体的比例发生了根本性改变，宝宝不再像个"大头娃娃"了，胸廓、头部、腹部、三围差不多了，腿长长了，脖子也比原来长了。

芝宝贝
母婴健康
公开课

宝宝还不能说话吗

有的宝宝1岁半了，还不会说话，爸爸妈妈心里就着急了。宝宝会不会说话到底是什么因素影响的呢？

影响宝宝说话的因素

一般来说，多数宝宝在这个年龄段都能开始说话，只不过有的宝宝会说的多一些；而有的宝宝会说的少一点。

但也不排除个体差异，说话早晚是由每个人的性格、家庭环境、教育情况、身体状况等多方面因素决定的。在生活中也可以看出，热情开朗的宝宝会主动与人搭腔，说话就早些，口齿相对来说就清楚；而性格内向的宝宝，就沉默寡言，不善言谈，口齿就相对笨拙一些。

事实证明，有很多宝宝说话确实比较迟，有些到了3岁还说不出几句话来，但宝宝的其他方面都很正常。

听力和语言密不可分

对于说话迟的宝宝，要认真地进行观察。首先要看看宝宝的听力是否有问题，能不能听懂别人的话。如果爸爸妈妈的话宝宝全能听懂，就是不愿意开口说，那宝宝的听力和智力一般就不会有太大的问题。

如果别人对宝宝讲话，而宝宝反应很迟钝，甚至没有反应；到岁半了，宝宝还不会讲话或者发音含糊不清，特别是以往曾接受过链霉素、庆大霉素、卡那霉素治疗的宝宝，则应怀疑其听力可能有问题，应带宝宝去耳鼻喉科进行详细检查。因为这些药物对听神经有毒性，会损伤听神经从而影响听力，而听力不正常必然影响宝宝语言能力的发展。

现阶段是培养宝宝良好习惯的时机

宝宝已经进入1岁第9个月了，会回答简单的问话，例如，妈妈问"爸爸上哪去了？"宝宝已经能回答"爸爸上班了"。

宝宝的运动能力越来越好了

宝宝现在可以走得很稳，运动能力好的宝宝已经可以自如奔跑了，想走就走，想停就停。宝宝可以蹲下并坚持一小会儿，可以自己抓着栏杆上几级楼梯，双手的配合能力也越来越强，总喜欢把所有的东西都塞到瓶子、罐子里。

找一个宽敞无障碍的场地，爸爸和宝宝一起玩球。爸爸站在宝宝的前方，让宝宝听指令，"把球扔到爸爸这儿来！"引导宝宝把球扔过来后，爸爸将球再扔给宝宝，看看谁接得稳、扔得准。如果宝宝能有意识地接球、扔球，无论是否能接到或扔准，都要给予鼓励。这样做游戏可以锻炼宝宝四肢的灵活性，增强四肢的力量。

该是培养宝宝良好习惯的时候了

这个时期的宝宝已经学会下蹲动作了，宝宝可以蹲下便溺到便盆中，如果妈妈不注意培养宝宝文明排便，将来宝宝随地便溺时，如果有人指责妈妈，宝宝会有尴尬的感觉，这不利于宝宝的心理健康。帮助宝宝有规律地吃饭，午睡，游戏和休息。这样不仅可以帮助宝宝养成良好的作息规律，还能使妈妈育儿变得轻松起来。

如果您的宝宝现在已经认识超过300个单字，这有可能是您在这方面投入得太多，或者宝宝学得太单一了，这样并不好。要让宝宝更多地接触大自然，让宝宝有更多的兴趣点，而不是一味学认字。

EQ 训练再进一步

这个时期的宝宝EQ训练主要体现在自身情绪满足和社交能力提升上。宝宝正处在一个对周围世界感知和尝试阶段，他独立生活的能力强了，从而也使社会交往能力得到了提高。

宝宝有安全感的需求

这一时期，宝宝既想尝试许多新鲜事物，又怕没有"安全感"。对于宝宝的这种双重需求，爸爸妈妈应加以保护。保证宝宝的安全，不仅是指生活中的吃、喝，包括不要着凉、不要生病、不要发生意外事故等；还包括对宝宝活动的关心，对宝宝心理的安慰，对宝宝情绪的理解，甚至对行动的鼓励与支持。宝宝有了安全感，就会变得自信、幸福、勇敢，才能更敢于独立地探索新事物。比如尽管宝宝现在已经能行走自如，但爸爸也应在后面跟着，这会让宝宝感到踏实。如果一味放任宝宝自己做事，宝宝会没有安全感。

宝宝自理能力进一步提高

现在，大多数宝宝能自己较好地吃饭了，也会自己洗手了，能用毛巾把手揩干。而且多数宝宝已经能在白天完全控制大小便，能自己解开裤子坐便盆。这种独立行动的倾向，给宝宝有目的、有意识地活动提供了有利条件。

学会打招呼

在日常生活中，爸爸妈妈要教会宝宝称呼各种年龄段的人，比如：爷爷、奶奶、叔叔、阿姨、哥哥、姐姐等。在遇到别人的时候，教宝宝问好；分开的时候说"再见"；接受别人的东西要说"谢谢"；还要告诉宝宝，要对别人友好地微笑。

宝宝为什么总是说"不"

宝宝过了一岁半，开始出现"不听话"的现象，经常说"不""不要"，爸爸妈妈常为此感到很头疼，其实这是幼儿发展的必经阶段，被称为宝宝的反抗期。

独立愿望越来越强

当宝宝看到爸爸妈妈做了一件事，也想模仿并尝试自己做一下，如果被爸爸妈妈制止，他会说"不"。这种"不听话的现象"正是宝宝认识到了自我，萌发独立性，生理、心理发展正常的重要表现。

宝宝在试探后果

有时当爸爸妈妈说"宝宝来洗澡"，宝宝会说"不"。其实很多时候，宝宝并不是真的不想去做这件事，也并不是故意和爸爸妈妈作对，他只是想知道说"不"之后会有怎样的结果，想知道爸爸妈妈会在什么地方任由他们自己行动，他们应该在什么地方自己尝试。

这其实代表着宝宝对世界、对周围的环境有了进一步的认识和看法，他想尝试了解自己的智慧和能力达到了什么程度，他还想知道自己能做什么、不能做什么。

宝宝的语言功能有待完善

宝宝对爸爸妈妈言行的单纯否定或是不在意，是因为在一定程度上宝宝的语言能力不成熟，宝宝无法完全理解爸爸妈妈的用意，因此也就不能完全执行爸爸妈妈的要求。

当宝宝拒绝爸爸妈妈的要求时，宝宝不会用言语来表达，只会说"不要"和"自己做"，很难将自己的想法传达给爸爸妈妈，而被误以为是在"反抗"和"任性"。

这都是因为宝宝没有足够的词汇可以表达自己的感情和需要，而只能把喜怒哀乐写在脸上。

正确疏导宝宝的"小反抗期"

这个时期的反抗表现，是宝宝自我发展的必经阶段。爸爸妈妈需要做的是调整好心态，正确疏导宝宝的反抗心理，帮宝宝度过这个阶段。

爸爸妈妈要调整好心态

有的爸爸妈妈不知道该怎么应对宝宝的"不"，会选择用生气、喊叫、打骂的方式来压制宝宝，这样的后果往往是让宝宝更加叛逆，更加不停地说"不"。因此，爸爸妈妈在听到宝宝对自己说"不"后，不能发火，应该用正常的心态来面对。一方面要意识到这代表着宝宝的正常成长，宝宝这样做只是因为他到了这个必经的时期，宝宝开始产生自主意识，表达个人的需求，同时想要了解周围的环境，建立自己的好恶观念。另一方面，爸爸妈妈要调整好自己的心态，寻找到和宝宝相处的新方式。注意观察宝宝，了解宝宝的要求，再根据宝宝的特点把宝宝情绪稳定住，用良好的心态、温和的态度和语言来对待宝宝，尊重宝宝、转移宝宝的注意力。不打击宝宝的积极性，但要让他清楚有些事是不能做的。如果宝宝确实毫无原因地产生抵抗行为，爸爸妈妈不要因为觉得烦而控制不了自己的情绪，调整心态、控制情绪对宝宝、对自己都是很好的选择。

帮助宝宝度过反抗期

在宝宝说"不"的时期里，爸爸妈妈要耐心帮助宝宝顺利度过反抗期。比如在宝宝疲惫、饥饿或情绪不好的时候，就不要教他学习新东西或做事情，让宝宝休息或者玩一会儿，缓解一下紧张的情绪。宝宝生病时，出现不良情绪，爸爸妈妈要多宽容多理解。同时，在生活中要注意，多告诉宝宝"去做什么"，而尽量避免说"不要做什么"，比如可以对宝宝说"拿稳水杯"，而不要说"不要把杯子摔了"。

正确引导宝宝

爸爸妈妈在面对宝宝说"不"的时候，还要会尊重宝宝的意愿。尊重宝宝的意愿，是正确引导宝宝成长的第一步。爸爸妈妈要明白的是，即将2岁的宝宝，特别需要爸爸妈妈的情感支持。爸爸妈妈最好不要一味地对宝宝下达"不准干什么"的禁止令，而应多给他一些选择的机会。

生活自理能力，继续加强

此时的宝宝，在生活自理能力上有了很大的进步，爸爸妈妈应利用这个机会来培养宝宝的生活自理能力，增强宝宝的独立性和责任感。

让宝宝学着自己吃饭

吃饭时让宝宝和爸爸妈妈在一张桌子上，并让宝宝自己用勺子吃饭，从减少喂宝宝的时间，逐渐发展到宝宝自己将碗里的饭全部吃掉，并表扬宝宝吃饭不剩、不洒。

让宝宝自己脱衣、戴帽

给宝宝脱衣服时，刚开始上衣只需要解开扣子，再让宝宝自己脱下来；裤子需要爸爸妈妈帮忙拉到膝盖，再让宝宝自己脱下。

以后，就可以教宝宝——脱裤子时要先拉到膝盖，再脱下来。

这样每天睡觉前都让宝宝自己脱衣服，养成好习惯。还可以在出门的时候，让宝宝练习自己把帽子戴上，爸爸妈妈帮助扶正。

宝宝能自己走向目的地

宝宝喜欢走在有图案的地方，在地上铺上带有图案的拼图，或画上几条彩色线，让宝宝沿着画线往前走，宝宝会非常感兴趣。这样不但锻炼宝宝走直线的能力，还锻炼宝宝对距离的判断和方位的把握，帮助宝宝辨别色彩，训练宝宝越过障碍物的能力。

芝宝贝
**母婴健康
公开课**

辨颜色，识数字

随着宝宝生活经验的积累和语言水平的提高，宝宝的认知能力正在较快地发展。此时，爸爸妈妈要创造条件，启发、引导宝宝，训练宝宝的认知能力。

学认第二种颜色

如果宝宝在之前已认识了红色，现在再拿出红色的玩具教宝宝识记，然后认第2种颜色。取黄色（或黑色）玩具3~4种，告诉宝宝这些都是黄色的。再把红色和黄色的玩具放一起让宝宝辨认。学会后连续练习5~6天。

教宝宝认识数字

宝宝已经会数数了，但可能还不认识这些数字，现在可以教宝宝认识。"1"和"8"是较容易引起宝宝兴趣的数字，可以将公交站牌、门牌、汽车牌照上的数字告诉宝宝："竖着的道道是1，像葫芦的是8"。

摆位置

父母先在纸上画一个脸的轮廓，让宝宝把画有眼睛、鼻子、耳朵等五官的纸片摆到脸轮廓的正确位置上，父母可在一边帮助宝宝，最后把画好的身躯、四肢、手脚也摆放好。

画线

在宝宝学会辨认图形后，还要教宝宝画横线和竖线。可以手把手地教宝宝画，一开始宝宝可能画不直，爸爸妈妈不要着急，训练时间久了，宝宝的手劲和抓握能力提升之后就自然能画直了。

自己的事情自己做

让宝宝做好自己的事情，不仅对培养宝宝的自理能力、独立意识有帮助，还有助于培养宝宝的责任感，使宝宝逐渐意识到要对自己的生活和行为负责。

让宝宝动作技能更协调

吃饭、穿衣、整理玩具等，都是宝宝探索世界的一部分。2岁左右的宝宝有了一定的听、说能力，手的抓握及小手指的配合能力也比较强了，手和眼基本能够互相协调起来。让宝宝动手做这些事，能进一步增强肌肉发展和动作协调能力，还能提高宝宝独立处理问题的能力。

培养宝宝的责任感

爸爸妈妈用正确的方法引导宝宝自己的事情自己做，在宝宝做成事情的同时，伴随而来的是自信与成就感。鼓励宝宝自己做事，还能从小培养宝宝的责任感。

适度的挫折让宝宝更坚强

宝宝需要经历和接受挫折、失败，才能在日后更坚强，也才会逐渐适应生活、适应社会。在宝宝目前的生活中，每一个尝试细节，都能给宝宝带来平凡而真实的教育。

也许仅仅是一次将鞋穿反、衣服扣子系错位、把碗打破，但这些小挫折可以成为下次成功的经验，同时让宝宝懂得做事不气馁、永不放弃，并通过努力体验到成功的喜悦。

可以让宝宝体验自尊、自信

独立做事，可以让宝宝产生特殊的快乐与满足感，体验其中的自尊、自信。自尊、自信是激励宝宝日后主动学习的内在动力。不要忽视这些生活小事对宝宝目前与长远发展的巨大教育价值。在宝宝做事的过程中，爸爸妈妈要常鼓励宝宝，让他知道"我能行"，关心宝宝对正在做的事情的情感、技能等方面的新变化，让宝宝体验自尊，增强自信。

训练认知从身边开始

在日常生活中，爸爸妈妈还可通过以下几种方法来锻炼宝宝的观察力和记忆力，促进宝宝认知能力的发展。

认识自然现象

比如早晨可以指着太阳对宝宝说"太阳出来啦"；晚上指着月亮对宝宝说"月亮和星星出来啦"；刮风、下雨或者打雷的时候，还可以给宝宝说明这些现象。

布袋游戏

先准备1个小布袋和各类水果，如香蕉、橘子、苹果等；另外再准备各种小玩具，如手枪、汽车、毛绒小兔等。拿着装满各类物品的小布袋，让宝宝伸手到袋子里摸一件东西，摸完告诉爸爸妈妈是什么，但不许偷看。当宝宝能够多次将物品说对后，再让宝宝把掏出来的这些物品归类，如香蕉、橘子、苹果是水果类，毛绒小兔、小车属玩具类等。做这个游戏时，所选物品的外形应有较大的区别，以利于宝宝辨别。

为提高宝宝的兴趣，爸爸妈妈可以不断丰富"口袋"里的"内容"，或者与宝宝互换位置，让宝宝提问，要求爸爸妈妈来摸。

培养宝宝的认知力

这一时期，爸爸妈妈要从丰富宝宝的生活入手，继续培养宝宝的认知力。可以通过讲故事、描述图片内容、绘图、表演、游戏来发展宝宝的认知力，让宝宝在生活中得到更多的体验。比如给宝宝一套模型餐具，让宝宝学习爸爸妈妈的样子，给玩具宝宝安排一日的饮食；或者让宝宝自己当父母，学着爸爸妈妈的样子，哄玩具宝宝睡觉，喂玩具宝宝吃饭，给玩具宝宝讲故事等。在游戏中既发展了宝宝的认知力、想象力，也锻炼了宝宝的语言能力，同时也能让宝宝体会人与人之间的情感交流。

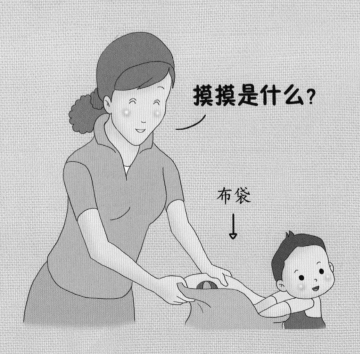

摸摸是什么？

布袋

吃甜食要有原则哦

宝宝都爱吃甜食，甜食也是宝宝生长发育过程中必不可少的食物，但甜食摄入不当，会对牙齿造成一定的危害。所以，爸爸妈妈一定要把握好吃甜食的原则。

甜食的危害你可知

甜食吃多了会引起龋齿（俗称虫牙、蛀牙），但并不是吃一次糖就会导致龋齿，龋齿的形成与食糖的量、频率、方式密切相关。因为含糖多的食品，很容易粘在牙齿上面，从而产生乳酸，使牙齿表面脱钙，引发龋齿，所以食糖过多对牙齿不利。

水果中的糖分有危害吗

通常水果中也含糖分，蔬菜中也有少量的糖分，不过含糖浓度很低，并且具有丰富的粗纤维，能起到清洁牙齿的作用，所以这些食物对牙齿没有什么危害。

但吃那些含糖高的食物就不同了，如果这类食物吃得较多，吃后又不漱口，就很容易给牙齿带来危害。

宝宝每日蔗糖摄入量参考

为了使爸爸妈妈对宝宝摄入的蔗糖量心中有数，可参考下列表格中的摄入量。

年龄	摄入量
0至半岁	15~20克
半岁至2岁半	20~25克
2岁半至5岁	25~30克
5~9岁	30~45克

给宝宝吃甜食的原则

1. 甜食最好在主餐时给宝宝吃，而不要放在两餐之间吃。

2. 不要经常给宝宝吃甜食。

3. 给宝宝吃甜食，应选择不容易黏附在牙齿面上的食物。

4. 宝宝吃完甜食后应让宝宝立即漱口。

最常见的小儿寄生虫病——蛔虫病

蛔虫病是小儿最常见的一种肠道寄生虫病，农村发病率高于城市。患病后一般无明显的症状，或有轻微腹痛、食欲下降，疼痛无规律，可反复发作，持续时间不等。

怎样判断宝宝的肚子里有了蛔虫

蛔虫病伴随食欲下降，宝宝有偏食或"异食癖"，如喜食炉渣、墙皮、生米等。

由于蛔虫寄生在肠道内，影响宝宝对营养物质的吸收，宝宝患病后常出现消瘦、贫血等营养不良表现，甚至生长发育迟缓。

成虫的代谢产物被人体吸收后可出现低热、精神萎靡、夜间磨牙、易惊等症状。其幼虫若在生长过程中移行到肺部可引起发热、咳嗽、荨麻疹，血中嗜酸细胞增高，肺部出现移动不定的片影，这被称为"蛔蚴性肺炎"。

蛔虫有游走钻空的习性，在肠道内乱窜，可致蛔虫性肠梗阻、胆道蛔虫症、蛔虫性阑尾炎或蛔虫性肝脓肿等并发症。

化验大便一般找不到虫卵，其诊断主要根据症状、排蛔或吐蛔史，腹部B超有时可发现肠内扭结成团的蛔虫影。蛔虫病出现合并症时，多表现为急腹症，宝宝需马上去医院就诊。

蛔虫病的养护

可用药物对宝宝进行驱虫治疗，常用药有阿苯哒唑(肠虫清)、甲苯哒唑(安乐士)、枸橼酸哌哔嗪(驱蛔灵)等，建议让宝宝空腹或半空腹服药，服药后注意观察大便。若出现外科急腹症表现，应马上手术。

加强预防是关键

帮宝宝养成良好的饮食卫生习惯，如饭前便后要洗手；定期剪指甲；瓜果要洗净削皮；不要喝生水；不要吸吮手指；不要口含玩具；不要在地上爬着玩；不要随地大小便等。爸爸妈妈要了解蛔虫的传染方式，减少宝宝被感染的机会。

小小龋齿问题大

龋齿俗称"虫牙"，表现为牙齿硬组织被破坏并形成龋洞，是宝宝在这一时期的常见病和多发病。爸爸妈妈要有所注意。

怎样判断宝宝有龋齿了

凡在牙齿表面或窝沟处有色、形、质三方面变化的均可诊断为龋齿——牙体组织变成土黄色或棕褐色；其完整性被破坏；牙体组织变粗糙、疏松软化。龋齿可继发牙髓炎和根尖周炎，甚至引起牙槽骨和颌骨炎症。

查找病因

1. 细菌因素：细菌在龋齿发病中起着主导作用。常见细菌是乳酸杆菌和变形链杆菌。这些细菌与唾液中的黏蛋白和食物残渣混合在一起，形成一种被称为牙菌斑的黏合物，牢固地附着在牙齿表面和窝沟中，牙菌斑中的大量细菌产酸，使釉质表面脱钙、溶解。

2. 饮食因素：如果宝宝饮食中糖分含量过高，不但提供菌斑中细菌生活和活动能量，而且在细菌作用下使糖酵解产生有机酸，酸长期滞留在牙齿表面和窝沟中，使釉质被破坏。

3. 牙齿和唾液因素：小儿乳牙和年轻恒牙的钙化程度不够成熟，牙齿中氟含量偏低，使得牙齿抗菌、抗酸能力下降，容易患龋齿。唾液在口腔中起着缓冲、洗涤、抗菌和抑菌的作用，其成分和性质影响细菌的生活条件。

注意护养

定期给宝宝做口腔检查，做到早期发现、早期治疗。治疗龋齿的主要方法是充填龋洞，充填物多用复合树脂，阻止龋齿继续发展。养成良好的口腔卫生习惯，这一时期可让宝宝试着刷牙，或者在饭后漱口。另外，要控制高糖饮食的摄入，临睡前不能让宝宝吃糖。

培养宝宝的独立性

正确培养宝宝自己做事的能力，是提高宝宝独立生活能力的关键。让宝宝做好自己的事情，需要爸爸妈妈给宝宝创造机会，并且提供正确的指导方法。

给宝宝理智的爱

有些爸爸妈妈溺爱宝宝，舍不得让宝宝做这个做那个。爱是对的，但也要有理智。爸爸妈妈应该放下溺爱，给宝宝创造一些机会，放手让宝宝尝试生活。

只有让宝宝离开爸爸妈妈的翅膀，早点培养宝宝独立能力，让宝宝学会自己照顾自己，才更利于宝宝日后的成长。在安全的范围里，让宝宝做一些力所能及的事情，教给宝宝方法，让宝宝练习，宝宝能够逐渐学会。

比如让宝宝把地板上的果皮垃圾放到垃圾桶里；玩水的时候自己试着洗一洗小手绢，洗不干净没有关系。

不要认为宝宝在帮倒忙

宝宝毕竟还不满2岁，独立生活能力很差，但是几乎每个宝宝都希望自己能动手做事，爸爸妈妈应该尊重宝宝的这种意愿，这也是宝宝锻炼自我的机会。

当宝宝刚会走路的时候，就已经有了帮爸爸妈妈做事的意愿，年龄再大一点，宝宝会非常愿意帮爸爸妈妈拿东西、跑跑腿。当宝宝3岁的时候，这种自立愿望就会更加强烈了，什么事情都想去干。

但是宝宝因为年龄小，能力有限，动作发展还处于不协调、不精确的状态，总会把事情搞砸。比如让宝宝自己吃饭，宝宝就会把饭弄得满身都是；让宝宝去拿来一块蛋糕，宝宝却常常不小心把它掉在地上。这时爸爸妈妈不要因宝宝在帮倒忙而责怪或制止宝宝来独立做事，因为批评会挫伤宝宝独立做事的积极性。

应鼓励他试一试，适当地帮助他，并且教会他如何做得更好。学会一些必要的技巧，这对宝宝的独立意识影响深远，远胜于宝宝添的小麻烦。

沉着应对宝宝哮喘

据国内外调查统计，全球儿童哮喘发病率呈逐年上升趋势。爸爸妈妈一定要对宝宝加以防范，并了解哮喘发作了该怎么办。

宝宝患哮喘有何表现

支气管哮喘是一种变态反应性的呼吸道疾病，表现为反复发作的喘息、咳嗽、胸闷、气短，甚至不能平卧等特点，严重影响宝宝的学习和生活。

哮喘一般没有发热症状，但因感染诱发的患儿可发热。因吸入过敏原诱发的患儿，喘息前多有鼻痒、流涕、打喷嚏等症状。

了解宝宝患哮喘的原因

诱发因素很多，如过敏原刺激、呼吸道感染、剧烈运动、遗传因素、药物、气候变化、疲劳或精神紧张等。初起仅轻微干咳，很快出现喘息、呼吸困难、烦躁不安、鼻翼扇动、口唇指趾发绀、出汗等症状。宝宝患病后因不能平卧而呈端坐位，喘息声可传至室外。

了解措施，沉着应对

目前国际公认治疗哮喘的方法是吸入疗法，具有起效快、不良反应少等优点。

气雾吸入后直接作用于呼吸道而发挥抗炎平喘作用，其吸入激素的量很小，一天吸入的激素剂量只相当于一片强的松的1/10，用药时间短，因而不用担心激素的不良反应。

在药物治疗的同时，哮喘患儿还要加强体格锻炼。体格锻炼既可改善呼吸功能，增强机体抗病能力，还可保持精神愉快。同时注意预防呼吸道感染，避免接触过敏原、过劳、淋雨、精神刺激等，在缓解期配合中医、中药治疗，采用扶正固本、健脾益肾等法将息调养，或以穴位贴敷法进行"冬病夏治""夏病冬治"。

儿童哮喘的转归一般较好，预后往往与起病年龄、病情轻重、病程长短和是否有家族遗传史有关，经规范治疗，哮喘是可以治愈的。

宝宝越玩越聪明

此时宝宝手部精细动作已经做得很熟练了，爸爸妈妈可通过一些游戏，适时地锻炼宝宝手部的精细动作、想象力和创造力，让宝宝越玩越聪明。

穿珠比赛让手眼更协调

之前宝宝已经学会穿珠了，在这个时期，可以继续让宝宝进行穿珠比赛，来熟悉穿珠动作，锻炼双手的配合能力。准备一个塑料绳或者尼龙绳，像之前的训练一样，让宝宝穿算盘珠、大眼的扣子等东西。这次训练宝宝穿上珠子后，把绳子提起来，让珠子自然滑到绳底。反复练习，可以加快宝宝穿珠速度，提高准确性。等宝宝熟练后，可以和宝宝比赛，故意让宝宝赢，同时给宝宝计时，看宝宝1分钟能穿上多少个。

这样可锻炼宝宝手、眼、脑的协调能力，培养耐心和毅力。

分水果游戏让宝宝理解事物特性

先把几个苹果和几个梨混合放在一起，教宝宝把苹果和梨分开，然后再让宝宝把苹果放在篮子里，把梨放在盘子里。通过几次训练，逐步过渡到在图片中数猫和兔子的游戏，让宝宝依照上面的方法把它们区分开来。

这个游戏可使宝宝进一步理解事物的特性和互相之间的关系。

纸盒游戏让宝宝学会归类

在纸盒里面放入同样颜色的塑料杯、球、积木块等东西。把纸盒放在宝宝面前，让宝宝依次把每件东西拿出来，并说出是什么东西，如果宝宝不知道或说不清楚，要教宝宝辨认。

这个游戏不仅能很好地增加宝宝的词汇量，还能让宝宝认识和区别颜色。经过多次练习之后，爸爸妈妈可以尝试加入其他颜色的纸盒和物品，然后教宝宝把相同颜色的物品归到同样颜色的纸盒里。

社交能力越来越强

随着宝宝对情绪的控制能力逐渐增强，及社会交往的需求逐渐增强，爸爸妈妈应进一步加强锻炼宝宝的社会交往能力，帮助宝宝快乐地生活。

让宝宝和同龄伙伴一起玩

爸爸妈妈可将其他小朋友请到家里一起玩，或组织宝宝在几家之间轮流玩。准备玩具或者场地，鼓励宝宝和小伙伴一起玩耍。这一时期的宝宝在和小伙伴一起玩耍的过程中，会相互模仿。

还可以让宝宝们一起玩"过家家"的游戏，比如照顾玩具娃娃睡觉、吃饭；假装娃娃生病了，喂娃娃吃药，送她去医院等。这样可培养宝宝的同情心和协作精神。

教宝宝学会照顾他人

通过照顾娃娃的游戏，宝宝可以学会照顾他人。宝宝照顾娃娃的时候，会安慰娃娃、关心娃娃。比如给娃娃假装打针、吃药、试体温的时候，可以安慰娃娃说"打针不疼，不要哭，不哭才是好宝宝"。

此外，宝宝生病去医院时，难免会因为害怕而出现不配合的现象。让宝宝在平时多做照顾生病娃娃的游戏，在一定程度上可以帮助宝宝克服害怕打针、吃药的心理，让宝宝意识到有病就要去医院，要做坚强的宝宝。

花粉过敏怎么办

花粉过敏症又叫枯草热，表现为流鼻涕、打喷嚏、鼻眼痒以及咳嗽等症状。了解一些相关的常识，爸爸妈妈可以更好地保护好对花粉过敏的宝宝。

花粉过敏的表现

一般来说，花粉过敏有以下几种情况：

1. 花粉过敏性鼻炎，表现为鼻子特别痒，突然间连续不断打喷嚏，喷出大量鼻涕，鼻子堵塞，呼吸不畅等。

2. 花粉过敏性哮喘，表现为阵发性咳嗽、呼吸困难、有白色泡沫样黏液，突发性哮喘发作并越来越严重，春季过后与正常人一样。

3. 花粉过敏性结膜炎，表现为宝宝的眼睛发痒、眼睑肿胀，并常伴有水样或脓性黏液分泌物出现。

预防花粉过敏的方法

对已有花粉过敏症的宝宝，要采取一定的措施，以减少或减轻疾病的发作。比如在空气中花粉浓度高的季节，可在医生的指导下，让宝宝有规律地服用抗组胺药物，如扑尔敏等。对于患有较严重的花粉过敏性鼻炎和花粉过敏性哮喘的宝宝，应用激素。

减少宝宝暴露在花粉中的机会，如在花粉的授粉期间关闭门窗；早晨空气中花粉密度高，尽量推迟宝宝上午出门的时间，不要让宝宝进行户外晨练；不要在户外晾晒宝宝的衣物和被褥；减少野外活动；大风或天气晴好的日子，少带宝宝外出。

给宝宝建立合理的生活规律

合理安排宝宝的睡眠、饮食、大小便以及玩耍等生活内容，从小养成良好的生活习惯，有利于宝宝神经系统与消化系统等协调工作，对宝宝的身体健康和心理发展都具有重大的意义。

适时适量地就餐

由于宝宝的消化功能较弱，每次饭量不宜过多，为了保证宝宝能从膳食中得到充足的营养，可以适当增加就餐次数。一般来说，这个年龄段的宝宝每天需要就餐5次，包括吃饭、吃奶以及吃点心，两餐之间应间隔2个小时以上。

睡眠规律很重要

由于宝宝的神经系统还没有发育成熟，大脑皮层的特点是极容易兴奋又容易疲劳，如果得不到及时休息，就会精神不济、食欲不好、容易生病。如果睡眠充足，可以使脑细胞恢复工作能力，而且睡眠时分泌的生长激素比清醒时更多。有关资料表明，宝宝熟睡时的生长速度是清醒时生长速度的3倍。

在这个年龄段，宝宝每天一般需要睡12~14个小时，白天睡1~2次，每次1.5~2个小时，晚上睡10个小时左右。

不过由于睡眠时间与质量存在个体差异，有的宝宝天生觉少，白天只睡1次，但只要宝宝精神状态好，能吃能玩，也是正常的。

活动时间需保障

由于宝宝的身体正处在生长发育较为迅速的阶段，应保证有一定的室内及户外活动时间，每天最好保证在2个小时左右（冬天的时间可能要短一些，夏天的时间要长一些）。

制定每日的作息时间表

　　每个宝宝的生活特点各异，爸爸妈妈应该根据宝宝的特点来制定宝宝的作息时间表。这样，宝宝的生活才能有条不紊，使宝宝逐渐养成良好的生活习惯。

作息时间表参考

7：00~7：30	起床、大小便
7：30~8：00	洗手、洗脸
8：00~8：30	吃早饭
9：00~10：30	户外活动、吃点心
10：30~11：30	睡觉
11：30~12：00	吃午饭
12：30~15：00	睡觉
15：00~15：30	吃点心
17：30~18：00	户内或户外活动
18：00~19：30	吃晚饭
19：30~20：00	室内或户外活动
20：00至次日7：00	睡觉

让宝宝自己睡觉

　　宝宝希望自己做事，但一般都不愿意自己上床睡觉。提前让宝宝自己睡，能帮宝宝更好地形成独立意识。不管是白天还是晚上，爸爸妈妈应尽量让宝宝自己睡。通过给宝宝讲故事、做游戏，让宝宝明白，爸爸妈妈让他自己睡的目的是让他成为一个独立坚强的"好宝宝"。在刚开始宝宝不情愿的情况下，妈妈可以告诉宝宝，让他自己先躺一会儿，妈妈一会儿就来。然后妈妈一会儿回到宝宝身边后，以同样的方式暂时离开宝宝，反复几次，时间一点点延长，就能让宝宝逐渐养成独自睡觉的习惯。

芝宝贝
母婴健康
公开课

不知道什么时候起

你已经变得非常自立

系鞋带、扣纽扣、梳头发、擤鼻涕

妈妈教给你的点点滴滴

你都悄悄学会了

有时候我都不敢相信

你是上天赐给爸爸妈妈最好的礼物

也是爸爸妈妈最骄傲的 "杰作"

我亲爱的孩子

愿你在爱里勇敢成长

……

2 岁 1~6 个月

跑跳自如，健康成长

跟妈妈说句悄悄话

　　逐渐长大的我想要探索未知的领域，尽管有时候伤了自己，甚至"闯祸"；我想要独自尝试做一些事，尽管还需要爸爸妈妈在旁边看护；我想要和小朋友接触，尽管有时候会发生争执；我总是像个好奇宝宝一样发问"这是什么？""那是什么？"爸爸妈妈一定为我伤透了脑筋吧？

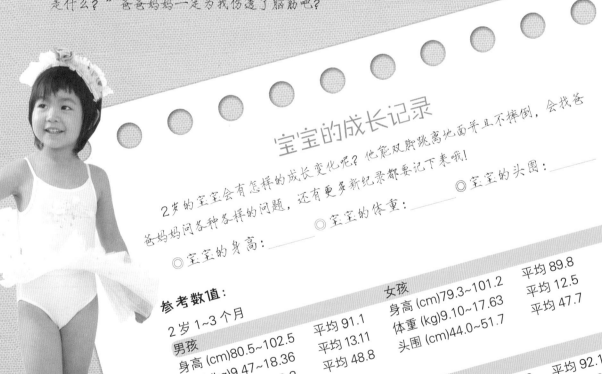

宝宝的成长记录

　　2岁的宝宝会有怎样的成长变化呢？他能双脚跳离地面并且不摔倒，会找爸爸妈妈问各种各样的问题，还有更多新纪录都要记下来哦！

◎宝宝的身高：　　　　◎宝宝的体重：　　　　◎宝宝的头围：

参考数值：

2 岁 1~3 个月

女孩
身高 (cm)79.3~101.2　　平均 89.8
体重 (kg)9.10~17.63　　平均 12.5
头围 (cm)44.0~51.7　　平均 47.7

男孩
身高 (cm)80.5~102.5　　平均 91.1
体重 (kg)9.47~18.36　　平均 13.11
头围 (cm)45.0~52.8　　平均 48.8

2 岁 3~6 个月

女孩
身高 (cm)81.4~103.8　　平均 92.1
体重 (kg)9.48~18.47　　平均 13.05
头围 (cm)44.3~52.1　　平均 48

男孩
身高 (cm)82.4~105.0　　平均 93.3
体重 (kg)9.86~19.13　　平均 13.64
头围 (cm)45.3~53.1　　平均 49.1

现阶段宝宝的成长指数

接下来的一年，宝宝的整体发育将稍稍放慢速度。现在，宝宝发育最显著的变化是身体的比例。宝宝的四肢变长，肌肉变得强壮，体态变得挺拔，腹部也越来越平坦了。

宝宝的脚掌心开始内凹

婴儿时期的宝宝，脚掌肉乎乎的，根本看不出有内凹，被称之为"生理性平足底"，这是宝宝皮下脂肪太多的缘故。宝宝进入2岁以后，那些连接小骨的韧带和肌肉等发达起来了，脚掌心就明显地开始内凹。这样一来，长时间走路，脚就不会感到累和疼了。一般脚掌心内凹越明显的人，走路越轻快，弹跳力和爆发力越好。

宝宝走得快、走得稳

2岁以前，宝宝走路时步态还不稳，更不要说走得快了，那时宝宝爬楼梯，都是双脚站稳后再继续前进。而现在的宝宝，爬楼梯时，可以单脚交互，一步一阶，还可以在坡路上走。走路的速度也快了。走路的时候，宝宝的手里甚至还能抱着一个玩具。

宝宝有了真正意义上跑的能力

现在，宝宝跑的能力较2岁之前有了新的发展。宝宝2岁之前的"跑"，两脚不会腾空，总有一只脚在地上，严格意义上只能说是"快步走"，而不是真正意义上的"跑"。而2岁以后宝宝的跑，两脚有腾空的过程，尽管短暂，但已开始出现了真正意义上的"跑"。

宝宝的脊椎开始弯曲是怎么回事

芝宝贝
母婴健康
公开课

宝宝在婴儿时期，脊椎骨是笔直的。宝宝能站会走时，脊椎骨就开始变得稍稍弯曲起来，到了3岁左右，脊椎骨就弯曲得相当明显了，这种弯曲在剧烈的运动中，起到弹簧式的缓冲作用，可以保护内脏。比如人从高处往下跳时，脚下受到的冲击，会被弹簧似的脊椎骨缓冲，不至于波及大脑。

2 岁宝宝需要哪些营养呢

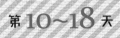

进入2岁之后，宝宝的营养需求比之前多，每天所需的热量来自蛋白质、脂肪和糖类。至于维生素，一般蔬菜和水果就可以满足需求了。

此时宝宝对蛋白质、脂肪和糖类的需要较之前有所增加。同时，随着宝宝胃容量的增加和消化能力的完善，每天的餐点逐渐由5次转向4次。在餐点逐渐减少的同时，每餐的量要适当增多。

DHA

给宝宝食用一些深海鱼类，如鲑鱼、沙丁鱼等，因其富含DHA，对宝宝脑部发育有很大帮助。

钙

在宝宝进入2岁后，主食已经完成由液体食物向幼儿固体食物的过渡。同时，每天最好饮用400~500毫升牛奶，因牛奶中的营养丰富，尤其是钙。之前控制牛奶食用量是为了保证其他食物的摄入量，由于这个阶段宝宝已经能够吸收牛奶中的各种营养物质了，所以每天可饮用牛奶，以补充充足的钙。如果奶量充足，食物搭配合理，则不需额外补钙。

铁

这一时期宝宝仍要补铁，以免引起缺铁性贫血，但不宜过量。目前市场上的补铁食品每100克含铁6~10毫克，是按照婴幼儿食品国家标准强化的。但不可以长期自行添加铁剂或强化铁食品给宝宝，如果宝宝体内含铁量过多，会导致体内铁与锌、铜等微量元素失衡，出现厌食、发育迟缓甚至中毒的现象。

吃得对才有好处

在这个阶段，宝宝的饮食状况基本稳定。严格来讲，饮食应根据宝宝生长发育的需要来供给，品种要丰富，营养要均衡。还要注意下面这些事项。

盲目吃保健品的危害大

目前许多家长给宝宝滥补营养的势头渐涨，今天让宝宝补铁，明天让宝宝补钙，后天又改成补锌了。

这样会对宝宝的健康造成不利影响。每个宝宝身体内部都有其自发的调理功能，而给宝宝服用保健品，其中所含的营养物质品种单一且量大，会打乱体内营养物质的平衡状态，造成一种或几种营养物质过量，而使其他营养物质不足。而且一些化学合成的保健品对宝宝的肝脏、肾脏是有危害的。

吃饭速度不宜过快

这一时期，宝宝的胃肠道发育还不完善，胃蠕动能力较差，胃腺的数量较少，所分泌胃液的质和量均不如成人。如果在进食时充分咀嚼，在口腔中能将食物充分地研磨和初步消化，就可以减轻下一步胃肠道消化食物的负担，提高宝宝对食物的消化吸收能力，保护胃肠道，促进营养物质的充分吸收和利用。一般来说，每次进餐时间在20分钟左右比较科学。

饮食要有度

有的爸爸妈妈对宝宝过分迁就，宝宝要吃什么就给什么吃，要吃多少就给多少；有的爸爸妈妈总认为宝宝没吃饱，像填鸭似的往宝宝嘴里塞，结果引起积食及肥胖。所以，爸爸妈妈要让宝宝养成饮食有度的习惯。

真正保健的营养物质

芝宝贝
母婴健康
公开课

钙是增强宝宝骨骼所必需的营养物质。在骨骼方面，如果钙质缺乏可能会造成身高不足、佝偻病、骨质疏松症等。奶制品是钙的主要来源，其他还有豆制品、绿叶蔬菜等。维生素D能够提高肌体对钙的吸收、促进骨骼的正常钙化，并维持骨骼正常生长。维生素D含量高的食物有奶油、蛋、鱼肉、肝等。充足的维生素C有利于合成胶原蛋白，这是骨骼的主要基质成分，多存在于蔬菜、水果中。

学习基本的就餐礼仪

良好的就餐礼仪是有修养、有品行的表现，能得到他人的夸赞和尊重，这一点对宝宝的成长非常重要，因为2岁多的宝宝已经有了自我约束力，也有了荣誉感，宝宝渴望得到表扬和认可，往往越夸他，他就做得越好。鼓励宝宝学习就餐礼仪可从以下几个方面做起。

建立餐桌秩序

父母要保证宝宝和全家有规律的就餐时间。提前告诉宝宝，吃饭是有固定时间、固定地点的，吃饭就应该在餐厅集中精力吃，吃饱了才可以离开餐桌，想要再吃就必须等下一顿。

还可以训练宝宝往餐桌上摆放筷子，这有利于激发宝宝参与家庭活动的热情。等家人以及饭菜都齐时再开吃，告诉宝宝饭菜还没有全部摆放到餐桌上时，要管住自己的小手。如果有家人还没有坐到餐桌前，应耐心等待一会儿。

立下规矩后就要说到做到，不能宝宝一哭就妥协。

饭前先洗手

帮助宝宝打开水龙头，用流动、干净的水清洗小手，然后用毛巾擦干净，渐渐地养成习惯。

愉快吃饭

宝宝不喜欢吃的食物，父母不要勉强，当宝宝不喜欢某种食物时要教他有礼貌地拒绝。就餐时爸爸妈妈也要注意，不能吵架，或者说"讨厌""糟糕"等语言，尽力维持一个温馨愉悦的就餐气氛。

吃饭时少说话

吃饭时应尽量少说话，避免食物呛入气管，而且如果用餐时间变长了，以致饭菜变凉，不利于健康。

如何让吃饭变成宝宝的乐趣

芝宝贝
母婴健康
公开课

1. 让宝宝与家人同桌吃饭。

2. 让宝宝细嚼慢咽，充分品尝食物的滋味。

3. 当宝宝不愿意吃饭时，适当给他喝点牛奶。

4. 让宝宝适当参与做饭的过程，比如择洗蔬菜、水果等。

第37~45天 冷饮、快餐尽量少吃

夏季适当给宝宝吃点冷饮，暂时消暑降温是可以的，但千万不要经常给宝宝饮用。快餐也不能经常给宝宝吃，这对他的健康非常不利。

已经吃了一个，不能再吃了！

喝冷饮的危害

有些冷饮是碳酸饮料，常喝可导致骨质疏松。因为碳酸饮料大部分含有磷酸，磷酸摄入过多，会影响钙的吸收，一旦钙、磷比例失调，可能导致骨骼生长缓慢、骨质疏松等。

宝宝正处于骨骼发育的重要时期，且活动量较大，如果喝过多的碳酸饮料，会对骨骼的生长发育产生负面影响。

此外，冷饮几乎都是甜食，里面含有一定的糖精、香精、人工色素等食品添加剂，这不仅影响宝宝的食欲，而且会对宝宝的牙齿、身体造成损害。

冷饮还会损伤舌头上的味蕾，让宝宝对食物味道的敏感性下降，影响正常食欲。

少吃快餐

许多年轻父母喜欢吃快餐，因而也会带宝宝去吃。其实偶尔给宝宝吃1次是可以的（1个月最多1次），但不能过于频繁，快餐对于幼小的宝宝是不适宜的。快餐在营养成分上具有高油脂、高盐分、高糖分的特点，对宝宝的味觉是一个非常大的刺激，容易使宝宝不再愿意吃妈妈做的饭菜，特别是2~3岁的宝宝，口味正在逐步形成，更容易受到快餐"重口味"的影响。所以，建议爸爸妈妈尽量不要让宝宝吃快餐。

儿童期糖尿病

儿童期糖尿病与儿童不良的日常生活习惯和饮食习惯等原因密切相关。父母都希望自家的小孩吃得好，长得壮，总担心小孩营养不够，拼命给他们吃很多高热量、高脂肪的食物，殊不知这却为儿童患上糖尿病埋下了隐患。

如何判断宝宝患了儿童期糖尿病

儿童期糖尿病典型表现有多饮、多尿、多食和体重下降，即"三多一少"症状，有的宝宝既往身体健康，但突然以糖尿病合并酮症酸中毒起病。

部分宝宝缓慢起病，症状也不典型，如食欲正常、体重减轻、疲乏无力、精神萎靡、夜尿增多等，随病情进展，症状也越明显。

儿童糖尿病的护养

1. 胰岛素治疗。一经确诊为1型糖尿病须终生用胰岛素替代治疗。

2. 饮食管理。全天总热量为1000 + 年龄×(70~100)千卡，分为"三餐三点心"，三餐分配比例分别为1/5、2/5、2/5，每餐预留15~20克的食品，作为餐后点心。碳水化合物、脂肪和蛋白质分别占全天总热量的55%~60%、25%~30%和15%~20%。要选择"血糖指数"低的食品，避免肥肉和动物油的摄入，要选择植物油，选择瘦肉、鱼等优质蛋白，保证新鲜蔬菜、水果的摄入。

3. 运动治疗。运动可使肌肉对胰岛素的敏感性增高，从而增强葡萄糖的利用，有利于血糖的控制。爸爸妈妈可多让宝宝运动。

4. 精神心理治疗。由于糖尿病须终生治疗，每天须注射胰岛素和饮食控制等，因此应做好宝宝的心理工作，消除宝宝的不安情绪，使之坚持有规律的生活和治疗。

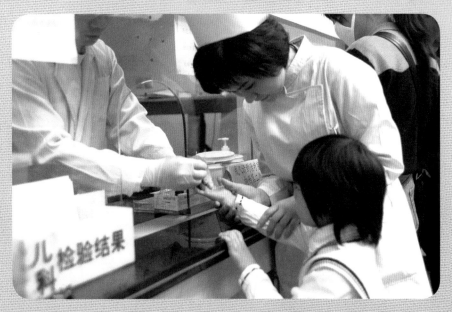

5. 保持宝宝的皮肤清洁，勤洗澡，皮肤感染要及早就医治疗。

6. 定期监测血糖、尿糖、酮体和糖化血红蛋白。

宝宝长"针眼"了别着急

"针眼",学名麦粒肿,是睫毛毛囊附近的皮脂腺或睑板腺的急性化脓性炎症,是儿童常见的眼疾。

如何判断宝宝长了"针眼"

起病早期眼睑沉重微痛,1~2天内疼痛加重并出现眼睑红肿,轻轻触摸发现有硬结,形如麦粒,触之甚痛;4~5天后眼皮里可见黄白色脓肿;7天左右可自行穿破皮肤,脓液流出,红肿消失;有的可不经穿破皮肤,脓液自行流出,红肿消失;有的也可不经穿破排脓或因排脓不畅,自行吸收消退。

长了"针眼"如何护养

局部可点眼药水,一般使用0.25%氯霉素眼药水,如果分泌物多,用利福平眼药水效果较好,宝宝入睡后可涂金霉素眼膏。全身及局部使用抗生素也可促进炎症的消失。麦粒肿早期可热敷,每天3次,每次20分钟左右,可促进血液及淋巴循环。

一旦出现脓头要及时到医院切开排脓,不要等到自行破溃,这样可以减轻宝宝疼痛,缩短疗程。不要用手挤压或用没有消过毒的针去挑,以免感染扩散。

注意宝宝手的清洁,宝宝的洗脸用具、枕套、枕巾等均需用开水煮沸半小时消毒,也可在太阳底下曝晒。让宝宝多吃水果、蔬菜,多饮水,忌吃辛辣刺激性食物。

加强预防是关键

1. 平时,要注意宝宝用眼卫生,养成良好的卫生习惯,不要用手或不干净的毛巾擦眼、揉眼,揉眼会造成眼睛的机械损伤及传播致病微生物,引起感染性眼疾。

2. 饮食要清淡,多吃蔬菜、水果,少吃葱、韭菜、大蒜等辛辣、刺激性的食物。可适量饮用金银花露、绿豆汤等消火败毒。

3. 保证充足的睡眠,不要让眼部肌肉过度疲劳。

4. 平时多锻炼身体,提高机体抗病能力。

加强训练宝宝的运动能力

宝宝跑的能力较2岁之前有了新的发展。此时宝宝跑中有腾空的过程，尽管短暂，但已开始出现了真正意义上的"跑"。其他的运动能力也有了显著的提高。

迈高训练

在离地板或地面20~30厘米处，支一个横杆或拉一根绳子，让宝宝迈过去，然后可逐步提高到30~35厘米。也可让宝宝跨过约20厘米高的台子，然后逐渐把高度增加到25~30厘米，以锻炼腿部的力量。这样，可锻炼宝宝腿部肌肉的力量和动作的协调性。

跳远训练

爸爸或妈妈与宝宝面对面站好，拉住宝宝的双手，让宝宝向前跳，反复练习。熟练后，让宝宝自己跳远，可以同时练习让宝宝从台阶上跳下来时站稳的能力。

跑和停

当宝宝可以跑得很熟练的时候，训练宝宝的跑和停。给宝宝喊口号："跑步，好，一、二、三，停。"反复练习，宝宝跑的时候，爸爸或妈妈站立在宝宝的前方或左右，在宝宝没有停稳的时候可以扶住宝宝，以免摔倒。这样可训练宝宝的平衡能力。

踢球

用凳子等东西搭出一个球门，爸爸或妈妈先做示范，把球踢到球门里，让宝宝也来试一试，踢进后表扬宝宝。

骑童车小心"童车病"

芝宝贝
母婴健康
公开课

宝宝2岁多了，为了使宝宝锻炼得更好，许多爸爸妈妈会给宝宝买婴儿车，但宝宝骑婴儿车有利也有弊，3岁以前的宝宝骑童车易患"童车病"。如有的宝宝出现膝盖内侧特别膨出，两腿向外撇，也就是X型腿；也有的宝宝两个小腿向内弯曲，出现○型腿。

出现"童车病"的原因主要是宝宝骨骼较软，常用一个姿势易弯曲变形。

提高宝宝的口语能力

这时期，爸爸妈妈应抓住宝宝语言发展的有利时机，教宝宝学习用完整的语句讲话，念、背儿歌，以提高口语表达能力，并促进宝宝对事物间关系的理解及思维能力的发展。

教宝宝说完整句

这一时期，要帮宝宝把简短、成分不全、意思不明确的词语扩展成完整的句子；把颠倒的语序正确排列。比如当宝宝说"妈妈，睡觉"，应教他说"妈妈，我要睡觉"；当宝宝说"看报纸，爸爸"，应教他改为"爸爸在看报纸"。这样的练习应该结合生活中的实际场景，随时随地地练习，如"这是大楼""那是红绿灯""小兔子爱吃胡萝卜"等。

此外，爸爸妈妈还要在生活中以身作则，自己说话应发音准确，说完整、语序正确的句子。可以用童话、连环画剧、画册等，一边刺激宝宝的好奇心，一边教宝宝正确地说话。教说话时，不要只让宝宝听，还要不断地给宝宝创造说话的机会，使宝宝想和爸爸妈妈说话，让宝宝学会怎样表达自己的感情。

鹅，鹅，鹅
曲项向天歌

继续背儿歌

继续教宝宝念儿歌、背儿歌。儿歌可以选择简单又上口的，反复练习。还可以选择一些简单的英语歌让宝宝听。这样可以提高宝宝语言能力，增强韵律感和记忆力。

拼图、套叠玩具，
强化宝宝精细动作

第 89~100 天

　　此时宝宝已经可以有意识地去玩很多玩具、做很多游戏了，所以爸爸妈妈要利用这个时机加以引导，使宝宝手部能得到更多的锻炼。

精细动作练习

　　示范给宝宝一些精细动作，如用绳穿珠子；按上衣服的按扣再解开；画直线、曲线等。这样可训练手、眼、脑协调能力。

简易拼图游戏

　　爸爸妈妈可以自制拼图让宝宝玩，以此锻炼宝宝的精细动作能力、手眼协调能力，同时锻炼宝宝由局部推断整体的思维能力。

　　可以拿出宝宝熟悉的识物图卡，比如选择一张画有小猫的图卡，先把图卡剪成两份，让宝宝先试着把图卡拼到一起，拼成完整的小猫；等宝宝拼成后，可以再剪两刀，把小猫图卡分成四份，让宝宝试着拼。

　　选择图卡的时候，最好由易到难，先选择动物、人物、水果，再选择房屋、植物等，最好不要选择难度很大的风景画等。在剪开图卡的时候，可以剪成不同的形状，比如把一张小猫剪成2个长方形，或者2个三角形，这样，宝宝在拼的同时，也认识了形状。总之，可以用不同的剪法，让宝宝学习不同的拼法。

套叠玩具

　　玩套叠玩具，按大小顺序安装，爸爸妈妈可以先示范给宝宝，教会宝宝要按顺序套叠，从大到小套成塔。套叠玩具小的可放入大的，大的不可放入小的，小的可以放在大的上。可以让宝宝学会大小的顺序、数字的顺序，体验对空间的感知，训练集中注意力。

第101~115天　宝宝肠痉挛是怎么回事

肠痉挛是小儿时期的常见疾病之一，是由于肠壁平滑肌强烈收缩而引起的阵发性腹痛，属小儿功能性腹痛。

如何判断宝宝患了肠痉挛

肠痉挛的特点是腹痛突然发作，有时宝宝会在夜间睡眠时突然哭醒。每次发作持续时间不长，数分钟至数十分钟，时发时止，反复发作，个别宝宝可延长至数日。

疼痛程度轻重不一，轻者数分钟后自行缓解，重者面色苍白、手足发凉、哭闹不安、翻滚出汗。肠痉挛多发生在小肠，腹痛以脐周为主，多伴有呕吐。发作间歇时腹部无异常体征。宝宝则阵发性哭闹，可突然大哭持续数小时。本病可时发时止，但预后良好，随年龄增长而自愈。

肠痉挛的主要病因

病因尚不完全清楚，比较公认的一种说法是部分患儿对牛奶过敏。常见有上呼吸道感染、腹部受凉、贪食冷饮、进食过多或食物含糖量高等诱因。在上述因素影响下肠壁肌肉出现痉挛，阻断肠内容物通过。随肠蠕动增强，腹痛阵发性加剧，可引起呕吐。痉挛一定时间后，肌肉自然松弛，腹痛缓解，但以后又可复发。

肠痉挛的护养

肠痉挛发作时，患儿的腹部喜温喜按，爸爸或妈妈可用温手揉按患儿腹部或将温水袋放在患儿腹部，数分钟后症状可缓解。

在肠痉挛发作期间，应给宝宝吃面条或粥等易消化的饮食，不要让宝宝喝冷饮或含糖量高的碳酸饮料。中药治疗上，可采用温中散寒、行气止痛的药方。

要让宝宝养成良好的饮食习惯，如进食前要稍作休息，不要仓促就餐；不要暴饮暴食；要节制冷饮，少喝含糖量高的饮料；饭后不要剧烈运动；临睡前不要吃得过饱。

教宝宝正确刷牙

2~3岁的宝宝在学会漱口的基础上，还应逐步培养刷牙的兴趣。如果刷牙方法不正确，不仅达不到清洁牙齿的目的，而且还可造成牙龈萎缩、牙槽骨吸收和牙颈部楔形缺损等病变。

为宝宝选择适合的牙刷

牙刷柄要直、粗细适中，便于宝宝满把握持，牙刷头和柄之间的颈部，应稍细略带弹性。牙刷的全长以12~13厘米为宜，牙刷头长度为1.6~1.8厘米，宽度不超过0.8厘米，高度不超过0.9厘米。牙刷毛太软，不能起到清洁作用；太硬容易伤及牙龈及牙齿。因此牙刷毛要硬软适中，毛面平齐，富有韧性。

教宝宝正确刷牙的方法

由于这个年龄的宝宝手的动作协调能力较差，可以教宝宝先将牙刷在牙面上做前后小移动，逐步加快成为小震颤，再过渡为在牙面上划小圈，从简单到复杂，一个牙一个牙地刷，按照顺序，不要跳跃，不要遗漏。刷牙时不要使用拉锯式横刷法，以免损伤牙齿、牙龈，而且刷牙的效果也不佳，长期下去还会造成牙齿近龈部位的楔形缺损，并对冷热酸甜刺激过敏。

养成"三三三"刷牙法

宝宝掌握了刷牙的基本要领之后，妈妈最好教会宝宝"三三三"刷牙法，即饭后3分钟、每次刷3分钟、每天刷3次。因为口腔内的细菌分解食物残渣中的糖，产生酸来腐蚀牙齿的整个过程是在饭后3分钟开始的；要刷清每个牙面，大致需要3分钟的时间；仅早晨刷1次牙是不够的，有条件的最好每次餐后都刷牙。

为了提高宝宝的刷牙水平，应该每天督促宝宝，使宝宝从小养成早晚刷牙、饭后漱口、睡前不吃东西的良好口腔卫生习惯。

此外，还应注意宝宝的营养搭配和膳食平衡基础，给宝宝吃些粗糙、含纤维多的食物，以增加咀嚼运动和唾液分泌，提高牙面的自洁能力。

试着和宝宝"分房睡"吧

3岁左右正是宝宝独立意识的萌发和迅速发展时期，同时也是宝宝分房独睡的最佳时期。在适当的时机安排宝宝分房独睡，有利于培养宝宝心理上的独立意识。

让宝宝独睡不要超过3岁

在育儿实践中，常常发现有些宝宝到了八九岁时，还要和妈妈或者爸爸一起睡，爸爸妈妈想尽办法也难以"撵"走宝宝。

之所以出现这种情况，主要原因就是没有抓住3岁左右这个最佳时机。

在宝宝很小的时候，都会依恋爸爸妈妈，但到了4~5岁时，就会出现男孩恋母或女孩恋父的生理现象。

因此，如果不让宝宝在3岁之前分房独睡，等到了4~5岁之后再分就比较困难了，而且年龄越大越难。

所以，建议爸爸妈妈让宝宝分房独睡不要超过3岁。

让宝宝独睡需要循序渐进的过程

可以采取先分床，再分房的方式，让宝宝慢慢适应。必要时可以给宝宝一个能够抱着的绒毛玩具，也可以给宝宝讲故事或轻轻地拍拍宝宝进行诱导睡眠，使宝宝具有安全感之后安静入睡。

同时可以把宝宝的房间布置成一个快乐的儿童天地，比如在墙上挂上五颜六色的图案，或者把宝宝最喜欢的玩具挂在床边等，让宝宝对自己的房间充满新鲜感。

如果最初分房独睡时，宝宝哭闹不止，爸爸妈妈也不要心软，只要持之以恒，分房独睡的好习惯就能日益巩固。

和宝宝一起讲故事

爸爸妈妈和宝宝一起讲故事，可以培养宝宝阅读的习惯，提高宝宝的联想能力以及反应力，同时还应鼓励宝宝勇于表达自己的意见。

让宝宝复述故事

拿一本宝宝熟悉的童话故事书，爸爸或妈妈先从中选择一行，轻松、标准地念给宝宝听，然后让宝宝学着复述。

不要在意宝宝是否真正了解故事的内容，只要能引起宝宝阅读的兴趣就已经达到目的了。刚开始宝宝当然无法很顺利地复述出来，也许发音也不正确，甚至说话结巴，无法将上下句连贯起来。这时，非但不要责备宝宝，还要以点头和微笑的方式鼓励和夸赞宝宝。如果每天能抽点时间做此游戏，渐渐地宝宝就会了解故事的内容，并且养成读书的习惯。

故事书的选择

选择故事书时，要选择画面较大、色彩艳丽、形象生动的图书，内容最好以动物形象为主，情节要简单易懂。

描述故事人物

可以在宝宝熟悉的故事书中，找一些较突出的卡通人物剪下来给宝宝看，让宝宝说出这些卡通人物是什么角色，叫什么名字，或者在做什么；也可以将几张卡通图片剪下，撒落在桌上，让宝宝按照顺序排列后，编出故事；还可以将其中一张拿开，只让宝宝看其他的几张，联想出空白位置的卡片应该是什么内容。

这样可以培养宝宝阅读的兴趣，提高宝宝的联想能力，鼓励宝宝勇于表达自己的意见的同时，可以培养反应力。

2岁宝宝穿衣的新原则

妈妈在给2岁多的宝宝选衣服的时候，要本着干净、舒适、整洁的原则，不能仅仅为了将宝宝打扮得漂亮而不顾宝宝的感受。

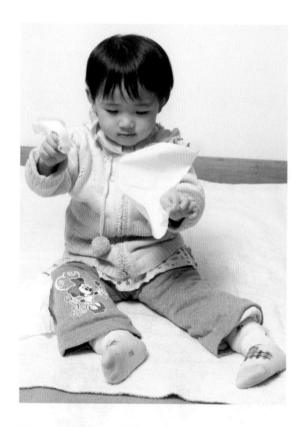

干净、舒适、整洁

宝宝的衣服不必追求质地高档或样式奇特，如"宽松式"或"紧身式"的服装，不仅不利于宝宝的运动发展和生长发育，还会削弱宝宝的自然美。

衣服上的饰品不要太多，否则会限制宝宝爬、跑、跳、攀登和做游戏。

不要给男宝宝穿女宝宝的衣服，或者给女宝宝穿男宝宝的衣服，这样对宝宝的身心健康不利，宝宝长大后容易出现性别错位感。

不要给宝宝穿露脚趾的凉鞋

在炎热的夏天，妈妈为宝宝选购凉鞋时，一定不要选择前面露脚趾的凉鞋。

前面露脚趾的凉鞋虽然比较凉爽，但由于这个年龄的宝宝非常好动，行动还不够灵活、协调，如果奔跑时没有注意地面，很容易被地面的障碍物伤到脚趾。

穿不穿袜子视情况而定

如果是夏天，室内温度在26℃以上，就可以不用给宝宝穿袜子。宝宝光着脚丫走路如同对脚掌穴位进行按摩，有健脾益肾、宁心安神的作用，对小儿消化不良、便秘等都有一定的疗效。而且夏天赤脚对宝宝的生理和智力发育很有好处。

当宝宝的双脚裸露在空气中，足部汗液的分泌和蒸发更通畅，有利于增加宝宝肢体的末梢循环。从而促进宝宝足部乃至全身的血液循环及新陈代谢，同时还可以提高宝宝的抗病能力和耐寒能力。

如果天气凉，室内温度低，就必须给宝宝穿袜子了，宝宝脚受凉容易导致腹泻和感冒。

而且这个年龄段的宝宝，活动能力增强了，喜欢四处乱爬、走动，如果光脚，容易让脚趾受伤，穿上袜子就会好很多。

训练宝宝的认知

随着宝宝年龄的增长，这一时期可以带宝宝到外面去更广泛地接触、观察和认识身边的生活和大自然。

知道如何解决小问题

生活中爸爸妈妈要常对宝宝说一些小问题，让宝宝知道怎样解决，比如，当宝宝渴了的时候让宝宝知道要喝水；饿了的时候要吃饭；觉得冷就要穿衣服；生病了要去医院；困了要睡觉等。

认识容量多少的概念

给宝宝一个大瓶子和一个小瓶子，让宝宝用水把小瓶子装满水，再把水倒到大瓶子里去，然后再倒回来，让宝宝认识容量大小的概念。

进一步辨认图形和颜色

继续教宝宝分辨圆形、三角形、正方形、长方形等几何图形。用彩色积木教宝宝分辨红色、黄色，教宝宝认识白色和黑色，然后教宝宝认识绿色和蓝色。爸爸妈妈说出颜色，让宝宝在积木中挑出。

教宝宝认识自然

可从宝宝身边的环境中开始，教宝宝观察感兴趣的事物，如蚂蚁搬家、美丽的花朵、小猫、刮风、下雨等。在观察中，要结合实物给宝宝讲一讲基本、简单的知识，如事物名称及明显的特征等。

此外，还可以用不同动物的比较增长宝宝的相关知识。比如让宝宝观察鸟类，告诉宝宝鸟都有翅

膀，候鸟会在冬天飞到南方过冬，夏天飞回北方；鱼类没有腿但有鳍，可以在水中游泳；鱼只能在水中才能生存，离开水就会很快死亡等。

"保龄球" 小游戏

芝宝贝
母婴健康
公开课

在距宝宝1~2米的地方，摆放几个空的塑料饮料瓶。教宝宝拿着球，蹲下，让球冲着饮料瓶滚去。来回做几次，如果球击中饮料瓶，要鼓励宝宝。

看电视，这些问题要注意

电视在某些方面对宝宝的成长发育有好处，但如果对宝宝看电视的时间和内容安排或选择得不好，就会给宝宝的心理健康和生理健康带来危害和影响。

注意电视的内容

从电视内容讲，好的电视节目有助于宝宝增长知识、发展语言、训练感官；但一些不好的电视节目，不但起不到任何有益于身心的作用，而且还可能产生一些副作用。

因此，爸爸妈妈要选择那些宝宝能够理解和喜欢的，而且有益于宝宝身心健康的节目。比如动物世界、童话故事、动画片等。

看完电视节目后，还可以跟宝宝谈谈电视节目的内容，让宝宝讲讲看了什么、喜欢电视节目中的谁、电视节目讲了一个什么道理，等等，以此帮助宝宝提高观察力、记忆力、理解力和口头表达能力。

注意看电视的时间

让宝宝看电视的时间不宜过长，一般每次观看时间以不超过20分钟为宜。

因为如果宝宝看电视时间太长，会影响视力，坐的时间太长也会影响宝宝的脊柱发育。同时还要注意，宝宝与电视机之间的距离和角度，电视机荧光屏的中心要比宝宝的水平视线低3~4厘米，眼与电视机的距离最好保持在电视屏幕对角线的5~7倍。

因为距离远了宝宝看不清，而距离近了宝宝的眼睛又容易疲劳，长此以往会导致近视。

不要让宝宝躺着看电视，或边吃饭边看电视。看时要坐端正，看后要休息片刻，最好要洗一下脸。需要注意的是，不要让宝宝自己开关电视，更不要让宝宝插、拔电源插头，以免触电。

教聪明宝宝学数学

　　背数就是从1往后念，达到背诵的结果，但不一定要求宝宝明白数字的概念；点数是从1开始往后念，同时可用手指计数。背数是点数的前提和基础，在背数与点数的基础上，宝宝才能进一步真正识数。

教宝宝学背数

　　一般宝宝在2~3岁时，可背数到1~10。这一时期，可教宝宝先把1~10背熟，背熟后再背到20。背数不像念儿歌或诗那般押韵，但还是有些技巧的，比如可以这样教宝宝："一二三，三二一""一二三四五，上山打老虎""一二三四五六七，宝宝不要太着急"等。

教宝宝分辨数字

　　现在，宝宝基本上已经能分清10个数字了。但是对于宝宝来说，数字之中有几个比较相像；宝宝常常会搞混，这一时期，爸爸妈妈可以教宝宝分辨这些比较相像的数字。比如，"3"和"8"比较像；"6"和"9"也比较像；有时"2"和"5"也容易混淆。可以单独强化这几个数字教宝宝区分，告诉宝宝"3"有开口，"8"没有开口，"6"上面有个小角，倒过来才是"9"，"9"下面有个小尾巴等。

教宝宝学点数

　　这一时期，可以教宝宝点数了。教宝宝点数困难一些，因为宝宝常常嘴数得快，但手跟不上，而且会随意乱点，所以爸爸妈妈一定要有耐心，可先让宝宝练习按数取东西，如对宝宝说"给妈妈1个、2个、3个"等，当宝宝拿正确时应及时表扬。点数要慢，要等手拿到东西后，再数下一个数。吃饭时让宝宝数一下家里有多少人，然后让宝宝放碗筷，点一下是否拿齐。玩玩具时，让宝宝点一下有几个娃娃，熊妈妈有几个熊宝宝等。这些都是不错的办法。

　　宝宝的点数能力也是存在个体差异的，个别手巧的宝宝能点到10或12，但手慢的宝宝才能点数到3，只要慢慢练习，一般宝宝到3岁时能点到5个数以上。

终于，你要去幼儿园了

迈进了社会的关键第一步

你会学到更多知识

懂得更多道理

会遇见很多可爱的小伙伴

以及新鲜有趣的玩具和游戏

当然，不可避免地

还会出现更多的困难

这些都需要你独自去面对

妈妈相信

优秀的你，一定能战胜

……

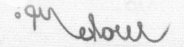

2 岁 7~12 个月

学习游戏，良好性格

跟妈妈说句悄悄话

时间过得真快呀，不知不觉我已经快3岁了！那个襁褓里的小不点儿已经成为一个跑跳自如、调皮可爱、语出惊人的小精灵了。妈妈你是不是也觉得非常不可思议？现在的我已经不再喜欢待在你和爸爸的怀里了，让我勇敢地去"闯荡世界"吧！

宝宝的成长记录

宝宝的个子越来越高，身体越来越壮，运动能力、智力等方面也上升到了新的阶段，现在的宝宝不需要人扶也能爬楼梯了呢。

◎宝宝的身高：_____ ◎宝宝的体重：_____ ◎宝宝的头围：_____

参考数值：

2 岁 7~9 个月

男孩
身高 (cm)84.4~107.2   平均 95.4
体重 (kg)10.24~19.89   平均 14.15
头围 (cm)45.5~53.3   平均 49.3

女孩
身高 (cm)83.4~106.1   平均 94.3
体重 (kg)9.86~19.29   平均 13.59
头围 (cm)44.6~52.3   平均 48.3

2 岁 10~12 个月

男孩
身高 (cm)86.3~109.4   平均 97.5
体重 (kg)10.61~20.64   平均 14.65
头围 (cm)45.7~53.5   平均 49.6

女孩
身高 (cm)85.4~108.1   平均 96.3
体重 (kg)10.23~20.10   平均 14.13
头围 (cm)44.8~52.6   平均 48.5

现阶段宝宝的发育特点

在这个阶段，宝宝看起来似乎只长个子不长肉。头部的发育速度仍然缓慢，四肢变长，肌肉因为经常得到锻炼而变得强壮，头和身体的比例更趋向成人。

宝宝的动作日趋成熟

这一时期，宝宝的动作发育日趋成熟，攀高爬低，动作已经相当灵活。在掌握了跳、跑、攀爬等复杂的动作后，宝宝能较好地控制身体的平衡了。能单脚站立，甚至单脚跳一两下，能从大约25厘米高处跳下来；会跳远，可以两脚交替着一步一级地上楼了，自己能骑三轮童车。

手的动作也更加灵巧，会穿脱短袜，会用勺吃饭，能够叠起8块方积木，能临摹画直线和水平线。

宝宝的语言概括能力不断增强

这一时期，宝宝的语言概括能力在不断增强，如"汽车"并非指某一辆汽车，而是指他所见到的所有汽车。

一般女宝宝语言发展较早，此外宝宝之间也存在较大的个体差异，所以爸爸妈妈不要总把自己的宝宝与别人家的比，尤其是当着宝宝面，不能说"看你家豆豆早就会说那么多话了，可我家蕾蕾还不会"等，以免让宝宝失去信心，从而更不利于学习。

将现在的宝宝与过去的宝宝相比，只要宝宝有了一点进步，就应及时给予表扬，在表扬的同时，还要告诉宝宝应该取得更大的进步。

居住楼层也会影响宝宝的性格

芝宝贝
母婴健康
公开课

居住高层的宝宝下楼比较麻烦，很少下楼，慢慢就会养成不爱活动的习惯，他们比较稳重、动作比较慢，在一群小孩子中常常充当旁观者的角色。而住低层的宝宝，一旦发现外面有什么新鲜事儿，就会跑出去观看，这样就会养成活泼好动、好参与的性格。因此提醒住高楼层的父母，要给宝宝多创造群体生活的机会，以免宝宝因缺少群体生活影响将来的社会交往能力。

食物过敏了怎么办

一旦发现宝宝对某些食物有过敏反应，应立即让宝宝停止食用。对于会引起过敏的食物，尤其是过敏反应会随着年龄的增长而消失的食物，一般建议每半年左右试着添加一次，量应该由少到多。

食物过敏了不要怕

食物过敏是指食物中的某些物质（多为蛋白质）进入了体内，被机体的免疫系统误认为是入侵的病原，进而发生了免疫反应。这在婴幼儿中发病率较高。

当宝宝发生食物过敏时不要太担心，只要保持高度警觉、细心观察，配合医师的治疗，找出可能的过敏原，宝宝就不会发生危险。

容易引起过敏的食物

最常见的是异性蛋白食物，如螃蟹、虾等。尤其是冷冻的袋装加工虾、鳝鱼及各种鱼类、动物内脏。有的宝宝对鸡蛋（尤其是蛋清）也会过敏。

有些蔬菜也会引起过敏，如扁豆、毛豆、黄豆等豆类；蘑菇、木耳等菌类；香菜、韭菜、芹菜等。在给宝宝食用这些蔬菜时应该多加注意。特别是患湿疹、荨麻疹和哮喘的宝宝一般都是过敏体质，在给这些宝宝安排饮食时要更为慎重，避免其摄入致敏食物，导致疾病复发或加重。

预防食物过敏

在给宝宝制作食物时，爸爸或妈妈可以通过对食品进行深加工，减少、破坏或者去除食物中过敏原的含量。比如，可以通过加热的方法破坏生食品中的过敏原；也可以通过添加某种成分来改善食品的理化性质、物质成分，从而达到去除过敏原的目的。

避免摄入含致敏物质的食物是预防食物过敏的最有效方法。如果宝宝只对单一食物过敏，应将其从饮食中完全排除，用不含过敏原的食物代替。

宝宝口吃，要趁早纠正

这个时期的宝宝，已经能够说一些完整的话来表达自己的意思了，但也有的宝宝说话不流畅，结结巴巴的，往往有时一个字要重复好几遍才能说得出来，而且越着急，越说不出来，脸也憋得通红。

找到宝宝口吃的原因

宝宝说话时结结巴巴，是一种语言的障碍，称为"口吃"。一般来说，造成宝宝口吃的原因有以下几种：

1、由于宝宝大脑皮层和发音器官发育不够完善。语言能力的发展慢于思维能力的发展，而且宝宝掌握的词汇极其有限，有时想到了，却说不出来，或是没有恰当的词汇来表达。因此，说话时遇到困难便重复刚刚说过的字，久而久之就形成口吃。

2、宝宝接触过口吃者，在与口吃者接触的过程中，宝宝觉得好玩而去模仿，以致形成不良的口吃习惯。

3、宝宝心理有压力，情绪过度紧张，致使发音器官的活动受阻而发生口吃，而且越怕口吃，口吃现象越重。

4、与遗传有关。极少数宝宝的口吃与遗传有关，这些宝宝讲话时喉部肌肉高度紧张，造成声带闭合而一时发不出声来。为了要竭力摆脱喉部肌肉的紧张，便出现了口吃。

要及早纠正口吃

要为宝宝创造一个轻松愉快的环境，家里人要多关心和帮助宝宝，让宝宝生活得愉快。

同时有意识地多给宝宝说话的机会，慢慢引导宝宝正确发音。告诉宝宝，说话速度要慢些，一字一字说清楚，一句一句把话说完。

平时可以让宝宝多练习数数、唱歌、背儿歌、讲故事等，这对纠正口吃很有帮助。

要尽量避免让宝宝接触有口吃的大人或孩子，以免相互影响而加重口吃。

在纠正宝宝口吃的过程中，妈妈和爸爸或其他家庭成员不要过于批评指责宝宝。

性格软弱胆小怎么办

一些宝宝时常会有恐惧感，显得特别胆小。那么如何帮助宝宝克服恐惧情绪呢？

培养宝宝的独立生活能力

一是在宝宝未成熟期对宝宝加以保护，但应随着宝宝的发育成长越来越少；二是要培养宝宝单独生活、适应社会的能力，这种培养应随着宝宝的成长越来越多。不要凡事包办，养成宝宝胆小怕事的依赖心理。

鼓励宝宝大胆地说话

一些宝宝不喜欢过多地说话，对这类宝宝，爸爸妈妈应尽量少讲"你必须这样或那样做"之类的话，而应多讲"你看怎么办""你的想法是什么"之类的话，给宝宝一个独立思考并发表自己意见的机会。

帮助宝宝树立信心

帮助宝宝树立应对他所害怕的对象或环境的信心。当宝宝有害怕情绪时，爸爸妈妈不该嘲笑或处罚他。如果宝宝害怕一个人在房间里关灯睡觉，可在他床头上装上灯的开关，让他掌握或明或暗的主动权，帮助他消除害怕心理。

消除宝宝的害怕心理

1. 说明理由。经常给宝宝讲一些相关的知识，有助于消除他的害怕心理。如有的宝宝怕蜜蜂，可耐心地向他解释蜜蜂是如何辛勤劳动、采花粉酿蜜的，只要你不惹它，它就不会蜇你。

2. 榜样塑造法。榜样可以帮助宝宝克服害怕心理，因为宝宝总是爱模仿父母的。

宝宝小气怎么办

小气的形成与宝宝的心理特点有很大的关系。这时期的宝宝，其心理状态具有自我中心性，基本是从自我出发，难以换位想到别人。对此，责备和说教是没有意义的，要采取适合宝宝的方法进行引导。要针对宝宝的"自我中心性"，引导宝宝从别人的角度着想，让宝宝多结交朋友，多和同伴玩耍，让宝宝在群体中逐渐去掉"独占"的现象。在此过程中，要有意识地引导宝宝与他人分享，当宝宝与他人分享时，要让宝宝体验分享的乐趣，肯定他的分享行为，宝宝就会逐渐习惯与他人分享了。

芝宝贝
母婴健康
公开课

撒娇耍赖如何应对

有的宝宝稍有不如意，不是跺脚就是在地上打滚儿，或者手脚乱动、哭闹不停。面对宝宝的撒娇耍赖或者咬东西的情况，爸爸妈妈应该怎么做呢？

宝宝的撒娇耍赖缘由

宝宝撒娇耍赖，是因为宝宝在极度激动时把心中的兴奋通过身体的运动表达出来。

对感情易冲动的宝宝来说，这是极其自然的现象，有的爸爸妈妈把宝宝的这种表现看成是对自己提要求，所以往往没等宝宝发作便满足其意愿。

如果宝宝在很多人面前这样闹，爸爸妈妈往往因怕丢面子而更会轻易地满足其要求。

宝宝看到这种情况会以为只要自己大发脾气，就会什么事情都能如愿以偿。因此，遇上一件小事，也要躺在地上打滚，爸爸妈妈如果不马上屈服，宝宝会真的生气，开始挥手蹬脚。

爸爸妈妈该如何应对

宝宝生气、躺倒，一面哭一面手脚乱动时，爸爸妈妈可以当作没看见，等他把能量全部散发出来后，再给他选择个合适的表演机会，经过一段时间，宝宝一定会自己爬起来的。

宝宝有时会挑衅爸爸妈妈

有的宝宝从前很乖，但是突然会转变成倔强的"驴"脾气，最喜欢说的字就是"不"，甚至有了挑衅爸爸妈妈的现象。

其实这并不是宝宝不爱爸爸妈妈了，而是宝宝开始发现自己对这个世界是有一定控制权和改变权的。因此，他会尝试着变得更加独立。对待宝宝的这种行为，最不可取的方法是通过争论或恳求来使其服从。面对宝宝的挑衅，爸爸妈妈要明确自己的态度，坚定地让宝宝知道什么行为才是被许可的，通过行动来使宝宝服从。

挠人、打人不能听之任之

很多宝宝都会出现抓人、挠人和打人的现象，爸爸妈妈要知道宝宝这样并非出自恶意，很可能一开始只是好奇而已，后来看到被抓、被挠的人出现各种表情，觉得有趣而形成的习惯。当宝宝有这种行为预兆时，及时抱走宝宝，如果宝宝哭闹，就坚定地告诉他："想留下就不许挠人！"坚持这样做几次，宝宝就会改掉坏习惯了。

芝宝贝
母婴健康
公开课

宝宝会说谎了

宝宝说谎，爸爸妈妈往往非常气恼，但爸爸妈妈应先冷静下来想一想。首先要弄清宝宝是否真正在说谎，要根据宝宝说谎的原因和内容进行分析，然后再予以解决。

想象性谎言

想象性谎言往往出自宝宝对某种东西的渴望或幻想，它表达了宝宝内心的某种希望和向往，如宝宝想得到某种玩具、想去某个地方玩等。又由于宝宝充满幻想，常常把一件事情与另一件事情混在一起，把脑袋中的幻想，当作曾经发生过的事实说出来。

只要爸爸妈妈因势利导，教育得法，随着宝宝辨别能力和记忆力的增强，说谎现象就会逐渐好转直至消失。

逃避性谎言

逃避性谎言是宝宝为了达到某种目的而说出的。例如，宝宝把别的小朋友的玩具拿回家，当妈妈或爸爸问起时，却说是小朋友让拿的。导致这种说谎的原因，是宝宝知道把小朋友的东西拿回家是不对的，但又克制不住自己，于是就用谎言来避免爸爸妈妈的批评，以达到自己的目的。

因此，遇到这种情况时，爸爸妈妈需洞悉宝宝的心理状况，对宝宝采取不同的纠正方法。一般说来，要以正面的积极引导、鼓励宝宝说真话和认识自己的错误为解决方法。

辩解性谎言

辩解性谎言是宝宝为了逃避某种责罚所说出的自卫性谎言。宝宝做错了事，又怕受到责罚，所以认为找个借口或假装不知就可以逃避责罚，这种说谎是宝宝被迫说的。

在这种情况下，爸爸妈妈需要控制自己的情绪，鼓励宝宝勇于承认错误，并让宝宝知道，做错了事只要自己认错、下次改正，爸爸妈妈就不会再追究。这样，宝宝再做错事就不会说谎了。

宝宝开始"叛逆"了

有的宝宝虽然才两三岁，但是有个特点，"不怕挨打"。有时候甚至有意找"挨打"。比如洗澡的时候拿着水龙头到处喷，尽管妈妈说"你再喷我就揍你了啊"，他照喷不误，这是怎么回事呢？

小小"反叛期"

2~3岁的宝宝处于孩子最早的"反叛期"，也称为逆反期，宝宝有这样的表现恰恰说明他的智力发育正常，开始有了独立意识。宝宝之所以不怕挨打，敢和大人对着干，是因为大人干涉了他的行动，当他正在做某一件事情的时候，说明他正对这件事情产生了兴趣，想一探究竟，而大人却要制止他，他当然不乐意。也就是说，他宁愿挨打也不想停止。

从另一个角度来说，宝宝的潜意识里也想证明自己的存在和不同。而许多家长都忽略了这一点，或者简单地把宝宝的这种现象视为"不听话""变坏了"而试图扭转，这都是不可取的。

面对"叛逆"宝宝该怎么办

面对逆反期的宝宝，父母要多与宝宝沟通和交流，倾听宝宝的意见，把宝宝当作朋友来对待，宝宝有什么要求要尽量满足，但对宝宝的"无理要求"要采取合理的方式说服。千万不能粗暴对待或者表现出十分不耐烦的样子，因为宝宝的心理非常稚嫩敏感，爸爸妈妈不良的情绪表现会让他很受伤，如果伤害了他一次，可能需要多次的歉意和补偿来消除宝宝心灵上的阴影。

另外可以用"限时隔离"的办法，当宝宝犯错误时，在规定时间、规定地点，通过暂停一切活动的方式，使他受到惩罚并思考过错。

具体方式：让宝宝坐在小凳子上，默想5~10分钟，或把宝宝关进房间（房里没有危险物品），10分钟后再出来。在国外，"限时隔离"是常用的非暴力惩罚方式。

让宝宝手眼协调、手指灵活、身体平衡

宝宝3岁左右时，手眼协调性、手指灵活性以及平衡能力都应该不错了，如果你的宝宝这些方面还不行，说明爸爸妈妈训练得不够哦。

如何进行上臂和手眼协调训练

1. 滚排球。在前方1~2米远处放两把椅子，椅子之间的间隔为40厘米，然后让宝宝在地板上滚排球，让排球从椅子中间传过去。

2. 抛排球。在离宝宝1~1.5米处放一个高40~50厘米的小筐，让宝宝往里面抛排球，也可以在地上画一个圈或者放一个脸盆，让宝宝站在1米远的地方把沙袋扔到圆圈或脸盆里。训练时要引导宝宝左右手轮流着抛。

3. 投排球。在离宝宝1~2米处，挂一个与宝宝眼睛齐高的球网，让宝宝向网里投排球，爸爸妈妈和宝宝一起玩，看谁做得更好，以增加宝宝投掷的兴趣。

训练宝宝的手指灵活性

在日常生活中，我们每天都要穿衣服、脱衣服、穿袜子、穿鞋子系鞋带等，可以充分利用这个机会让宝宝独立进行，而且大多数宝宝都乐于做这件事情。解开（扣上）纽扣或者拉开（拉上）拉链，需要幅度很小而又准确的手指运动；穿鞋子系鞋带完全是用几个手指进行。这样，可锻炼宝宝手指的精确度和灵活性，也可培养宝宝的自理能力，增强宝宝独自完成一些小任务的信心。

怎样训练宝宝的平衡感

快3岁的宝宝行走基本自如，为了增强宝宝的平衡感和空间知觉，爸爸带宝宝出去散步的时候可有意识地让宝宝走一走路肩石（最好是在社区院子里走，这样既安全又安静）。

路肩石仅有一块砖的面积，走之前爸爸妈妈可以边做示范动作边告诉宝宝怎么样才能保持身体平衡，怎样走才不会掉下去。宝宝在练习的时候爸爸妈妈要在一旁保护，以防宝宝磕着、碰着。

单亲宝宝这样教

尽管单亲家庭的宝宝容易表现出孤僻、任性等性格弱点，但只要妈妈或爸爸摆正心态，掌握正确的教育方式，也能让宝宝健康成长。

要关注宝宝的心理感受

很多妈妈爸爸离异后，在与宝宝一同生活过程中，有意识地把对方贬得一无是处，并向宝宝灌输敌对情绪，逼迫宝宝在妈妈和爸爸之间周旋或选择。

有的还不愿意让对方与宝宝接触，甚至干脆搬到对方找不到的地方，让宝宝看不到妈妈或爸爸。这样做就会在宝宝的心理上产生对另一方的排斥，使宝宝的性格发育偏离正常轨道。

所以，单亲妈妈或单亲爸爸应该认识到要在尊重宝宝的基础上进行正确教育。

避免偏激的教育方式

在教育宝宝时，要避免偏激的教育方式，既不能过分严厉，也不能过于溺爱。一般情况下，溺爱是最突出的行为表现。单亲妈妈或单亲爸爸常会因为一种负罪感，无论精神上还是物质上，都会无条件满足宝宝的要求，从而使宝宝的抗挫折能力无法得到锻炼，容易形成孤僻、任性、自私等性格缺点。

有的单亲妈妈或单亲爸爸在独自面对生活时，往往会有许多不适应的地方，于是有时就会把宝宝当成"撒气筒"。家庭的破裂，宝宝是最无辜的受害者，所以不要让宝宝在承受单亲家庭压力的同时再遭受成人的发泄所带来的伤害。

首先家长要调整好自己的心态

有些爸爸妈妈在离异后，由于心理受到创伤而希望得到社会的理解和尊重，常会表现得谨小慎微或多疑，甚至用封闭的行为处理日常生活中的某些事情，这样就会对宝宝产生直接影响。

因此，单亲妈妈或单亲爸爸要调整好自己的心态，以健康、积极的态度去面对以后的生活，给宝宝创造良好的心理发展氛围。

隔辈老年人育儿有利也有弊

由于年轻的爸爸妈妈大多正处于事业拼搏的风口浪尖，因此越来越多的老年人开始承担起照顾和抚养隔辈宝宝的义务。其中的利弊，爸爸妈妈要有所了解。

隔辈育儿的好处

现在的家庭多是四个祖辈老年人一个孙子(孙女)辈宝宝的家庭结构，在这些三代同堂或隔辈家庭中，退休在家的老年人身体都比较硬朗，一般又没有第二职业可干，于是把养育或辅助养育孙辈宝宝任务主动承担起来。这样既支持了自己儿女的工作，也排遣了自己的失落和孤寂，给家庭带来了欢乐。

同时，老年人是过来人，抚养、教育宝宝有着丰富的实践经验，对宝宝也耐心细致，照顾周到。懂得宝宝的发育过程，从宝宝的自身需要出发去引导和教育，这也是一件两全其美的事。

了解隔辈育儿的弊端

在隔辈育儿上，存在一些不可忽视的问题。

比如，很多祖父母由于过分疼爱孙子（孙女）辈宝宝，更容易出现溺爱的现象，往往在教育观念和方法上难以满足宝宝的成长发育，在某种程度上对宝宝产生了不良影响。

妈妈和爸爸由于担心爷爷奶奶（或姥姥姥爷）对宝宝过度宠爱，会使宝宝任性而不听管教，在宝宝的教育问题上可能产生许多分歧，但由于条件所限又难以放弃爷爷奶奶（或姥姥姥爷）对宝宝的照料，两边为难。还有些妈妈和爸爸把宝宝放在爷爷奶奶（或姥姥姥爷）家，就只顾忙自己的工作，对宝宝很少关心过问。

爸爸妈妈要正确认识隔辈育儿的利弊，合理面对，给宝宝一个良好的家庭教育环境。

独生子女不要"三个过分"

如今出现了"独生子女问题多""独生子女教育难"的现象。究其原因，即家长错误的教养态度造成了宝宝不良的性格和行为，这些错误的态度可概括为"三个过分"。

不要过分疼爱

有些家庭因宝宝是独生子女，就成了家庭关注的中心，不仅爸爸妈妈处处围着宝宝转，就是与之相关的人遇到事情也都要依顺宝宝，宝宝提出无理要求也采取迁就纵容的态度。甚至有的宝宝稍不称心就大吵大闹，逐渐养成了任性、执拗的坏脾气。由于过分疼爱，又导致了对宝宝的过分照顾。让宝宝衣来伸手、饭来张口，养成宝宝懒惰、吃不得苦、意志薄弱、缺乏独立性的不良习性。

不要过分保护

有些家庭因宝宝是独生子女，就成了家中的"小皇帝"，宝宝也是爱和小朋友玩的，有的爸爸妈妈怕宝宝不安全、受委屈，将其封闭在家中加以控制和保护。由于家庭环境的寂寞、活动单调，容易形成宝宝孤僻、胆小、不合群的性格特点，让宝宝缺乏待人处事的勇气和智慧。

不要过分灌输

每一位妈妈和爸爸都有"望子成龙""望女成凤"的心情。基于这种心情，有些妈妈和爸爸会错误地认为，宝宝掌握的知识越多就越聪明。但这些妈妈和爸爸又往往不懂得早期教育的方法，于是，就给宝宝灌进许多"食而不化"的知识。有些爸爸妈妈又受虚荣心驱使，如当宝宝会认几个字、会背几首诗歌时，便在人前人后盲目地夸自己的宝宝。长此以往，势必养成宝宝高傲、自以为是的个性。

和宝宝一起做玩具吧

芝宝贝
母婴健康
公开课

小花鼓的做法：可在洗净的空饮料瓶上扎2个小洞，穿入系有小扣子的尼龙绳，然后将黄豆、沙粒等小物品放入饮料瓶中，最后封住瓶口，插入小棒，一只可拿在手中晃动的小花鼓就做好了。

语言训练新阶段

学习语言需要有一个良好的语言环境。对于这个年龄的宝宝来说也是如此，爸爸妈妈要经常通过下面的方式，训练宝宝的语言能力。

让宝宝讲述见闻

在日常生活中，可以用问答的形式鼓励宝宝讲述自己的见闻和感受。比如宝宝白天去了奶奶家，回来后，爸爸或妈妈可以问宝宝"白天在奶奶家都做什么了"等问题；或者宝宝去了动物园，回来后可以问宝宝"见到了哪些动物"等问题，让宝宝用自己的话把经历讲出来。

背诵古诗和儿歌

鼓励宝宝背古诗和儿歌，古诗要先从简单的开始，背五言绝句。这个阶段的宝宝一般可以背诵2~4首古诗和儿歌。

练习看图说话

一般来讲，这个年龄的宝宝总是对自己感兴趣的图画书爱不释手，并且三番五次地缠着妈妈讲书中的故事。妈妈应该抓住这个时机，尽可能地用形象生动的拟声语言给宝宝讲书中的故事，讲述中还要不时地提出一些相关的问题让宝宝回答。比如让宝宝回答故事中的小主人公是谁，他今天要做什么，故事中谁是好人，谁是坏人，故事告诉了小朋友什么道理，小朋友要学习他的什么优点，等等。

如果是喜欢表达的宝宝，还可能在妈妈说故事时插话，这时妈妈应停下来回应宝宝的插话，鼓励宝宝说话的勇气和自信，提高宝宝的语言表达能力。

爸爸妈妈在训练宝宝语言表达能力的同时，也使宝宝接受了系统思维训练。妈妈在与宝宝看画册时，应重点给宝宝读出那些描述画面的句子。那些宝宝看过的画册，现在妈妈再重新读给宝宝听时，不仅能增加记忆，而且使宝宝对画面内容有一个更加整体和系统的认识。

同时，还可以让宝宝复述那些描述画面的句子，或者让宝宝凭着记忆讲述那些句子，但要求宝宝尽可能用书中出现的句子讲述，以进一步提高宝宝的语言表达能力。

放飞宝宝的想象力

为了提高宝宝的想象力，可以给宝宝积木让他摆出各种东西，也可以给他纸和蜡笔、万能笔等，让宝宝画自己喜欢的东西。

可以教宝宝写汉字啦

汉字是典型的方块字，由于这个年龄的宝宝已经会画正方形了，爸爸妈妈完全可以在此基础上教宝宝写汉字。宝宝学写汉字时，应先学写容易、笔画少的，如"一、二、三、十、口、日、月、上、下、中、人、天、土、工、王"等汉字。

芝宝贝
母婴健康
公开课

旧图片，新练习

爸爸妈妈可以拿出宝宝小时候认物的图片，再让宝宝来看。现在，宝宝当然已经认识了上面的名称，这时，爸爸妈妈就可以利用这些图片来提高宝宝的想象力。

比如，宝宝开始拿这些图片做比较——什么动物会下蛋？什么动物会飞？什么动物会游？

宝宝生出这一系列问题，是因为宝宝开始认识到动物各有特点，并开始去寻求这些特点了。在宝宝有疑问的时候，爸爸妈妈不用马上回答宝宝的问题，可以让宝宝先自己想一想，再告诉宝宝，这对提高宝宝的想象力很有帮助。

让宝宝听听音乐

音乐可以激发宝宝的想象力。有些喜欢音乐的宝宝，在家里人唱歌时就能记住了曲子，可以给这样的宝宝放童谣听。但不能整天开着电视、收音机，这会削减宝宝对音乐的注意力。也可以给那些喜欢叩击东西、弄点动静的宝宝买手鼓和木琴。

让宝宝玩玩具

给宝宝喜欢的玩具、道具等东西，这些东西可以让宝宝对某些东西保持热爱。

宝宝有了缝制的娃娃、动物、汽车、火车和喷气式飞机等后，就能用它们绘制自己想象中的世界。

宝宝的自理能力更强了

通过对宝宝日常行为和作息的训练，爸爸妈妈不但能加深和宝宝的感情，还可为培养宝宝生活自理能力奠定基础。

学习洗漱

生活中锻炼宝宝用香皂洗手，并且用毛巾擦干，教宝宝洗脸、洗脚。先告诉宝宝洗漱时应该准备好的东西，如脸盆、毛巾等，帮助宝宝准备好，告诉宝宝洗漱的顺序，洗完后告诉宝宝把物品放回原处。

学习便后擦屁股

锻炼宝宝大便前自己解开裤子并蹲下，便后学习自己用纸擦屁股。在开始学习的时候，爸爸或妈妈可在一旁指导宝宝，让宝宝拿一张纸先擦，如果擦不干净，再给宝宝一张纸，做好后，表扬宝宝。

鼓励宝宝参加家务劳动

这个阶段的宝宝，已经能认识很多周围的事物了，手也已经比较灵活，爸爸妈妈可以让宝宝适当参加一些家务劳动了。让宝宝从完成自己的事情开始，如吃饭、喝水、大小便，逐渐到帮助家人做一些事情，如在爸爸回家后给爸爸拿拖鞋，给奶奶拿点心，给爷爷拿扇子等。

还可以让宝宝在劳动中培养好习惯，比如玩完玩具后把它们放回原位，并摆放整齐；对于喜欢玩水的宝宝，还可以教他用水和肥皂洗手绢；在超市买东西时，让宝宝帮忙抱着他的东西。

芝宝贝
母婴健康
公开课

在游戏中叫宝宝念词语

宝宝最喜欢画有动物、植物、水果等实物形状的画册，爸爸或妈妈可以先把图画书一张一张地翻开，让宝宝看着图画，然后领着宝宝读出各种实物的名字。过一段时间后，爸爸或妈妈说出图画中的单词，让宝宝用手指找到相应的图画。

个性形成的关键期来了

俗话说"三岁看大，七岁看老"，这句话的科学性还有待商榷，但可以说明一点是，2~3岁这个时期是宝宝个性形成的关键时期。

宝宝个性形成的关键时期

宝宝在3岁以前，个性特征就较为明显地表现出来了。有的宝宝有着强烈的探索环境的兴趣，而有的则对外部的环境很少关心或不关心；有的宝宝什么都要爸爸妈妈代劳，而有的宝宝什么都要求自己来，甚至东西掉在地上，即使爸爸妈妈帮助拾起来，宝宝也要重新丢到地上，然后自己再拾起来；有的宝宝与小朋友玩耍时总是占据主导地位，而有的宝宝经常处在被动地位。

宝宝的这些最初形成的个性萌芽，虽说还没有定型，但很容易沿着最初的倾向发展下去。

因此，爸爸妈妈要抓住3岁前这个关键时期，对宝宝个性上的优点有意识地进行培养，对个性中的缺陷和弱点进行矫正，促使宝宝形成良好的个性。

让宝宝学会爱与被爱

爸爸妈妈要努力让宝宝逐渐学会爱与被爱，这对于宝宝的成长是有所助益的，否则等宝宝长大以后，那份独占的爱突然被分割时，心理上就会受到一定的打击。宝宝到了2~3岁时，就应该知道爱必须与他人分享的道理。

爱的本身就有两个方面，那就是"爱"与"被爱"。学会了爱与被爱之后，会使宝宝在接受爸爸妈妈的爱的同时，也要付出自己对他人的爱。

宝宝过度依赖妈妈有碍个性发展

芝宝贝
母婴健康
公开课

如果宝宝对妈妈的过度依恋，在3岁之后没有得到及时的控制和扭转，就会使宝宝因缺少和爸爸等男性在一起接触的机会，从而过多地养成温柔、娇弱、细腻等性格特征。这不仅会影响宝宝独立生活意识的形成和发展，而且还会妨碍宝宝个性的全面发展，特别是对男宝宝来说，甚至会导致性别观念的扭曲。

好性格的宝宝是教出来的

给宝宝营造良好的成长环境，有助于宝宝形成良好的性格，爸爸妈妈应该怎么做呢？让我们共同来学习一下吧！

站在宝宝的立场思考问题

宝宝的心灵非常脆弱，很容易受到伤害，这些伤害来自外界以及自己敏感的内心。处于这个年龄阶段，宝宝遇到伤害后常常不知所措，很容易发火，长此以往就养成脾气暴躁的性格。他们只是想把不满的情绪发泄出来，并没有恶意。他们自己也一定觉得痛苦，但是，他们无法控制自己。

不要强迫宝宝做不愿做的事

任何事情都是有限度的，宝宝的承受能力也是有限度的，如果爸爸妈妈对宝宝的要求过于苛刻，强迫宝宝做他不愿做的事情，就会扼杀宝宝的天性，导致他情绪恶劣、脾气暴躁。

不要随意责骂宝宝

当宝宝情绪恶劣的时候千万不要责骂他，更不要粗暴地制止他的行为。

宝宝在发脾气的时候是最不喜欢听你讲道理的，责骂宝宝只会火上浇油。这样做，事情不但得不到根本解决，还会演变成无法收拾的局面。碰到这样的事情，正确的做法是转移孩子的注意力，暂时让他忘记生气的事。等宝宝平静下来之后，与他谈心并安抚他，找到他生气发火的原因。

摸清宝宝的脾性是关键

只要爸爸妈妈了解自己的宝宝，清楚他的脾性，知道他们在什么情况下会做出什么样的行为，就可以很好地防止这些情况的发生。

宝宝发脾气主要是他还太弱小，不会处理自己的情绪。当他长大之后，处理事情的能力就会增强，那么他的受挫能力也就越来越强。

宝宝与人发生冲突了

面对宝宝之间的打打闹闹，只要不会引起伤害，家长就不需要出面干涉。只有出现较严重的冲突时，才需要家长的介入和制止。

明确应该在什么情况下不插手

在宝宝之间无害的打闹中，他们通过亲身体验来学习人际关系是怎么回事、怎样才能和平相处、出现问题时都会发生什么情况等。如果宝宝之间有了矛盾，爸爸妈妈可以给他们示范如何协商和谦让。

比如，如果两个人争夺一辆小卡车，爸爸或妈妈可以再拿一辆出来，让两个人都高兴。如果两个人争夺唯一的玩具，可以建议"轮流玩"。而不必要的插手，只会剥夺宝宝获取宝贵社交经验的机会。

明确应该在什么时候介入

如果宝宝之间的矛盾升级到打、咬、掐等，爸爸或妈妈应该立刻介入并制止。不要马上呵斥进攻者，而是先安慰受伤的宝宝。

如果你的宝宝是攻击者，先把被攻击宝宝的注意力吸引走，而后把你的宝宝带到一边，平静地解释他的行为是不被接受的，如对宝宝说"你踢了他，他会疼的"等，并可以警告他再次攻击他人的后果——"如果你再这样，我们就回家了"。

不要偏袒任何一方

有些家长会在冲突中偏袒自己的宝宝，有些则为对方小朋友说话，还有一些家长要追究到底是谁先动的手。虽然可能是出于好心，但这些举动都不恰当。袒护任何一方都是不公平的，也没有必要追究谁先动手。介入宝宝矛盾中时，爸爸妈妈应该是和解使者，而不是法官或者陪审团。

让宝宝按照自己的节奏发展

爸爸妈妈现在教育的目的就是要为宝宝的健康成长扫除各种障碍，给他们提供一个适宜的生活学习环境，在合适的时间促进宝宝的自我完善，使宝宝本能的力量充分发挥出来。

芝宝贝
母婴健康
公开课

准备上幼儿园

宝宝到了3岁时，就可以进幼儿园了。为了让宝宝顺利进入幼儿园，爸爸妈妈一般要做好以下准备。

宝宝多大可以送幼儿园

我国通常入园的年龄在3岁左右，但还需要根据每个家庭及宝宝的具体情况而定。

做好心理准备

由于爸爸妈妈要暂时离开日夜守护的宝宝，宝宝也要开始离开爸爸妈妈，所以无论是爸爸妈妈，还是宝宝自己，都要经历一个心理适应的过程。在入园之前，爸爸妈妈一定要提前和宝宝讲幼儿园的事，让宝宝有充分的心理准备。

物质准备也要充分哦

由于这个年龄的宝宝活泼好动，衣服容易弄脏，所以要准备几套换洗的衣服。还要准备一套适合宝宝使用的洗漱用具。

宝宝会哪些才能入幼儿园

首先要教会宝宝自己吃饭，哪怕是吃得满地都是饭粒也没关系。学会在口渴时向老师提出喝水的要求，或自己主动找水喝。

学会想要大小便时告诉老师，以免因为不敢告诉老师而憋着或拉到裤子里。最好让宝宝学会自己脱裤子、擦屁股等事情。

要让宝宝学会不舒服时说出来或用手指出不舒服的具体地方，以便老师及时采取应对措施。

选一个好的幼儿园很重要

给宝宝选择幼儿园，爸爸妈妈要重视宝宝的启蒙教育，不能以技能、技巧教育为目的和标准。可参考以下原则。

量力而行

有些父母想尽办法把宝宝送进一级一类的幼儿园，但这并不是所有宝宝的唯一选择。应对幼儿园的规模、设施、管理水平、师资水平、保教质量、卫生保健全面综合评估。

选择时还要根据自己的家庭状况综合考虑，费用或路途远近等都是应该考虑的重要因素。

谨慎选择

不少父母在为宝宝选择幼儿园时，主要看幼儿园是否有名气，硬件设施怎样或有没有特色班等。于是，某些幼儿园为了迎合父母的需要，打出了特色园的招牌，他们所做的培养宝宝特长的承诺也确实令不少父母动心。

但是，这些特色园确实存在良莠不齐的现象，所以父母应慎重选择。

要有明确的目的

有些爸爸妈妈，往往把宝宝进幼儿园的目的锁定在学外语或学琴、学画画等特长上。

其实，特长教育不一定适合每一个宝宝。因为这个时期的宝宝需要全面发展，如果对宝宝的兴趣培养过早地定向或盲目跟风，必然会影响宝宝其他潜能的发展。

考察研究，别盲目

在为宝宝选择幼儿园时，还要多听听已入园宝宝的父母的说法，从他们那里可以得到第一手资料，还可以向幼儿园老师了解情况。

无论是哪一种情况都不要忘记亲自去观察一下，经过实地考察才能判断出这个幼儿园是不是适合你的宝宝。

密切关注宝宝入园后的生活

入园时爸爸妈妈要向宝宝所在班的老师交代宝宝的饮食习惯、性格、健康情况，之后还要经常与老师交流一下宝宝在幼儿园与家中的情况。

了解宝宝在幼儿园一天的情况

每天晚饭后要同宝宝谈谈幼儿园的情况，看看宝宝认识了哪几个新朋友，他们叫什么名字，有哪些表现。问老师今天上了什么课，学到哪些新的知识，看宝宝能否讲清楚。每天关心宝宝幼儿园发生的事，会提高宝宝的学习热情和语言表达能力。

有时宝宝学唱新歌，只会唱一句，或者说一个新的儿歌，只会说前头一两句，其余的还未学会。在第二天接送时，爸爸妈妈要找机会把宝宝唱的儿歌学会，以便辅导宝宝。

有时宝宝会讲到因与某位小朋友争抢玩具而打架的经过，或老师批评某位小朋友的情况时，会有自己的感受，此时爸爸妈妈应注意倾听，并正确地引导宝宝。

入园后应注意的事项

要参加定时的家长会和幼儿园的开放日活动，注意观察宝宝在幼儿园有哪些与家里不同的地方，如幼儿园强调吃东西前先洗手，在家中爸爸妈妈也要帮助宝宝巩固已培养好的卫生习惯。

发现宝宝精神疲乏、食欲略差要向老师说清，让宝宝暂时少吃一些，少参加一些大运动，或者测量体温看看是否发烧，以便较早地发现疾病。

发现情绪上的问题和教育上的问题时也要找机会同老师研究，使问题尽早得以解决。

爸爸妈妈还要理解幼儿园宝宝多、老师少的情况，不可能十分周到。因此，要同老师配合，双方共同努力才能使宝宝健康成长。

图书在版编目（CIP）数据

育儿百科每天一页 / 周忠蜀著. -- 南京 : 江苏
凤凰科学技术出版社, 2018.10
　　ISBN 978-7-5537-8534-9

　　Ⅰ. ①育… Ⅱ. ①周… Ⅲ. ①婴幼儿—哺育—基本知
识 Ⅳ. ①TS976.31

　　中国版本图书馆CIP数据核字（2017）第186200号

育儿百科每天一页

著　　　　者	周忠蜀
责 任 编 辑	祝　萍　陈　艺
责 任 校 对	郝慧华
责 任 监 制	曹叶平　方　晨

出 版 发 行	江苏凤凰科学技术出版社
出版社地址	南京市湖南路1号A楼，邮编：210009
出版社网址	http://www.pspress.cn
印　　　刷	中华商务联合印刷（广东）有限公司

开　　　本	889 mm×1 194 mm 1/16
印　　　张	20
字　　　数	350 000
版　　　次	2018年10月第1版
印　　　次	2018年10月第1次印刷

标 准 书 号	ISBN 978-7-5537-8534-9
定　　　价	58.00元

图书如有印装质量问题，可随时向我社出版科调换。